生物特徵辨識系統設計

張國基、朱鐏著、王曉娟、徐翠蓮、林聿中　著

五南圖書出版公司 印行

作者序

　　生物特徵辨識系統設計是一門應用範圍甚廣的技術，過去的攝影技術較差，演算法不夠廣泛，使得生物特徵辨識系統設計推動的較慢，尤其是在臺灣的各種市場應用上，也因此艾士迪專業團隊在國基的領導下，完成了本書，希望能提供給大專、研究所以上同學或者是有興趣學習有關生物特徵辨識系統設計知識的社會人士閱讀。

　　本書第一章為「緒論」，第二章說明「先進生物特徵辨識系統方法基礎」，第三章針對「指紋辨識技術原理及其用」，第四章為「臉部辨識技術原理及其應用」，第五章則是「眼球虹膜辨識相關技術、原理及應用」，第六章則為「其他生物辨識技術原理及應用」，前六章對於生物特徵辨識系統設計的架構與技術基礎充分說明，適合大專或是大學1、2年級同學修習。自第七章的「深度學習理論原理與技術」開始，第八章為「深度學習在生物辨識系統中的應用研究—以人臉辨識演算法為例」，第九章是「深度學習在生物辨識系統中的應用研究—以虹膜圖像加密為例」，第十章則為「基於人臉辨識與深度學習的身分驗證系統設計及應用研究」，最後第十一章說明「生物辨識系統在安全衛生管理領域的應用與未來趨勢」，這些範圍則適合大學高年級、研究生或者是社會人士研讀。

　　本書在有限的時間下完成撰寫與編排，且恐因艾士迪團隊的能力有限，而有錯誤發生，亦請各界先進多予指教，不慎感激，您的指教也是我們艾士迪團隊前進的動力。最後感謝世新大學張富翔同學及樹林高中張嘉真同學協助擅打文稿，在此一併感謝。

作者　張國基、朱鍇菩、王曉娟、徐翠蓮、林聿中　敬上

CONTENTS

目錄

目錄

第一章　緒論

　　處於現今資訊爆炸化時代，在運輸與交通、通訊、網際網路技術快速演變下，資訊安全管理系統（Information Security Management System）扮演著非常重要角色。人類的生活環境與各種交易金融、通關安全檢查、法律、電子商務等眾多場合必須具備準確的身分 ID 的辨識系統，以確實保障資訊系統的安全性[1]。

　　國際市場對於生物辨識（Biometric）產品，市場需求量於 2010 年躍升至 71 億美金。時至今日，生物辨識設備之發展多元化，每年增長率預估會超過 20% 以上。其中又以指紋生物辨識（Fingerprint Recognition）是目前運用量最高，且是最先使用的生物辨識技術。從 2007 年以來指紋辨識產值約為 13 億美金，而國際預估在 2020 年將有機會提升至 30 億美金左右，每年增加比率預估可達 16%。分析主要增加的因素係指紋辨識機器售價的降價、及公務政府機關對於指紋辨識機器的推展性與依賴性普遍提升所致（圖 1）[2]。

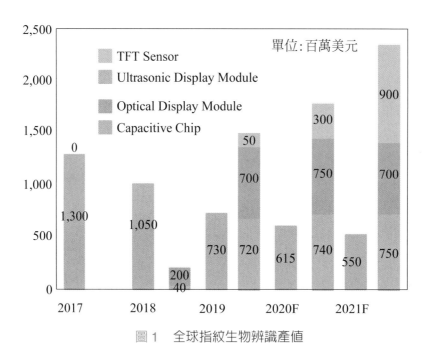

圖 1　全球指紋生物辨識產值

　　另一方面，人的臉部生物辨識（Facial Recognition）市場從 2012 年已提升至 7.526 億美金。其餘的生物 ID 辨識技術例如：眼睛虹膜之辨識（Iris Recognition）、仲介軟體系統（Intermediary Software system）、多峰形態（Multimodal）、音帶辨識（Soundtrack Recognition）、筆字跡辨識（Handwriting Recognition）等的商業交易規模為 7.29 億美元，到 2018 年已突破百億美元。由地區來說明，因使用者對生物辨識機器有較高的認知與接受度，以及歐洲國家已引進使

用生物辨識機器，進而歐洲演變成生物辨識機器的主攻交易之區域。圖 2 爲全球各種生物辨識技術產值統計[3-4]。

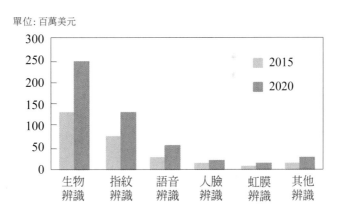

單位: 百萬美元

圖 2　全球各種生物辨識技術產值

　　現今在人類之身分 ID 辨識技術的運用更加多元化，先進生物特徵辨識技術具備不容易遺失忘記（Forgotten）、防止僞造（Prevent Counterfeiting）特性較佳、不容易僞造或被竊盜（Theft）、隨時「攜走帶上」（Take It with You）和任何時間可使用（Available Anytime）等優勢，更具備安全、保密與方便性。而在一般的身分 ID 識別方式可分成兩項：

1. 對於物品 ID 辨識的方式

　　如使用鑰匙（Key）、身分 ID 卡、證明文件、ATM 金融卡等和身分證（例如：使用者姓名與密碼）因爲主要藉由外在物品，若可出示身分證明的文件與重要資料被竊盜或遺失、忘記，身分就可能會被其他人冒用或替換等。

2. 對於知識的方式

　　如使用密碼、口令等。

　　這些傳統的身分辨識手法存有一些缺點，在於物品的使用攜帶不方便可能會遺失、損壞、被竊取盜用及僞造，知識資料的手法較可能忘記、被破解等。因而，傳統的身分辨識方法受到了嚴厲的考驗，也顯示出需配合當前科技的運作和社會的開發進展。

第一節　生物辨識與生物辨識技術發展概述

一、生物辨識概述

（一）生物辨識認知

　　隨著電腦和網路技術之演變，資訊的安全（Information Security）是非常重要的關鍵點，對於身分辨識（Identification）已確保資訊安全必要性的重視（圖 3）。生物特徵辨識技術（Biometric Identification Technology）是依照人的獨特性去取樣與量測生物學之特徵及行為學特徵，接著進階到身分辨識之技術。生物特徵不會像各式證明文件類可能會遭到竊盜取用，也不會像密碼、口令可能會遺失、忘記或破解，這是在身分辨識上展示出獨有特性之優點，近幾年來在世界各國公共安全上已有大量的研究 [5-6]。

圖 3　生物特徵辨識技術示意

　　人的任何生理 / 行為特徵只要滿足以下要求均可作為生物特徵（圖 4）：

1. 普遍性（Universality）：單一個體均具有該特徵。

2. 獨特性（Unique）：每兩個人的特徵必須具有差異性。

3. 穩定性（Stability）：該特徵至少在一定時間內（相對某種匹配準則）是不變的。

4. 可採集性（Collectability）：該特徵可以被定量測量。

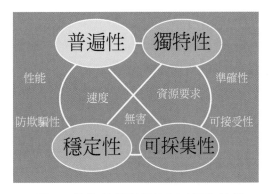

圖 4 生物特徵滿足生理／行為特徵

在實際系統中還必須考慮性能（Performance）、可接受性（Acceptability）、防欺騙性（Anti-Spoofing）等問題，即一個實際的生物特徵辨識系統必須滿足特定的辨識準確性（Accuracy）、速度（Speed）和資源（Resources）要求，對使用者無害（Harmless）且能被受試人群接受（Accepted），對各種欺騙和攻擊手段有足夠的穩健性（Robustness）。

從生物特徵識別本身來看，不同的方法所利用的生物特徵、採用的具體模型（Specific Models）和演算法（Algorithms）是有所差異，但是基本過程是有一致性的。一個典型的生物特徵辨識系統由樣本輸入（Sample Input）、特徵提取（Feature Extraction）、模式匹配（Pattern Matching）和系統資料（System Data）四個模型組成，可以在認證（Verification）或鑑別（Identification）兩種決策模式下進行工作。認證也就是通過並獲得的生物特徵資料和資料庫（Database）中儲存的生物特徵範本之相互對照，來驗證使用者是否為所建立聲明的真實身分，它是一對一的對照比較；鑑別是通過匹配獲得的生物特徵資料和資料庫中儲存的生物特徵的範本來確定使用者的身分，它是以一對多的對照比較方式來進行。前述處理流程彙整如圖 5 [7-8]。

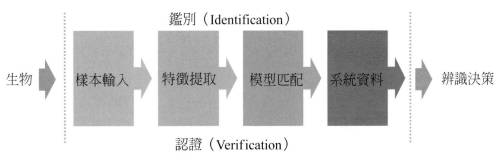

圖 5 典型的生物特徵辨識系統架構

　　生物特徵分成兩種生理與行爲之特徵，人類身體指的是完整的身體生理的特徵，包含臉部（Face）、手腳指紋（Hand And Foot Fingerprints）、手部外型（Hand Geometry）、掌形紋路（Palm Texture）、眼部虹膜（Eye Iris）、視網膜（Retina）、身體味道（Body Odor）、耳部輪廓（Ear Contour）、細胞基因（DNA）、身體的熱輻射（Body Heat Radiation）及手型臉部靜脈血管（Veins）之模樣等（圖6），以上特性徵象不會隨著主客觀進行發生變化。對於行爲特性徵象的辨識包含擊出鍵動力學之分析、簽署名字之辨識、聲音辨識、步行辨識等，這與生活周遭環境養成的習性有關聯。爲了更好地理解，將依照上列特徵辨識技術進行簡要的描述 [9-10]。

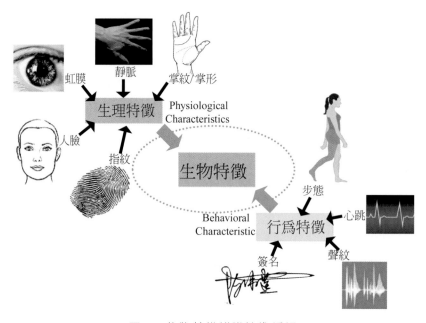

圖 6　生物特性辨識技術種類

（二）生物辨識技術的優勢

　　在許多公共場合中，必須使用安全、穩健、不可作假的個人身分鑑定辨識機制，以判斷個人身分是否屬於合法。隨著電腦與網路的普及化，人類進入了網際網路資訊時代（Internet Information Age），身分的數位化（Digitization）和個人的隱私化（Privacy），已經成爲保護資訊安全、個人安全、軍事安全和國家安全的重要發展專案。以往的身分鑑定手法是針對特別持有物品，如身分文件證明、金融信用卡片、Key、員工證件等；另一種是特別鑑別資料庫（Special Identification Database），如口頭指令、密碼（Password）、暗號語言等。許多場所必須用

這兩項方式相互連結，例如：提款機取出現金的時候，必須使用金融卡（Debit Card），更需要密碼。以往提款方式的不便利性，因特別制定持有物品或資料知識容易遺失、被竊、忘記或未帶在身上；又加上在特別制定知識資料庫並存記憶體的難題。

　　現在有各式各樣加密演算法（Encryption Algorithm）來確保網際網路（Internet）的資料傳輸遞送（Data Delivery）之安全性，但針對整體加密之演算法全部都使用密碼登入。在電腦與網際網路上，密碼是指登入後有使用權。也就是若有密碼，就可以進入使用操作。設置密碼需突破難題是它與使用者並無專屬綁定（No Exclusive Binding），實務面不能確保密碼登入者的正確身分。人類現在需記憶很多密碼，例如：信用卡密碼、開啓設備口頭指令、網路登入順序、電子郵件帳戶密碼、電子交易密碼等，而這麼多密碼需要強制去記憶（Forced Memory）已演變成一項難題，密碼太多，會遺失忘記；密碼設置太簡易，可能會被竊取和破解，例如：一般人常會使用口頭指令（出生日期、手機號碼、名字等）密碼。常用的密碼隱藏著很大的不安全性隱憂，可能會被不肖駭客（Hacker）破解與多次猜測選中登入（圖7）[11-12]。

圖 7　不肖駭客對密碼隱藏著很大的不安全性隱憂

　　生物特性徵象辨識技能的推展和實務面運用的提升，是在身分之認證和在鑑別之辨識提出一項先進的技術手法。與以往的身分鑑定方式相比，生物特性徵象辨識技術有下列優勢（圖8）：

　　1. 生物特性徵象是人身體完整的構造獨有徵象，可以隨身移動，不會有遺失、忘記或失竊，操作上便利。

　　2. 生物特性徵象與人體是獨一無二不會發生變化、不需要設定，可防止偽造，更不易仿冒

製造或發生竊取盜搶。

3.許多運用場所，生物特性徵象鑑定技術與以往傳統的身分鑑定手法有無法相比的優點，例如：手指紋出勤認可，可以防止員工代為打上下班卡的情形；身分證之證明文件，若是嵌入手部指紋（Embed Hand Fingerprint），能防範身分證的模仿製造與冒充問題。

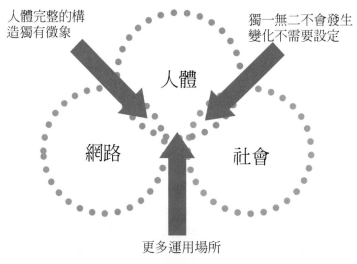

圖8　生物特性徵象辨識技術優勢

國際都深刻體會到安全方便的身分鑑別技術的重要性和必要性。傳統的身分鑑別手段在反恐維安方面顯得力不從心，遠遠不能滿足人們的需求，各國政府紛紛在生物特徵辨識技術研究和應用上展開了大規模的投資。隨著生物特徵辨識演算法的不斷改進及生物特徵感測器晶片（Sensor Chip）的迷你方便特性和價格平民化，生物特徵辨識技術的主要應用領域從反恐（Counter-terrorism）和刑事偵辦（Criminal Investigations）等政府化領域向平民化領域轉移，例如：每天日常作息考勤和門禁系統等。生物特徵辨識技術作為最有效的身分辨識技術，其應用領域必將迅速擴大，演變成日常環境中不能缺少的重要部分 [13-14]。

二、生物辨識技術發展

（一）生物辨識技術的市場發展

2008 年全球經歷一場嚴峻的經濟危機（Economic Crisis），油價不正常波動，行業信用缺

失，通貨膨脹的陰影亦揮之不去。在此背景下，生物特徵辨識研究及相關工程項目卻是在穩健的發展，大量經費投資在針對生物特徵辨識的公共安全領域研究中。據國際生物特徵辨識組織（International Biometrics Group, IBG）的統計，2012 年全世界生物特性徵象辨識技術的交易金額已增加至 65 億美金，並在每一年有近 10 億美金的增加速度，到 2015 年已超過 100 億元的規模。全球生物識別市場分析 2020 年市場規模將超過 250 億美元。指紋辨識（Fingerprint Recognition）仍將占有最大的市場額度，並保持 17% 左右的年增長率，這其中很大一部分原因是指紋採集設備的價格大幅降低（Cost Down），使得越來越多的個人和企業團體可以負擔得起。市場額度的第 2 大占有者是人臉辨識（Face Recognition）技術，其次是對於手部幾何特徵的辨識技術，血管靜脈、眼部虹膜、個人聲音等其他辨識技術占市場額度較小之規模（圖9）[15]。

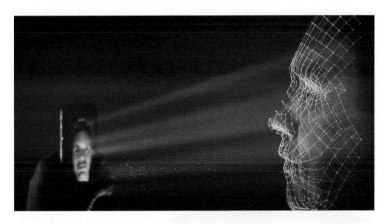

圖 9　智慧型手機的臉部辨識已是普遍常見功能

　　就區域而言，歐洲仍將主導生物特徵辨識市場，而最具發展潛力的則是亞洲技術發達國家（如：韓國、日本）和正在迅速發展的國家（如：中國、印度）。為打擊恐怖主義、犯罪和非法移民，英國內政部規定從 2008 年開始，旅居英國的非歐洲聯盟地區的外國人被強制申請保存指紋、瞳孔等生物特徵資訊的身分證；至 2017 年英國全面核發載有生物特徵資料的身分證（ID Card）。阿拉伯聯合大公國政府計畫採用先進的人臉辨識技術（Face Recognition Technology）作為保護關鍵基礎設施安全的核心，並已經運用於阿布達比國際機場的安全防護中。中國商業銀行將在使用者使用電話辦理業務中採用基於聲音特徵的識別系統以提高安全水準。韓國員警總署將採用 Suprema 公司提供的自動指紋辨識系統來提高已有指紋庫中的圖像品質並升級指紋庫的管理軟體[16-17]。

在運用領域方面，生物特徵辨識技術除了被門禁安全（Access Control Security）、POS（Point of Sale）、精簡型電腦（Thin Client）等系統廣泛採用外，也因為半導體之技術演進和晶片價格已降低，進而開展人類消費性電子交易市場，例如：NB、手機、PDA、鍵盤、滑鼠等生產商品，全部已經有內建生物辨識技術的成功範例。在基礎安全的防護外，生物特徵辨識也提供包含網站自行登錄、許可權管理控制、作業環境之設定等客製化功能（Customized Functions），在日後電子認可證明服務的基石，可以提升商品更多的價值。全球已深刻體會到安全方便的身分辨識和驗證技術的重要性和必要性，近年來在談到公共安全重點領域以及前沿資訊技術的部署時，明確提出要重點研究生物特徵辨識。特別是在北京奧運會（2008 年）和上海世界博覽會（2010 年），都採用了準確可靠的生物特徵辨識技術來防止各種可能的恐怖與破壞等犯罪活動。在網際網路日益普及的今天，資訊獲取和訪問的安全性議題已獲得國際各地區的重視與關心。民眾盡情享受網際網路所帶來的快速便捷服務的同時，也必須承受個人私密資料安全性的挑戰。生物特徵辨識技術可以為此提供迅速、方便和高度可靠的技術手法，使民眾在能夠正常獲取資訊的基礎上，保障資訊下載過程的安全性。在軍事安全領域，重要基地人員管控軍人的身分認證、機密資料的管理、軍事武器特別是核武器的許可權的控制等方面，生物特徵辨識技術也有用武之地。圖 10 為生物辨識應用於市場的占比 [18-19]。

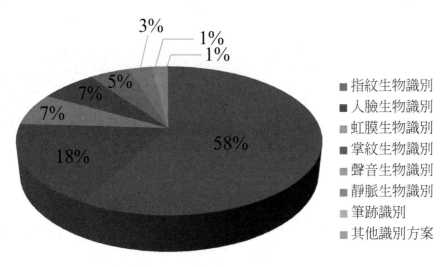

圖 10　生物辨識應用於市場的占比

（二）臺灣生物辨識技術發展

　　一個有秩序的以人類為基本生存的社會，必須使每個人可感受到安全的社會，如人身安全、財產安全與隱私安全。在各種安全系統中，一個主要核心的問題是身分鑑別，即如何鑑別對方的身分和如何提供自己的身分證明，讓守法民眾可順利地行使自己的權利或享受應有的服務，讓危險犯罪分子或企圖以不正當手段侵犯別人利益的人無法隱藏。

　　在臺灣，金融業（Financial Industry）也展開生物識別應用熱潮，各銀行（Bank）均積極採用生物識別技術，並據此研究調查結果發現，在行動支付、生物識別和人工智慧等熱門項目中，消費者對生物識別的需求度，更甚於行動支付。目前發展如中國信託銀行的「指靜脈ATM」是透過識別手指靜脈，取代傳統金融卡識別方式，此生物識別方法係採活體靜脈血流識別，手指輕微的切、割傷不會影響提款功能，若因指靜脈 ATM 的密碼輸入錯誤被鎖，仍可採用傳統金融卡提款。此外玉山銀行也在 2018 年 5 月推出「刷臉提款 ATM」，主要技術是在活體檢測超高速臉部識別與刷臉提款密碼 3 道安全機制的把關下達成，為國內銀行實際應用的首例 [20-21]。

　　採取生物特性徵象辨識技術，可以不需要記憶與設置密碼，對於機密（Confidential）的檔案、資料和電子商業機密交易均可使用生物特徵辨識技術來執行安全性之加密，可防止惡意竊取盜用，使用上便利性提高。在公共安全、資訊安全和軍事安全等領域，生物特徵辨識技術得到了日益廣泛的重視、關注，展示了其巨大的應用潛力。身分的竊取與冒充可能會發生經濟上鉅額損失，並會影響國家整體安全。在保障國家公共資訊安全方面，對社會危險分子、恐怖分子及違法犯罪人員進行及時、有效的監控和抓捕至關重要。同時，以指紋、人臉和掌紋辨識為代表的複合型生物特徵辨識技術（Composite Biometric Identification Technology）為此提供了強而有力的保障。

　　對臺灣而言，生物特徵辨識是未來管理應用重要技術，展開生物特徵辨識技術包括人臉、指紋與掌紋辨識技術的研究對國家公共安全、資訊安全和軍事安全具有非常重要意義。因此，在包括人臉、指紋與掌紋辨識的生物特徵辨識領域盡快形成具有我國自主智慧財產權的理論方法和技術手段勢在必行。表 1 彙整臺灣方面生物辨識系統的應用實例。表 2 為應用於臺灣市場的主要生物辨識的優缺點比較。

⬇ 表 1　彙整臺灣方面生物辨識系統的應用實例

應用領域	應用實例
電子金融	網路金融交易、電子商務的個人認證、電子貨幣
醫療資訊	遠距醫療、智能醫療器具系統、中央手術系統
汽車及運輸	生物辨識型汽車鑰匙、航空器驗證系統
行動 / 資訊裝置	網路登錄、智慧手機資訊安全系統、APP 安全介面
檢疫	透過臉部辨識分辨是否為傳染病患者
發放公文	無人申請自動發放文件機
進出管制系統	企業員工的上下班管理、出入境管理與數位電子門鎖
電子投票	電子投票系統、候選人登記查詢系統
考試系統	確認是否為准考證本人、監考人員登錄系統
影印機 / 3D 列印	生物辨識影印機、3D 列印機
其他	報稅系統、身分證辨識系統、護照辦理系統

⬇ 表 2　應用於臺灣市場的主要生物辨識的優缺點比較

辨識技術	辨識模式	優點	缺點	拒絕本人率	允許他人率
臉部	利用眉毛間距、臉部骨骼等作為判別之依據	不必接觸辨識機器、適用性高	認證辨識時間較久、會受到眼鏡或假髮或照明等影響	1%	1%
指紋	利用每個人獨有的指紋圖案作為判別依據	準確度高、認證程序簡易、可用於多樣化的設備與裝置	有指紋偽造的可能性	0.5%	1%
虹膜與網膜	利用虹膜與視網膜的影像圖案作為判別依據	不必接觸辦事機器、認證程序簡易	認證設備價格高、使用者易有心理抗拒感	0.01%	1%

第二節　生物辨識系統及其標準化工作

一、生物辨識系統

　　生物辨識系統包含生物特性徵象採集子系統（Biological Characteristics Collection Sub-system）、資料預先處理子系統（Data Preprocessing Subsystem）、生物特性徵象配合子系統（Biological Characteristics Signs Coordination Subsystem）和生物特性徵象資料庫子系統（Biological Characteristic Database Subsystem）及系統辨識的物品條件（System Identifies Item Conditions）──人類等所構成（圖11）[22-23]。

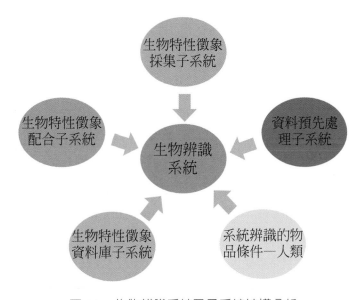

圖11　生物辨識系統及子系統結構分析

　　「生物特性徵象採集子系統」是透過採取收集系統自動獲得（Obtained Automatically）生物特性徵象資料的部分，對辨識物件的生物原體（Biological Primitives）執行採取樣本，並將採取樣本訊號轉化為數位條碼（Digital Barcode）。以特有制定的原則來指示目前採取收集之生物特性徵象，再經由某項安全方法（Security Method）傳輸遞送到資料預先處理子系統。

　　資料預先處理子系統對於採取收集到的生物資料進行訊號預先處理。包含信號平滑（Signal Smoothing）、濾波去噪（Filtering）、去偽存真（Denoising）等。經由特有制定數學之演算方法（Algorithm），從處理完成之資料訊號裡面取出和分離一個系統具備領導性的生物特性徵值（Biological Characteristics）（圖12），建構一種特性徵象值之範本，存取至生物特性徵象資料庫子系統。

生物數據輸入　信號平滑　濾波去噪　去偽存真　演算法　生物特性徵象值　輸出至下一單元

圖12　資料預先處理子系統運作流程

生物特性徵象資料庫子系統，必須建構生物特性徵象與身分資訊之相關聯（Associated），並確保資料儲存的安全性和可靠性。

生物特性徵象配合子系統是經由辨識數學演算法之模式，可將待辨識的生物特性徵象與資料庫子系統裡的生物特徵執行配對，依照預先設定的篩選項目（閾值（Threshold））決定策略是否配對成功。假如匹配順利，會輸送資料庫裡的員工身分資訊。

人類對於生物辨識系統重視的兩個特點是準確特性和易用特性。準確性是生物辨識系統的必要生存條件。在刑事偵查的犯罪場所（Criminal Investigation），生物辨識系統，如臉部辨識系統可提供充分、非常有效的排除，成為篩選可疑分子的查案重要工具，可輔助決策。對必須監視督察人員參與的作業事務系統，或是非必要面對人民的系統下及採取收集物品文件較少量的情形，生物辨識系統採取準確度可能並不會是100%，但它仍是可使用並能協助選擇的有效工具。針對自動化、無人監視督察的作業事務系統及面對人民的公共事務系統，準確性必須要放至第一位來衡量。因而，在刑事偵查此場所，準確性佳的指紋辨識和虹膜辨識系統，受到大大的重視。

易用性是生物辨識系統另一項被重視關注特點。生物辨識系統無法離開和人類的交流互動，人類每天必須長時間使用身分認可證明系統。系統操作的便利性、回應的有效性、操作結果的可收穫理解性，均是使用客戶每日可立即感覺。特別是人在運用時，每人每次運作的時間，若超出30秒以上，會影響人民對此系統的觀感。目前生物辨識系統持續改善，朝可容易使用方向進行。在此歷程中，系統會調整適應人民所提便利性之要求，同一時間人類必須適應熟悉系統的基本步驟規定。例如：自動販賣的售票機（Vending Ticket Machine）必須按照流程，

但民眾需先透過學習階段到適應日常之使用，或是近期發生的新型冠狀病毒肺炎（Novel Coronavirus Pneumonia）的居家隔離與檢疫，均已大量使用生物辨識系統的各種優點（圖 13）[24-25]。

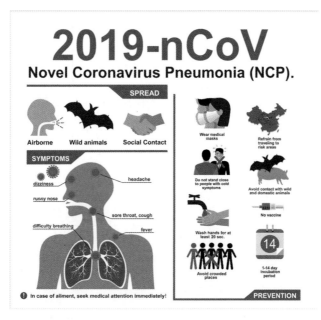

圖 13　2019 年起全球發生的新型冠狀病毒肺炎已採用大量生物辨識系統防疫

　　生物特徵有效地規範（Biometrics Effectively Regulate），需要辨識之物品文件預先按照採取收集子系統的提醒執行運作，例如：虹膜辨識系統裡，會要求人配合專注目視採取收集機器之特有制定位置一定時間，並擷取有效的資料；在掌型辨識系統，會要求人的手指按壓的角度與手部張開位置；臉部辨識系統，會對人的臉部專注目視之角度和周遭光線照度的標準來執行。對於當前多項的生物辨識系統裡，指紋辨識系統在易用性上，人們的接受度最高。

二、生物辨識技術的標準化工作

　　對於 IT（Information Technology）的開發，人民取用生物特性徵象的方式眾多，而可取用的生物特性徵象之項目也持續的增加。生物特性徵象辨識的方法、採取哪項的生物特性徵象（Biological Signs），針對設定某人的各部位，其相對應的生物特性徵象是準確的，經由多項取用的生物特性徵象之間需存在通用的資訊和交互替換。以期做到資訊交流，採取使用標準的規則來設定生物特性徵象辨識與資訊，必須製作訂定生物特性徵象辨識準則（Criteria for Identification of Biological Characteristics）。

當前生物特性徵象辨識的國際標準化（International Standardization）執行事務主要由 ISO/ IEC JTC1 規劃決定，近來對生物特性徵象辨識的重視關心主因是源自 911 恐怖攻擊事件（911 Terrorist Attack）。以美國為首要的攻擊國，為了預防和恐怖攻擊之活動，便提出一項生物特性徵象辨識的安全系統（圖 14），提供 SC17 和 SC27 基礎建構，在 JTC1 組合建造生物特性徵象辨識標準化技術委員會，也就是 SC37。SC37 從 2002 年 6 月建立後，持續保有效率的準則速度。自 SC37 的準則制作訂定情形可看見在生物特性徵象辨識領域，當前最緊急是使用於通用資訊與交流替換的資料檔案格式規定，在其他使用的介面、測量試驗、輪廓臉型標準現階段已在精進中 [26-27]。

圖 14　全球海關檢查也因 911 恐怖攻擊而開始大量採用生物辨識系統

>>>>>>>>>>>>>>>>>>>>>　參考文獻　<<<<<<<<<<<<<<<<<<<<

[1] Bamakan, Seyed Mojtaba Hosseini and Mohammad Dehghanimohammadabadi. "A Weighted Monte Carlo Simulation Approach to Risk Assessment of Information Security Management System." IJEIS 11.4 (2015): 63-78. Web. 28 Feb. 2020. doi: 10.4018 / IJEIS.2015100103.

[2] Tappert, Charles C., Mary Villani and Sung-Hyuk Cha. "Keystroke Biometric Identification and Authentication on Long-Text Input." Behavioral Biometrics for Human Identification: Intelligent Applications. IGI Global, 2010. 342-367. Web. 28 Feb. 2020. doi: 10.4018 / 978-1-60566-725-6.ch016.

[3] En Zhu, Jianping Yin, Guomin Zhang, Fingerprint matching based on global alignment of multiple reference minutiae, Pattern Recognition, Volume 38, Issue 10, 2005, Pages 1685-1694, https://doi.org/10.1016/j.patcog.2005.02.016.

[4] Bowyer K.W., Burge M.J. (2016) Introduction to the Handbook of Iris Recognition. In: Bowyer K., Burge M. (eds) Handbook of Iris Recognition. Advances in Computer Vision and Pattern Recognition. Springer, London.

[5] Dehling T, Gao F, Schneider S, Sunyaev A, Exploring the Far Side of Mobile Health: Information Security and Privacy of Mobile Health Apps on iOS and Android, JMIR Mhealth Uhealth 2015; 3 (1): e8, DOI: 10.2196 / mhealth.3672.

[6] J. J. Howard, A. J. Blanchard, Y. B. Sirotin, J. A. Hasselgren and A. R. Vemury, "An Investigation of High-Throughput Biometric Systems: Results of the 2018 Department of Homeland Security Biometric Technology Rally," 2018 IEEE 9th International Conference on Biometrics Theory, Applications and Systems (BTAS) , Redondo Beach, CA, USA, 2018, pp. 1-7. doi: 10.1109/BTAS.2018.8698547.

[7] Julian Fierrez, Aythami Morales, Ruben Vera-Rodriguez, David Camacho, Multiple classifiers in biometrics. Part 2: Trends and challenges, Information Fusion, Volume 44, 2018, Pages 103-112, https://doi.org/10.1016/j.inffus.2017.12.005.

[8] K. Chu, D. Horng and K. Chang, "Numerical Optimization of the Energy Consumption for Wireless Sensor Networks Based on an Improved Ant Colony Algorithm," in IEEE

Access, vol. 7, pp. 105562-105571, 2019. doi: 10.1109 / ACCESS.2019.2930408.

[9] M. Krišto and M. Ivasic-Kos, "An overview of thermal face recognition methods," 2018 41st International Convention on Information and Communication Technology, Electronics and Microelectronics (MIPRO) , Opatija, 2018, pp. 1098-1103. Doi: 10.23919 / MIPRO.2018.8400200.

[10] Zhendong Wu, Longwei Tian, Ping Li, Ting Wu, Ming Jiang, Chunming Wu, Generating stable biometric keys for flexible cloud computing authentication using finger vein, Information Sciences, Volumes 433–434, 2018, Pages 431-447, https: // doi.org/10.1016/ j.ins.2016.12.048.

[11] C. Li, D. Lin, J. Lü and F. Hao, "Cryptanalyzing an Image Encryption Algorithm Based on Autoblocking and Electrocardiography," in IEEE MultiMedia, vol. 25, no. 4, pp. 46-56, 1 Oct.-Dec. 2018. doi: 10.1109/MMUL.2018.2873472.

[12] Jekova, I .; Krasteva, V .; Schmid, R. Human Identification by Cross-Correlation and Pattern Matching of Personalized Heartbeat: Influence of ECG Leads and Reference Database Size. Sensors 2018, 18, 372.

[13] Pungila C., Negru V. (2019) Accelerating DNA Biometrics in Criminal Investigations Through GPU-Based Pattern Matching. In: Graña M. et al. (eds) International Joint Conference SOCO'18-CISIS'18-ICEUTE'18. SOCO'18-CISIS'18-ICEUTE'18 2018. Advances in Intelligent Systems and Computing, vol 771. Springer, Cham.

[14] H. Djelouat, X. Zhai, M. Al Disi, A. Amira and F. Bensaali, "System-on-Chip Solution for Patients Biometric: A Compressive Sensing-Based Approach," in IEEE Sensors Journal, vol. 18, no. 23, pp. 9629-9639, 1 Dec.1, 2018. doi: 10.1109/JSEN.2018.2871411.

[15] Obi Ogbanufe, Dan J. Kim, Comparing fingerprint-based biometrics authentication versus traditional authentication methods for e-payment, Decision Support Systems, Volume 106, 2018, Pages 1-14, https://doi.org/10.1016/j.dss.2017.11.003.

[16] Nirmala Sreedharan, Ninu Preetha; Ganesan, Brammya; Raveendran, Ramya; Sarala, Praveena; Dennis, Binu; Boothalingam R., Rajakumar: 'Grey Wolf optimisation-based feature selection and classification for facial emotion recognition', IET Biometrics, 2018, 7, (5) , p. 490-499, DOI: 10.1049/iet-bmt.2017.0160.

[17] Zhang, Yanhong; Shang, Kun; Wang, Jun; Li, Nan; Zhang, Monica M.Y.: 'Patch strat-

egy for deep face recognition', IET Image Processing, 2018, 12, (5) , p. 819-825, DOI: 10.1049/iet-ipr.2017.1085.

[18] Zhang, Q., Zhou, D. Deep Arm/Ear-ECG Image Learning for Highly Wearable Biometric Human Identification. Ann Biomed Eng 46, 122–134 (2018) . https://doi.org/10.1007/s10439-017-1944-z.

[19] Ajita Rattani, Reza Derakhshani, A Survey Of mobile face biometrics, Computers & Electrical Engineering, Volume 72, 2018, Pages 39-52, https://doi.org/10.1016/j.compeleceng.2018.09.005.

[20] Chan Hui-Ling, Kuo Po-Chih, Cheng Chia-Yi, Chen Yong-Sheng, Challenges and Future Perspectives on Electroencephalogram-Based Biometrics in Person Recognition , Frontiers in Neuroinformatics, Vol 12 2018, p66, DOI=10.3389/fninf.2018.00066.

[21] Yang, C.-S., Wang, A.-G., Shih, Y.-F. and Hsu, W.-M. (2013) , Long-term biometric optic components of diode laser-treated threshold retinopathy of prematurity at 9 years of age. Acta Ophthalmologica, 91: e276-e282. doi: 10.1111/aos.12053.

[22] Ma, J., Yu, M., Fong, S. et al. Using deep learning to model the hierarchical structure and function of a cell. Nat Methods 15, 290–298 (2018) . https://doi.org/10.1038/nmeth.4627.

[23] Semenov, A.M., Semenova, E.V. Soil as a Biological System and Its New Category—Health. Biol Bull Rev 8, 463–471 (2018) . Https://doi.org/10.1134/S2079086418060087.

[24] Nanshan Chen, Min Zhou, Xuan Dong, Jieming Qu, Fengyun Gong, Yang Han, Yang Qiu, Jingli Wang, Ying Liu, Yuan Wei, Jia'an Xia, Ting Yu, Xinxin Zhang, Li Zhang, Epidemiological and clinical characteristics of 99 cases of 2019 novel coronavirus pneumonia in Wuhan, China: a descriptive study, The Lancet, Volume 395, Issue 10223, 2020, Pages 507-513, https://doi.org/10.1016/S0140-6736 (20) 30211-7..

[25] Huwen Wang, Zezhou Wang, Yinqiao Dong, Ruijie Chang, Chen Xu, Xiaoyue Yu, Shuxian Zhang, Lhakpa Tsamlag, Meili Shang, Jinyan Huang, Ying Wang, Gang Xu, Tian Shen, Xinxin Zhang, Yong Cai. (2020) Phase- adjusted estimation of the number of Coronavirus Disease 2019 cases in Wuhan, China. Cell Discovery 6: 1.

[26] J. Sanchez-Casanova, I. Goicoechea-Telleria, J. Liu-Jimenez and R. Sanchez-Reillo, "Performing a Presentation Attack Detection on Voice Biometrics," 2018 International

Carnahan Conference on Security Technology (ICCST), Montreal, QC, 2018, pp. 1-5. doi: 10.1109/CCST.2018.8585464.

[27] U. Scherhag, C. Rathgeb and C. Busch, "Towards Detection of Morphed Face Images in Electronic Travel Documents," 2018 13th IAPR International Workshop on Document Analysis Systems (DAS), Vienna, 2018, pp. 187-192. doi: 10.1109/DAS.2018.11.

第二章　先進生物特徵辨識系統方法基礎

生物特徵辨識系統（Biometric Identification System）是新的技術，獲得各種生物特徵辨識數據（Data）後，如何有效且快速處理與分析（Processing and Analysis），將會是影響生物特徵辨識技術應用是否遭遇限制的關鍵（Limitation Key）。數據的處理與分析，過去都是利用人類直接進行，但是人類經常發生包含取代失誤（Replace Error）、調整失誤（Adjustment Error）、遺忘失誤（Forgetting Error）、顛倒失誤（Reversing Error）、無意啓動（Unintentional Activation Error）、無法搆及（Unconstructable Error）等失誤情況，除非非常專精且精神狀態良好，否則發生失誤情況在所難免。也因爲這樣，人工智慧開始發展，而面對未來，先進的生物特徵辨識系統不能不討論與人工智慧的結合應用。爲此，本章將針對人工智慧（Artificial Intelligence, AI）、機器學習（Machine Learning, ML）與深度學習（Deep Learning, DL）等基礎先做說明，以便後續討論先進的生物特徵辨識系統的智能化設計（Intelligent Design）技術[1-3]。

第一節　人工智慧（Artificial Intelligence, AI）

面對 AI 時代來臨，人工智慧、機器學習、深度學習等都是耳熟能詳的一些概念。機器學習是實踐人工智慧的一種方法，而深度學習是機器學習的一個分支。人工智慧從 20 世紀 50 年代開始興起，機器學習在 80 年代興起，而深度學習的流行則稍微晚了一些，在 2010 年左右[4]。

一、關於人工智慧

人工智慧是一門研究如何用人工的方法去類比和實現人類智慧的學科。至今，尚未有形式化之定義。其主要因素是因爲人工智慧的定義要依賴於智慧（Wisdom），而智慧目前還無法有嚴格的操作型定義（Operational Definition）。儘管如此，本節還是從智慧的概念入手，來討論人工智慧的基本概念。

（一）人工智慧的定義

人工智慧是一個含義很廣闊的術語，在其發展過程中，具有不同學科背景的人工智慧學者對它有些不同的了解，提供一些不一樣的看法，如：符號主義觀點（Symbolism）、連結主

義（Connectionism）觀點和行為主義（Behaviorism）觀點等。綜合各種不同的人工智慧觀點，可從技能和學科兩個面向對人工智慧進行解釋。從技能之角度來看，人工智慧是指採用人工的方式在（電腦）機械裡可實踐的智慧；從學科之角度來看，人工智慧是一門探討如何建構智慧型機械（Smart Machinery）或智慧系統（Smart Systems）（圖1），讓它可以類比、延長伸展和開發人類智慧的學科[5-6]。

圖1　以人工智慧為基礎組成的智慧系統是目前科技發展主力

　　人工智慧在 1950 年尚未成為一個學科之前，英國一位數學家圖靈（A. M. Turing，1912—1954 年）就在他發表的一篇題為〈電腦機器與智慧〉（*Computing Machinery and Intelligence*）的文章中提出一項機械技能思想的新看法，進一步設計很有名的測量試驗機械之智慧試驗，稱為圖靈測驗（Turing Test）或圖靈試驗[7]。

　　圖靈試驗可描述如下：該實驗的參加者透過測試的主持人和兩種需要測試物品文件組合而成。其兩個需要測試物品文件中一項是人，另一項是機械。測試規定：測試主持人與測試者需分開位在彼此無法看到的隔間裡面，互相交流只可以透過電腦終端執行對話。測驗開始，由測試主持人向測試者發問出各項智慧性的題目，而且不可以詢問測試者的物理特性徵象（Physical Characteristics）。測試者在答覆題目時，均是盡可能使測試者確信自身是「人」，另一位是「機械」。此前提下，請求測試主持人來分辨這兩項測試物品文件中哪位是人，哪一個是機械。在無數次調整替換測試主持人和測試者，測試主持人總是能夠區分人與機械的機率是小於50%，則將認可該機械具備智慧功能。現今逐漸普及的聊天機器人就是圖靈試驗的新產物（圖2）[8-9]。

圖 2　現今逐漸普及的聊天機器人就是圖靈試驗的新產物

　　對於圖靈的此試驗標準，也有人提出了質疑：認爲該試驗只有反應試驗結果的相比，並未設定在思考的過程，也沒有明確說明參加實驗的人是小孩還是具有良好素質的成年人。儘管如此，圖靈測試對人工智慧學科發展所產生的影響仍是十分深遠的。

（二）人工智慧的劃分

　　人工智慧也稱爲機械智慧（Machine Intelligence），指的是人工製造的機械或系統展現的智慧。AI 人工智慧也可以進一步分爲以下兩種類型[10-11]：

1. 弱人工智慧（Weak AI）

　　通常是指機器。通過機器學習之類的技術，從大量資料中學到一些規律，這種學習實際是記憶性的（Memorability），機器本身並無意識（Unconscious），只是執行某些演算法（Algorithm）或任務的工具。弱人工智慧有時也稱爲狹義人工智慧（Narrow AI）。

2. 強人工智慧（Strong AI）

　　機器具有意識（Conscious），能夠完全像人類一樣思考（Thinking）和具有感情（Emotion）。強人工智慧也稱爲通用人工智慧（General AI）或全人工智慧（Full AI）。

　　AlphaGo（圖 3）雖然看上去比人類還厲害，但依然只是弱人工智慧，本身並無意識可言。而部分人擔心的可能會危害到人類的人工智慧，則可以定義爲第 3 類人工智慧——超級智慧（Super-Intelligence）——機器具有比人類更強大的智慧，甚至是人類無法理解的智慧。

圖 3　AlphaGo 最有名的就是擊敗現今最強的所有圍棋高手

（三）人工智慧的產生與發展過程

人工智慧誕生以來已經歷坎坷的開發路程。回首歷史，可依照人工智慧在各階段的主要特徵，產出與發展歷程分成以下 5 個時期 [12-15]：

1. 人工智慧 AI 孕育期

自遠古以來，人類就有著用機器代替人們腦力勞動（Mental Work）的幻想。早在西元前 900 多年，我國就有歌舞機器人流傳的記載。到西元前 850 年，古代希臘也有製造機械人說明人類勞務之神奇傳說。此後，在世界各國和區域均發現類似的民間傳說或神話故事。為追求和實現人類的這一美好願望，很多科學家已付出許多艱難辛勞仍努力不懈的認真前進。人工智慧可以在頃刻間誕生，而孕育這個學科卻需要經歷一個相當漫長的歷史過程。

從古代希臘偉人哲學家亞里斯多德（Aristotle，西元前 384—322 年）創立的演繹法，至德國數學和哲學家萊布尼茨（G.W. Leibnitz，1646—1716 年）奠定的數學哲理（Mathematical Philosophy）邏輯的基石；再從英國的數學家圖靈 1936 年創立圖靈機模型（Turing Machine Model），到美國數學家、電子數位電腦的先驅莫克利（J.W. Mauchly，1907—1980 年）等人 1946 年研究製造成功全球第一臺的通用電子電腦（General Electronic Computer），這些都為人工智慧的誕生奠定了重要的思想理論和物質技術基礎。

此外，1943 年，美國神經生理學家麥卡洛克（W. McCulloch）和皮茨（W. Pitts）一起研製出世界上第一個人工神經網路（Artificial Neural Network）模型（MP 模型），開創了以仿生學（Bionics）觀點和結構化方法（Structured Approach）類比人類智慧的途徑；1948 年，美國著名數學家威納（N.Wiener，1874—1956 年）創立了控制論（Cybernetics），為以行為模擬

（Simulation）觀點研究人工智慧奠定了理論和技術基礎；1950 年，圖靈發表了題為〈電腦能思維嗎？〉的著名論文，確定發現「機械技能思維」的新看法。至此，人工智慧的基本雛形已初步形成，人工智慧的誕生條件也已基本具備。通常，人們將此時期稱為人工智慧的孕育期（The Incubation Period of Artificial Intelligence）。

2. 人工智慧 AI 形成期

人工智慧創造誕生於歷史性的集會。1956 年夏天，當時在美國（Dartmouth）達特茅斯大學的年輕數學家、電腦專家麥卡錫（J. McCarthy，後為麻省理工學院教授）和他的 3 位朋友，哈佛大學數學家、神經學家明斯基（M. L. Minsky，後為麻省理工學院教授），IBM 公司資訊中心負責人洛賈斯特（N. Lochester），貝爾實驗室（Bell Labs）資訊部數學研究員香農（C. E. Shannon）共同發起，並邀請 IBM 公司的莫爾（T. More）和撒母耳（A. L. Samuel），麻省理工學院的塞爾弗裡奇（O. Selfridge）和索羅蒙夫（R. Solomonff），以及蘭德公司（RAND）和卡內基（Carnagie）工科大學的紐厄爾（A. Newell）和西蒙（H. A. Simon）共 10 人，於達特茅斯大學舉辦 2 個月的夏季學術研討會（Academic conference）。10 位在美國數學（Mathematics）、神經學（Neurology）、心理學（Psychology）、資訊科學（Information Science）和電腦科學（Computer Science）方面的年輕傑出優秀科學家，在同一時間學習與探究使用機械來模仿人類智慧的有趣主題，由麥卡錫提出採用「人工智慧 AI（Artificial Intelligence）」正式術語。從此以探討研究如何運用機械來模仿（Simulate）人類智慧的新起學科——人工智慧由此誕生。

在這次會議之後 10 多年中，人工智慧很快就在定理證明（Proof of Theorem）、問題求解（Problem Solving）、博弈論（Game Theory）等眾多研究領域獲得重要結論成果。例如：1956 年，撒母耳研究製作具備自我學習（Self-learning）、自我組織（Self-organization）和自我調整（Self-adjustment）技能的西洋跳棋程式。該程式可由跳棋譜裡學習，又可在下跳棋過程中累積經驗、提升跳棋等級。1957 年，紐厄爾（J. Shaw）、肖和西蒙等人的心理學組員研究製作稱為邏輯理論機械（Logic Theory Machine, LT）的數學程式用定理證實。該程式可以類比人類用數學理論邏輯來證實定理時的思考思維自律規則，去證實像不定積分（Indefinite Integral）、三角函數（Trigonometric Function）、代數方程（Algebraic Equation）等數學問題。1958 年，麥卡錫建立規劃行動的諮詢系統。1960 年，麥卡錫又研究製作 LISP 人工智慧語言。1965 年，魯賓遜（J. A. Robinson）產出（消解）歸結理論。1968 年，美國史丹佛大學費根鮑姆（E. A. Feigenbaum）領導的研究小組成功研製化學專家系統 DENDRAL。此外，在人工神經網路方面，1957 年，羅森布拉特（F. Rosenblatt）等人研製了感知器（Perception），利用感知器可

進行簡單的文字、圖像、聲音辨識。

3. 人工智慧 AI 知識應用期

正當人們在人工智慧獲得高成就的同時，人工智慧遭受一些困境與挫敗（Dilemma and Frustration）。然而，面對困境與挫敗，人工智慧的先驅領導們並未退出，反而認真反覆思考得到結論，並從人工智慧開發歷程中取得寶貴經驗教訓，因而開創一項以知識為主、朝向運用發明的研討之路，讓人工智慧進階到一條新的開發道路。通常，人們將從 1971 年到 1980 年這一段時期稱為人工智慧的知識運用期（AI Knowledge Application Period），也有人稱為低潮時期。

(1) 人工智慧的挫折和教訓（Setbacks and Lessons）：人工智慧在經過形成時期的快速發展之後，很快就遇到了許多麻煩。例如：

① 在博弈方面，撒母耳的下棋程式在與世界的冠軍對戰時，5 局中失敗 4 局。

② 在定理證實，出現魯賓遜歸結法（Robinson Resolution）的技能是有限制。若使用歸結原理證實兩個連續的函數之和仍然是連續函數時，推進 10 萬步尚未驗證出成果。

③ 在題目尋求解答方面，由於過去研究的多是良性結構的問題，而現實世界中的問題又多為不良性結構（Bad Structure），如果仍用那些方法去處理，將會產生爆炸性組成（Explosive Composition）問題。

④ 在機械翻譯（Mechanical Translation）方面，原來人們以為只要有一本雙解字典和些許語法知識可以實踐 2 種語言的互相解譯，但後來顯示並不容易，可能會出糗。例如：「心有餘而力不足」的英語句子「The spirit is willing but the flesh is weak.」翻譯成俄國語文，然而再翻譯回來竟會演變成英語句子「The wine is good but the meat is spoiled.」（酒是好，肉變質）。

⑤ 在神經生理學（Neurophysiology）方面，研討顯示人的腦部是由 1,011～1,012 個神經元件所組成，在原有技能使用機械從構造上要類比人的腦部是很有難度且不可行的。對單層感知器模型，明斯基出版的專著 *Perceptrons* 指出了其存在的嚴重缺陷，致使人工神經網路的研究落入低潮。

⑥ 在人工智慧的本質（Essence）、理論（Theory）、思想（Thought）和機理（Mechanism）方面，人工智慧受到了來自哲學、心理學、神經生理學等社會各界的責難、懷疑和批評。

在其他方面，人工智慧也遇到了許多不同的問題。一些西方國家的人工智慧研究經費被削減，研究機構被解散，全球各地的人工智慧研討遇到瓶頸，跌入谷底。

(2) 以知識為中心的研究時期：科學的真諦總是先由少數人發明創造。早在 60 年代中期，當大多數人工智能學者正熱衷於對博弈、定理證明、問題求解等進行研究時，專家系統（Expert System, ES）這一個重要研究領域也開始悄悄地孕育。正是由於專家系統這棵幼小萌芽的存在，才使得人工智慧能夠在後來出現的困難和挫折中很快找到前進的方向，又迅速地再度興起。

專家系統是一種必須有專業知識庫（Knowledge Database），並運用此知識庫去處理特有區域中透過專家得以解決問題之電腦程式（Computer Program）。專家系統實踐人工智慧從理學論述研討走向實務運用（Practical Application），從較淺層思維規律探究朝向專業知識應用的重大發現，是人工智慧歷史上的重要轉變關鍵點（Key Point）。

當時，國際上最著名的兩個專家系統分別是 1976 年費根鮑姆（Feigenbaum）領導研製成功的 MYCIN 專家系統，和 1981 年史丹佛大學國際人工智慧中心杜達（R. D. Duda）等人研發製造成功的土地質量勘探專家系統（Prospector）。其中 MYCIN 專家系統可以辨識 51 種病菌，能正確使用 23 種抗生素，可幫助內科醫師診斷、治療感染細菌之疾病，可自技能術業上解決例如知識顯示、不確定性推論、策略搜尋、人類與機械聯絡、知識獲得取用及專家系統基礎建構系列重要題項。

1977 年，費根鮑姆發表知識工程概念（Knowledge Engineering, KE），進一步推動基於知識的專家系統及其他知識工程系統的發展。專家系統之成效，顯示出知識對於智慧系統中的重要性，讓人類更理解人工智慧系統是一項知識解決系統（Knowledge Solution System），知識顯示、知識獲得取用、知識運用是人工智慧系統的 3 項基層面之問題（圖 4）[16]。

此期間，專家系統在發展同一時間之重要區域，有電腦目視感覺、機械人、自然語言了解和翻譯機等。此外，在知識工程長足發展的同時，一直處於低谷的人工神經網路（Artificial Neural Network, ANN）也開始慢慢復甦。1982 年，霍普菲爾特（J. Hopfield）發表一項創新的全區互相聯絡型的人工神經網路，可順利地解決估算複雜度為 NP 完整的「旅行商」難題。1986 年，魯梅爾哈特（D. Rumelhart）等研製出了具有誤差反向傳播（Error Backpropagation, BP）功能的多層前饋網路，簡稱 BP 網路，實現了明斯基關於多層網路的設想。

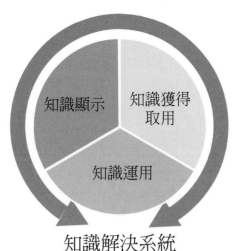

圖4　知識解決系統架構

4. AI 從學派分立走向綜合時期

隨著人工神經網路的再次興盛起來與布魯克斯的機械蟲的發現，人工智慧研討演變成相對獨立的 3 大學派，即基於知識工程的符號主義學派、基於人工神經網路的聯合締結主義學派和基於控制論行為之主義學派。

其中，符號之主義學派強調知識的表示和推理（Representation and Reasoning of Knowledge）；聯合締結主義學派強調神經元的連結活動過程（Neuronal Connective Activity）；行為主義學派強調對周遭環境的感覺知能和適合應用（Environmental Sensory Intelligence and Suitability for Application）。它們學術觀點（Academic Point of View）與科學方法（Scientific Method）上存在著嚴重分歧和差異，在特定的歷史條件下，各自走出了自己的研究道路和成長歷史。但是，隨著研討和運用的深切關注，人類又進一步理解 3 大學派各有長處，各有短缺，必須互相連結、截長補短、總匯集結。因此，人們通常將 80 年代末到 21 世紀初的此時期稱為從學派分立走向綜合的時期。

5. 智慧科學技術 AI 學科之興盛階段

從 21 世紀初期，一個以人工智慧為核心，以自然智慧（Natural Intelligence）、人工智慧（Artificial Intelligence）、整合智慧（Integrated Intelligence）和協同智慧（Collaborative Intelligence）為整體的創新之智慧科學技能學科漸漸興盛起來，也引起人類的大量關心重視（圖 5）[17]。

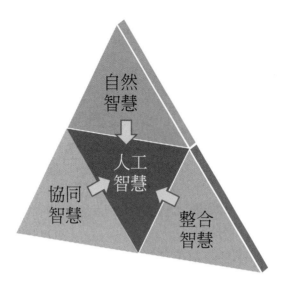

圖 5　以人工智慧為核心之智慧科學技能學科架構

　　所謂整合智慧是指自然智慧與人工智慧透過協調配合所整合的智慧；所謂協同智慧是指個體智慧相互協調所湧現的群體智慧。智慧科學技能學科研討的特性包含：(1) 透過對於人工智慧的單一項研議方向會主要朝向自然智慧、人工智慧、整合智慧為整體的協助共同智慧研究；(2) 經由人工智慧學科的獨自研議邁向關注在腦部科學（Brain Science）、認知的科學（Cognitive Science）等學科之交互穿插研究；(3) 通過許多各自學派的分立研議邁向多項學派之總體研討；(4) 對於個別體、集合智慧的研議邁入對於群組體、分布體智慧之研究。

　　圖 6 為前述人工智慧發展歷程與未來彙整，供讀者參考。

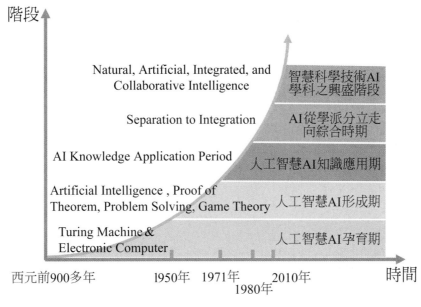

圖 6　人工智慧發展歷程與未來

第二節　機器學習（Machine Learning, ML）

　　機器學習是一門研究電腦類比和實踐人類行為的科學，透過不斷改善知識結構，進而超越人類能力（Beyond Human Capabilities）的學科。機器學習之演算方法是經由檔案資訊中自動解析形成規則，進而可以透過未取得數據執行預估測量的演算方法。圖 7 為機器學習的範疇彙整 [18]。

圖 7　機器學習的範疇彙整

一、機器學習的溯源

很多時候，人們希望能藉助機器的力量來自動完成一些任務，從而將人類從繁瑣的事項中解放出來。比如自動監測（Automatic Monitoring）違規車輛及排序查驗嫌疑車，可以代替交通警察用人眼監控顯示幕；自動駕駛（Autonomous Driving）可以選擇最佳路線、躲避其他車輛而安全地駕駛；自動人臉辨識（Automatic Face Recognition）可以代替人工完成特定的服務。

概括來說，這個過程涉及了 2 大步驟。

1. 認知（Cognition）這個世界，獲取資訊（Information Access）。

2. 根據資訊進行判斷和決策（Judgment and Decision Making）。

從人類的角度看，第 2 步顯然非常重要。人們進行許多種種努力，不斷探索如何能排除感性的干擾（Interference），做出更加理性的決策。這樣的決策在給定資訊的情況下，稱為「全域最佳化」策略（Global Optimal Strategy）。而這一步，在機器看來卻輕巧得多，它可以充分調動強大的計算能力，綜合各種最佳化演算法（Optimization Algorithm），在最少的時間可以提供最佳化的答案。

但另一方面「像人類一樣認知美麗世界」卻不是它的強項。面對一張圖片，它可以告訴你一共有多少個像素點（Pixel），也可以準確地給予在圖片上每一個像素點的像素值，但卻分辨不出那些像素點組成的臉龐。10 年前機器學習領域還在聚焦於如何能讓機器準確地辨識類似簡單的物體，機器的辨識能力甚至比不上一個 3 歲的孩童。不僅如此，在經過訓練能認出圖片上的物體後，一旦光影變幻、物體遮擋或角度變化，就很可能又會辨識失敗。

人們不知道如何教導機器像是個憨憨的學生去「感知」美麗世界。於是人們轉而看看關於

自己大腦的研究，也就是神經科學，希望能獲得一些關於「認知」的理論。可惜，當時大腦神經科學也是一片廣闊而充滿了未解之謎的領域。雖然對神經元的研究、啟動和資訊傳導有一定的成果，但還不足以解釋「認知」（Cognition）這宏偉壯觀的課題。儘管如此，人們還是樂觀地開始了對機器學習領域中的人工神經網路的研究。經過大半個世紀的坎坷和沉浮，厚積薄發，終於在 21 世紀開始大放異彩，在各區域已有了快速的發展。

　　機器學習之領域變得很廣泛，與視覺（Vision）相關的領域包括：物體辨識（Object Recognition）（圖8）、圖像分割（Image Segmentation）、圖像索引（Image Indexing）、人臉辨識（Face Recognition）、場景辨識（Scene Recognition）、場景匹配（Scene Matching）等。有許多非常有趣的商業應用，比如 Google 辨識眼鏡等[19]。

圖 8　機器學習分析可識別人員與物件

　　與聽覺（Hearing）相關的領域包括：語音辨識（Speech Recognition）、樂曲片段匹配（Song Segment Matching），甚至有自動作曲（Automatic Composition）發展的有趣方向。與認知相關的領域包括：自然語言處理（Natural Language Processing）、專家系統等[20]。

　　基於對人群偏好的推測而進行的內容推薦，也由於有著廣闊的應用場景而成為機器學習中很熱門的一個領域，包括諸如網頁推薦（Web Page Recommendation）、廣告推薦（Advertising Recommendation）、購物產品推薦（Shopping Product Recommendation）、電影推薦（Movie Recommendation）等[21]。

　　此外，還有很多其他五花八門的方向，比如機器人（Robot）的相關研究。史丹佛的 Jackrabbot 就是一個繫著領帶、風度翩翩的社會化行走機器人。和其他機器人不同，它在人行道上行走時，會特別學習人類的社會習慣，比如行走時注意他人的個人空間、有禮貌地行走，而不是只為了走到目的地而加快步伐地橫衝直撞。

這裡，簡單澄清一些與機器學習密切相關且容易混淆的概念，說明如下 [22]：

1. 模式辨識（Pauem Recognition）

在一定程度上等同於機器學習，一般認為模式辨識最初來自於工業界，而機器學習來自於學術界，機器學習的經典書籍 *Pattern Recognition and Machine Learning* 所講的就是兩者不分家。

2. 統計學習（Statistical Learning）

也是機器學習的近義詞，機器學習的很多方法都源自於統計學習，這些方法往往具有優美的數學推導（Mathematical derivation），比如支持向量機（SVM）方法等。總體上，統計學習偏向數學理論方面，而機器學習則偏向實踐方面。

3. 資料挖掘（Data Mining）

在有些場景中也被等同於機器學習，但更專業的解釋應該是機器學習在大數據資料（Big data）領域的應用，透過機器學習的方法從大數據中挖掘出規律或知識。

4. 電腦視覺（Computer Vision）

強調機器學習在圖像領域的應用，可以說，迄今為止，電腦視覺是機器學習尤其是深度學習最成功應用的領域之一。

5. 語音辨識（Speech Recognition）

研究機器聽懂人類聲音的領域，目前語音辨識也取得了長足的進步，有 Siri、語音輸入法（Voice Input Method）等大家耳熟能詳的應用。

6. 自然語言處理（Natural Language Processing）

研討機械了解人類語言之區域，相比電腦視覺、語音辨識的感知問題，自然語言處理尤其其中的語義理解屬於認知問題，相對更難一些。

二、機器學習的發展

由於機器學習只是實現人工智慧的一種方式，所以人工智慧的發展史實質上包括了機器學習的發展歷程。「推理期」（Reasoning Period）、「知識期」（Knowledge Period）、「學習期」（Study Period）就是指與機器學習相關的主流時期，感知機、支援向量機、神經網路等

又是機器學習具體的模型（圖9）[23]。

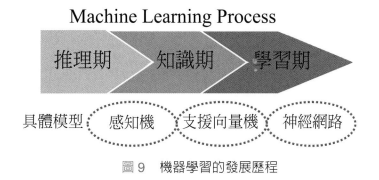

圖9　機器學習的發展歷程

1996年至今可以表示機器學習在工業界得到廣泛應用，從而使機器學習的發展達到一個前所未有的新高度。

比如搜尋引擎中的分詞、新詞挖掘、垃圾網頁過濾、網頁濾重、Learning to Rank、Page Rank、主題模型、摘要提取、特徵學習等，大量使用了機器學習中的邏輯斯回歸（Logistic Regression, LR）、支持向量機（Supported Vector Machine, SVM）、GBDT（Gradient Boosting Decision Tree）、Latent Semantic Analysis（LSA）/Probabilistic Latent Semantic Analysis（PLSA）/LatentDirichlet Allocation（LDA）、機率圖、深度學習（Deep Learning）等模型[24]。

比如在計算活動廣告點擊率預測中廣泛使用了機器學習中的LR（Logistic Regression）、BPR（Bayesian Probit Regression）、FTRL（Follow-The-Regularized-Leader）、Online Learning、深度學習等相關技術[25]。

而電腦視覺、語音辨識、機器翻譯等更是在近幾年由深度學習方法不斷刷新高度。

三、機器學習方法

機器學習方法可以大致分為監督之學習、無監督之學習、半監督之學習、增強之學習等幾類，說明如下[26-27]：

（一）監督之學習（Supervised Learning）

通過對標注的訓練資料進行學習，進而得到一個從輸入特徵到標籤的映射模型（Label Mapping Model），再利用這個模型對未知標籤的新資料進行預測。比如我們擁有大量正常內容的郵件，同時擁有大量垃圾郵件，那麼就可以訓練一個監督學習模型來做垃圾郵件分類，最

終得到的模型就能鑑定新郵件是否是垃圾郵件。監督之學習又可以進一步分為分類（Classification）和回歸（Regression）等類別。如果標籤是分區離散類別的，則一般認為是分類問題，比如前面提到的垃圾郵件分類等；而如果標籤是連續數值型的，則一般認為是回歸問題，比如房產價格的預測問題等。

（二）無監督之學習（Unsupervised Learning）

不需要對訓練資料進行標注，直接對資料進行建立模型。比如一堆雜亂無章的文字片段或者圖片，完全可以根據文字或圖片本身的內容對其進行大致的歸類。無監督之學習比較常見的類別有聚類（Clustering）、密度估計（Density Estimation）和降維（Dimension Reduction）等。其中，聚類是根據採樣之中的特徵類似程度，使一組資訊聚成一類，並可在類內的資料類似程度，比不同類間的資料相似度更高。密度估計是根據資料集統計推斷樣本集對應的機率分布（Probability Distributions）。降維，顧名思義，就是降低輸入資料的維度（Dimension）。在很多應用中，原始資料（Raw Data）具有非常高的維度（比如在活動廣告點擊率預測應用中，特徵維度往往達到上億級別），而且有很多特徵是冗餘或者不相關的，降維演算法有助於去除無關特徵、合併冗餘之特徵。

（三）半監督之學習（Semi-Supervised Learning）

介於監督之學習與無監督之學習中間的方法。在實際應用中，資料標注往往對模型的學習是非常好的說明，但代價也不低，有時候甚至超過了可以忍受的限度，這時候半監督之學習就是一種很好的選擇。半監督之學習的方法非常多，其中滾雪球式的主動學習（Active Learning）是資料採擷中常用的方法，利用學習演算法主動選出最值得標注的資料進行人工標注，標注完成後，新的標注資料和之前的標注資料合在一起繼續進行訓練，訓練完畢後繼續用演算法甄選性價比（Cost Performance）最高的資料進行人工標注，如此不斷反覆運算，最後得到的模型效果往往非常好。

（四）增強之學習（Reinforcement Learning，又稱為強化之學習）

一種互動式的學習方法，模型根據環境給予的獎勵或懲罰不斷調整自己的策略，盡量獲得最大的長遠收益。

第三節　深度學習（Deep Learning, DL）

　　在人工智慧的發展史中，已經反覆發現了神經網路的蹤影。作爲機器學習的一個分支，神經之網路發展仍爲跌宕起伏。

　　神經網路（Neural Network）是從人類腦神經元（Brain Neuron）的研究中獲得靈感，模擬其神經元的功能和網路結構，來完成認知任務的一類機器學習演算法；還有一類機器學習演算法，則不侷限於神經元，而是嘗試將問題從數學以抽象方式，從而對該簡化的數學問題進行研究並做出解答。而深度學習是對於多層面神經網路（Multi-Layer Neural Network），即隱匿層於在另一大層的神經網路（圖 10）[28]。

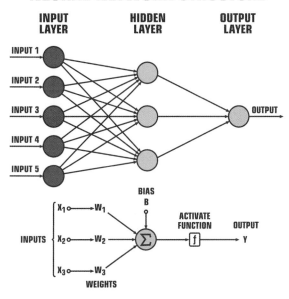

圖 10　多層面神經網路架構

一、神經網路的提出與發展

早在 1943 年，人工神經網路（Artificial Neural Networks）當時已提出，分析美好的人工神經元網路，已可指示出它們運行邏輯演算之簡易機制。但這僅僅是一種理想化的初步藍圖。直至將近 15 年後，康乃爾大學的實驗心理學家在 IBM-704 電腦上類比實踐一項重要發現，稱作「感知機」之神經網路模型，人工神經網路進而走向實務面。日後伴隨著一本名爲《神經之動力學理論：感知機與大腦機制的原理》的書，至此感知機迅速獲得了人們的重視關注，並寄予極高的期望。

1969 年，一本名爲 Perceptrons（感知機）的書詳細地記載分析感知機的適用範圍，並明確提出對於簡單的異處或邏輯問題，感知機是由於其非線性無法解決，而現實中的實務問題恰巧大多都不是線性可分的。儘管在 5 年後證明，只要能在感知機的網路中再加上一層，並運用「後向傳播」（Backward Propagation）學習之方法，可解決異處或難題，但是人們依然對感知機持著有些悲觀的態度。不僅如此，這種看法還擴大到所有的神經網路科學上，以至於對整個神經網路的研究陷入了停滯狀態。本書內容中指的「神經網路」均統稱爲「人工神經網路」。

二、神經網路的困境與 SVM 的獨領風騷

從 70 年代開始，人類對神經網路的研究熱情不斷下降。與此同時，科學家創造性地提出 VC 維的觀點與構造風險最小化原則。隨著這個理論的深入，並經過 20 年的摸索後，在 1993 年提出「支持向量機」（Support Vector Machine, SVM），成功地將其應用於實際問題中。支持向量機旨在運用核（Kernel）技術把非線性難題替換成線性之問題，解決感知機所無法解決的問題，一時間獨領風騷。其堅實的理論基礎和解決現實問題的有效性，使它獲得了廣泛的認可。而同時，統計機器學習理論專家從理論的角度懷疑神經網路的泛化能力，學術界對於神經網路的研究也更加趨於悲觀 [29]。

儘管如此，在這長達半個世紀的冰河期，依然有神經網路學家在堅守著自己的陣地。1982 年，發表一項創新之神經網路，它立刻可解決一大類型模式辨識難題，並且可給予一類組合優化問題的近似解。而在 1986 年，提出了神經網路的學習演算法——後向傳播（BP）。隨後發明「卷積神經網路」（Convolutional Neural Network, CNN），並利用其實現自動提取圖像的特徵，成功地完成了手寫數位的辨識。這些都在日後成爲神經網路的再次興起並奠定堅實的基礎（圖 11）[30]。

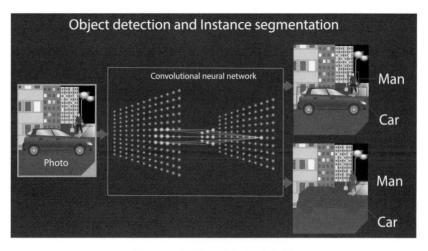

圖 11　多層面神經網路架構

三、深度學習的提出與發展

2006 年，提出深度神經網路（深度學習），指的是隱層（Hidden Layer）大於一層的網路結構。提出優先使用 Restricted Boltzmann Machine 是經由非監督之學習的方法來習得網路構建，最後再由後向傳播演算法（Back Propagation Algorithm）學習網路內部的參數值。

儘管如此，深度學習仍然廣受質疑。於 2012 年在電腦視覺領域的著名比賽──ImageNet 分類比賽中嶄露頭角。這是深度學習在沉寂半個世紀後，第一次在機器學習領域的比賽中參賽，並且取得卓越的成績，震憾了整個機器學習界。此參賽成績表現印證深度學習的有效性，並隨後在各個領域也迅速拔得頭籌。在此時「深度學習」正式進入了復興和輝煌的時代。

這一次深度學習的復興，離不開 Hinton、LeCun、Bengio 和其他優秀研究者（比如第 4 巨頭 Andrew Ng 等）的努力，因他們堅信神經網路的有效實用性，並不斷探索真正可行的神經網路道路。面對 21 世紀不斷普及的大數據以及高度並行的計算設備──圖形處理單元（Graphics Processing Unit, GPU）也為神經網路提供許多必不可少的支援。以上新技術的成長，確實讓深度學習在各個領域遍地開花走向生物辨識的今天。

回顧神經網路的興起與衰落時期──復興是乃至於輝煌的過程，不禁讓人唏噓。如今深度學習的研究大放異彩，離不開許多位大師們近半個世紀的堅守和在質疑中不斷堅定分析地向前行。這不僅需要靈感，還需要耐心魄力，以及一以貫之的毅力、強大信念。

深度學習在圖像辨識領域大獲成功之後，又被迅速應用到其他問題上。看起來各不相同的

問題,一旦理解它們僅僅是特徵不同、基於特徵都要完成對應的分類問題時,各個問題似乎就有了相似之處。當然,在實務方面,要成功地把深度學習應用於各類生活問題上還是需要有相當豐富的想像力、新奇的創造力以及對於模型的把握控制力。

參考文獻

[1] Chih-Cheng Lu, Kuo-Chi Chang, Chun-Yu Chen, Study of high-tech process furnace using inherently safer design strategies (IV). Advanced NAND device design and thin film process adjustment, Journal of Loss Prevention in the Process Industries, Volume 40, 2016, Pages 378-395, https://doi.org/10.1016/j.jlp.2016.01.016.

[2] T. Baltrušaitis, C. Ahuja and L. Morency, "Multimodal Machine Learning: A Survey and Taxonomy," in IEEE Transactions on Pattern Analysis and Machine Intelligence, vol. 41, no. 2, pp. 423-443, 1 Feb. 2019. doi: 10.1109 / TPAMI.2018.2798607.

[3] T. Young, D. Hazarika, S. Poria and E. Cambria, "Recent Trends in Deep Learning Based Natural Language Processing [Review Article]," in IEEE Computational Intelligence Magazine, vol. 13, no. 3, pp. 55- 75, Aug. 2018. doi: 10.1109 / MCI.2018.2840738.

[4] Ruonan Liu, Boyuan Yang, Enrico Zio, Xuefeng Chen, Artificial intelligence for fault diagnosis of rotating machinery: A review, Mechanical Systems and Signal Processing, Volume 108, 2018, Pages 33-47, https://doi.org/10.1016/ j.ymssp.2018.02.016.

[5] Jinjiang Wang, Yulin Ma, Laibin Zhang, Robert X. Gao, Dazhong Wu, Deep learning for smart manufacturing: Methods and applications, Journal of Manufacturing Systems, Volume 48, Part C, 2018, Pages 144-156, https: // doi .org / 10.1016 / j.jmsy.2018.01.003.

[6] Hsi-Peng Lu, Chien-I Weng, Smart manufacturing technology, market maturity analysis and technology roadmap in the computer and electronic product manufacturing industry, Technological Forecasting and Social Change, Volume 133, 2018, Pages 85-94, https: // doi .org / 10.1016 / j.techfore.2018.03.005.

[7] Castelfranchi, C. Alan Turing's "Computing Machinery and Intelligence". Topoi 32, 293–299 (2013). https://doi.org/10.1007/s11245-013-9182-y.

[8] ZHE TAN, SHENGFU CHEN, XINSHENG PENG, LIN ZHANG, CONGJIE GAO, Polyamide membranes with nanoscale Turing structures for water purification, SCIENCE04 MAY 2018: 518-521.DOI: 10.1126 / science.aar6308.

[9] M. J. M. Chuquicusma, S. Hussein, J. Burt and U. Bagci, "How to fool radiologists with generative adversarial networks? A visual turing test for lung cancer diagnosis," 2018 IEEE 15th International Symposium on Biomedical Imaging (ISBI 2018), Washington, DC, 2018, pp. 240-244. doi: 10.1109/ISBI.2018.8363564.

[10] H. Habibzadeh, A. Boggio-Dandry, Z. Qin, T. Soyata, B. Kantarci and H. T. Mouftah, "Soft Sensing in Smart Cities: Handling 3Vs Using Recommender Systems, Machine Intelligence, and Data Analytics," in IEEE Communications Magazine, vol. 56, no. 2, pp. 78-86, Feb. 2018. doi: 10.1109/MCOM.2018.1700304.

[11] Melanie R Beck, Claudia Scarlata, Lucy F Fortson, Chris J Lintott, B D Simmons, Melanie A Galloway, Kyle W Willett, Hugh Dickinson, Karen L Masters, Philip J Marshall, Darryl Wright, Integrating human and machine intelligence in galaxy morphology classification tasks, Monthly Notices of the Royal Astronomical Society, Volume 476, Issue 4, June 2018, Pages 5516–5534, https://doi.org/10.1093/mnras/sty503.

[12] Dignum, V. Ethics in artificial intelligence: introduction to the special issue. Ethics Inf Technol 20, 1–3 (2018). https://doi.org/10.1007/s10676-018-9450-z.

[13] K.C. Chang, K.C. Chu, H.C. Wang, Y.C. Lin and J.S. Pan, "Energy Saving Technology of 5G Base Station Based on Internet of Things Collaborative Control," in IEEE Access, vol. 8, pp. 32935-32946, 2020. doi: 10.1109/ACCESS.2020.2973648.

[14] K.C. Chang, K.C. Chu, D.C. Horng, J. C. Lin and V. Yi-Chun Chen, "Study of wafer cleaning process safety using Inherently Safer Design Strategies," 2018 13th International Microsystems, Packaging, Assembly and Circuits Technology Conference (IMPACT), Taipei, Taiwan, 2018, pp. 218-221. doi: 10.1109/IMPACT.2018.8625796.

[15] Zhou YW. Et al. (2020) Study on IoT and Big Data Analysis of Furnace Process Exhaust Gas Leakage. In: Pan JS., Li J., Tsai PW., Jain L. (eds) Advances in Intelligent Information Hiding and Multimedia Signal Processing. Smart Innovation, Systems and Technologies, vol 156. Springer, Singapore.

[16] Duc-Hong Pham, Anh-Cuong Le, Learning multiple layers of knowledge representation for aspect based sentiment analysis, Data & Knowledge Engineering, Volume 114, 2018, Pages 26-39, https://doi.org/10.1016/j.datak.2017.06.001.

[17] Popova O., Popov B., Karandey V., Shevtsov Y., Klyuchko V. (2019) Studying an Ele-

ment of the Information Search System: The Choice Process Approximated to the Natural Intelligence. In: Arai K., Kapoor S., Bhatia R. (eds) Intelligent Systems and Applications. IntelliSys 2018. Advances in Intelligent Systems and Computing, vol 869. Springer, Cham.

[18] N. Akhtar and A. Mian, "Threat of Adversarial Attacks on Deep Learning in Computer Vision: A Survey," in IEEE Access, vol. 6, pp. 14410-14430, 2018. doi: 10.1109/ACCESS.2018.2807385.

[19] Barret Zoph, Vijay Vasudevan, Jonathon Shlens, Quoc V. Le; The IEEE Conference on Computer Vision and Pattern Recognition (CVPR), 2018, pp. 8697-8710.

[20] N. Carlini and D. Wagner, "Audio Adversarial Examples: Targeted Attacks on Speech-to-Text," 2018 IEEE Security and Privacy Workshops (SPW), San Francisco, CA, 2018, pp. 1-7. Doi: 10.1109 / SPW.2018.00009.

[21] A. Kaklauskas, E.K. Zavadskas, A. Banaitis, I. Meidute-Kavaliauskiene, A. Liberman, S. Dzitac, I. Ubarte, A. Binkyte, J. Cerkauskas, A. Kuzminske, A. Naumcik, A neuro-advertising property video recommendation system, Technological Forecasting and Social Change, Volume 131, 2018, Pages 78-93, https://doi.org/10.1016/j.techfore.2017.07.011.

[22] Butler, K.T., Davies, D.W., Cartwright, H. et al. Machine learning for molecular and materials science. Nature 559, 547–555 (2018). https://doi.org/10.1038/s41586-018-0337-2.

[23] Alessandretti, Laura and ElBahrawy, Abeer and Aiello, Luca Maria and Baronchelli, Andrea, Machine Learning the Cryptocurrency Market (May 23, 2018). http://dx.doi.org/10.2139/ssrn.3183792.

[24] Hyun-Joo Oh, Prima Riza Kadavi, Chang-Wook Lee, Saro Lee. (2018) Evaluation of landslide susceptibility mapping by evidential belief function, logistic regression and support vector machine models. Geomatics, Natural Hazards and Risk 9:1, pages 1053-1070.

[25] Huda, M., Maseleno, A., Atmotiyoso, P., Siregar, M., Ahmad, R., Jasmi, K. & Muhamad, N. (2018). Big Data Emerging Technology: Insights into Innovative Environment for Online Learning Resources. International Journal of Emerging Technologies in Learning

(iJET), 13(1), 23-36. Kassel, Germany: International Association of Online Engineering. Retrieved March 8, 2020 from https://www.learntechlib.org/p/182240/.

[26] Beam AL, Kohane IS. Big Data and Machine Learning in Health Care. JAMA. 2018;319(13):1317–1318. doi:10.1001/jama.2017.18391.

[27] Char, D. S., Shah, N. H., & Magnus, D. (2018). Implementing Machine Learning in Health Care - Addressing Ethical Challenges. The New England journal of medicine, 378(11), 981–983. https://doi.org/10.1056/NEJMp1714229

[28] Dieu Tien Bui, Viet-Ha Nhu, Nhat-Duc Hoang, Prediction of soil compression coefficient for urban housing project using novel integration machine learning approach of swarm intelligence and Multi-layer Perceptron Neural Network, Advanced Engineering Informatics, Volume 38, 2018, Pages 593-604, https://doi.org/10.1016/j.aei.2018.09.005.

[29] Aljarah, I., Al-Zoubi, A.M., Faris, H. et al. Simultaneous Feature Selection and Support Vector Machine Optimization Using the Grasshopper Optimization Algorithm. Cogn Comput 10, 478–495 (2018). https://doi.org/10.1007/s12559-017-9542-9.

[30] Chen, H., Zhang, P., Bai, H., Yuan, Q., Bao, X., Yan, Y. (2018) Deep Convolutional Neural Network with Scalogram for Audio Scene Modeling. Proc. Interspeech 2018, 3304-3308, DOI: 10.21437/Interspeech.2018-1524.

第三章　指紋辨識技術原理及其應用

第一節	指紋辨識技術概述

一、指紋辨識（Fingerprint Recognition）技術的基礎知識

（一）指紋辨識之優勢（Advantage）

1. 指紋是人類身體上獨有的特徵，獨有的複雜度（Unique Complexity）可提供鑑別個人身體的主要象徵[1]。

2. 若需增強可靠度，只需登錄多個指紋，因為每一枚指紋均有獨特性（Unique Feature）。

3. 掃描指紋速度快，使用便利。

4. 掃取手指紋，使用者須將手指觸碰指紋採集頭，直接感應指紋採集頭並輸入是取得人類身體生物特性徵象的最佳方式（圖1），也是指紋辨識技術可領先世界交易市場的重要因素。

5. 指紋採集頭若可設計迷你形態（Minitype），售價將會更優惠。

圖 1　直接感觸指紋採集頭並輸入

（二）指紋辨識之劣勢（Disadvantage）

1. 某些人群之指紋可能會因指紋特性而呈現較少資訊，故而較難採樣收集成功。

2. 過往因刑事紀錄會使用指紋，使得某一特定人士會懼怕「指紋登錄在案」。但目前實務上指紋鑑別技術已可確保不留下指紋影像檔案，僅存取由指紋加密（Fingerprint Encryption）方式來取得指紋特性徵象之資訊。

3. 在使用指紋時會在指紋採集頭存取客戶之指紋印記痕跡，可能會發生複製指紋的風險（Risk of Copying Fingerprints）。

從上面優劣勢分析，指紋辨識技術是近來最便利、可靠、無侵害性和售價低廉之生物辨識技術解決方案，對於全球市場運用執行有發展前景。

（三）指紋辨識之衡量標誌

指紋辨識系統之重要衡量標誌是辨識率（Recognition Rate），主要是由拒判率（False Rejection Rate, FRR）及誤判率（False Acceptance Rate, FAR）等 2 項構成，如方程式 (3-1) 及 (3-2) [2-5]。

$$FRR = \frac{NFR}{NGRA} \times 100\% \qquad (3\text{-}1)$$

$$FAR = \frac{NFA}{NIRA} \times 100\% \qquad (3\text{-}2)$$

方程式 (3-1) 及 (3-2) 中，NGRA 是類內測試的總次數，NIRA 是類間測試的總次數，NFR 為錯誤拒絕次數，NFA 是錯誤接受次數。

可依據各種方法來改善 FRR 與 FAR 值，它們是相反比值，採 0～1.0 或百分比表示到達此數值。ROC 曲線（Receiver Operating Curve, ROC）提供 FAR 與 FRR 之間相關性（圖 2）。指紋辨識系統存在著可靠度（Reliability）之難題，安全性較同等可靠性級別之「使用者 ID+密碼」方案提升許多。圖 2 給出了 ROC 曲線，其中橫座標是 FRR，縱座標是 FAR，等錯誤率（Equal-Error Rate, EER）是拒識率和誤識率的一個平衡點，EER 能夠取到的值越低，表示演算法（Algorithm）的性能越好。

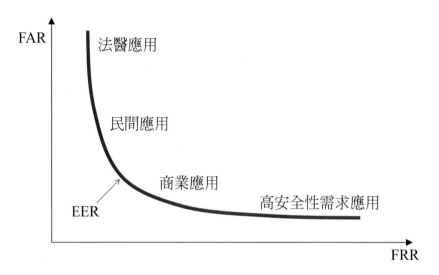

圖 2　ROC 曲線與指紋辨識應用時機

　　例如：對採取 4 位元數位密碼（4-bit Digital Password）之系統，較不安全機率爲 0.01%，若與採取誤判率爲 0.01% 指紋辨識系統相互比較，有不良意圖的人可在時間內試用所有可能密碼，由此可知 4 位元數位密碼較不安全，但絕對無法找 1,000 位去辨識與測試所有的手指，這是爲何可選擇指紋辨識的重要觀念。

　　在另外的一些 2 分類模式識別，例如：在人臉驗證中 ROC 經常關注 TPR（True Positive Rate）及 FPR（False Positive Rate）兩個指標，如方程式 (3-3) 及 (3-4)。

$$TPR = \frac{TP}{TP + FN} \tag{3-3}$$

$$FPR = \frac{FP}{FP + TN} \tag{3-4}$$

　　其中方程式 (3-3) 及 (3-4) 之 TP（True Positive）係將正類預測爲正類數；TN（True Negative）爲將負類預測爲負類數；FP（False Positive）是將負類預測爲正類數，也就是誤報（Type I error）的情況；FN（False Negative）係將正類預測爲負類數，也就是漏報（Type II error）情況。

　　直觀而言，TPR 表示能將正例分對的機率值，FPR 則爲將負例錯分爲正例的機率值。在前述 ROC 空間內，每個點的橫座標是 FPR，縱座標是 TPR，這也就清楚描繪了分類器在 TP（眞正率）和 FP（假正率）間的 Trade-Off 2 情況。圖 3 爲 TN、TP、FN、FP 等值之測試結果

示意：圖 4 為 TPR 與 FPR 的關聯曲線。

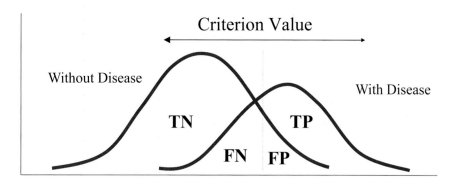

圖 3　TN、TP、FN、FP 等值之測試結果示意

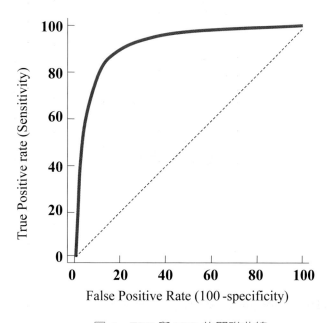

圖 4　TPR 與 FPR 的關聯曲線

　　對於權威機構在運用中出現 1% 誤判率是可接受範圍。FRR 是實際易用性的重要指標。而在 FRR 與 FAR 是有矛盾之處，必須再運用系統設計以權衡易用性與安全性。有效方法為透過配對 2 個或多個指紋，提升系統安全性。

二、指紋辨識過程

（一）圖片影像預先處理（Picture Image Preprocessing）

圖片影像預先處理包含 2 項重點，即圖片影像分離切割與圖片影像增加強度 [6-7]。

1. 圖片影像分離切割（Picture Image Separation and Cutting）

在此流程，分離切割器讀取指紋圖片，切割該指紋圖片，在基礎無損失可用之指紋資料去生成比原先圖片影像較小指紋圖片，又可降低日後流程需要執行的資訊量（圖 5）。

圖 5　指紋圖片影像分離切割可留存辨識重點但降低圖片複雜度與尺寸

2. 圖片影像增加強度（濾波）（Increase the Intensity of the Picture Image (Filtering)）

該流程是以增加切割之後指紋圖片，提升圖片影像品質。

（二）特徵提取（Feature Extraction）

該流程依照灰度指紋圖片替換變成黑白圖片影像，進而構成幾百個位元組之指紋特性徵象描繪敘述。

（三）特徵匹配（Feature Matching）

採取前一流程取得特性徵象去配對資料庫（Database）之範本，判別是否為相同一個手指紋路（圖 6）。

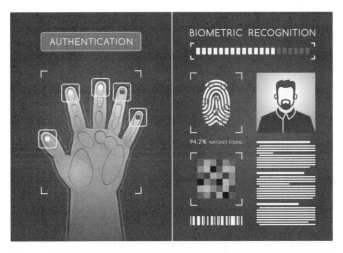

圖6　指紋特徵匹配結合配對資料庫可帶出我們要的結果

三、指紋辨識與其他生物辨識之比較

指紋辨識與其他生物辨識之差異重點如下 [8-10]：

（一）指紋辨識之平均準確率（Average Accuracy）

全球並不存在一模一樣的兩枚指紋。但因演算法與採集配備限制下，指紋辨識的失誤率（Recognition Error Rate）大約為百萬分之一。在整體生物辨識技術中，僅次於虹膜辨識之技術。對於虹膜辨識配備在商場較少，採用率偏低，與指紋辨識配備相比，大約為二十分之一商場使用量。因此指紋辨識運用依然是準確性最佳之技術，次之為臉部辨識技術。

（二）指紋採集配備成本較低（Lower Cost of System Setting）

指紋採集配備成本在整體生物特徵採集配備成本中屬於中等價格（Middle Price）。建構最簡易指紋辨識配備的指紋採集儀器成本大約為 2,000 元臺幣，對指紋辨識技術普及使用是可接受之售價。採集配備成本最低的應是臉部採集配備。最簡易的臉部採集配備，只需 30 萬像素（Pixel）以上的數位攝影鏡頭，商場價格大約為 250 元臺幣。採集配備成本售價較高應是虹膜、視網膜採集配備，售價大約為 9 萬元臺幣以上。經由前述比較，可清楚看出價格上的差異。

（三）使用者之接受程度（User Acceptance）

使用者接受程度必須視生物辨識系統對於健康（Health）和安全（Security）兩項考量的擔

憂。手指是人類日常和工作使用度最高並與外界物質接觸次數較高；虹膜與視網膜辨識（Iris and Retina Recognition），因眼睛的重要性、脆弱性、敏感度以及人類心理較難接受外界配備刺激與影響，讓人類的眼部對焦在配備上接觸光線或用其他方法的發射照亮和讀取掃描，心理會有種被入侵錯覺，在此情況下使用者配合接受度較低。因此指紋（Fingerprint）、手掌形態（Palm Shape）、人臉辨識（Face Recognition）3 項是使用者較能接受的生物辨識方式。

（四）適應之應用場景不同（Adapted to Different Application Scenarios）

指紋辨識與其他生理特性徵象之生物辨識採樣技術，均可運用於基本的門禁出入管控（Access Control），指紋辨識技術的運用場景則更多元化（Diversification），由配備體積判別決定。例如：目前市面上的迷你指紋採集儀器其指紋採集晶片，尺寸為 12mm×5mm，厚度為 1.2mm 或 1.96mm。迷你體積可運用到手機、PDA 與指紋門禁鎖等各種電子類商品，這是掌形辨識、虹膜辨識無法相比的功能。在指紋採集配備方面可感應手指許多移動形態，舉凡手指動作方位、指紋按一下、按兩下等，可使用於轉換需要手指操作的控制臺，另外如筆記型電腦的觸控板、手機方位按鍵等，亦可用不同手指來運作各種快捷操作按鍵，設計與應用十分靈活。此外，手指數目相較於人臉、虹膜、掌形數量較多，可實際運作於邏輯組成管理控制。指紋在許多重要的運用場所，可使用多個手指辨識認證、多指順序管控等，是較安全之認證（圖 7）。

圖 7　迷你指紋採集應用在智能手機已十分普及

（五）產業化程度不同（Different Degrees of Industrialization）

　　生物辨識技術領域中，指紋辨識技術在產業量化程度較高。除了指紋辨識技術擁有多年的研究發展歷程外，更根本的是指紋辨識技術接受度較高，進而促使各界持斷關心重視、研究改進及產品量化。依全世界交易，指紋辨識已占有整體生物辨識商業交易活動達 50% 以上市場總量。超過數千家指紋辨識製造廠已產出設計數百項指紋辨識商品，所以從產業化也能看出指紋辨識的發展重要性。

第二節　指紋辨識技術原理

一、指紋辨識技術之特點（Features）

（一）指紋本質特性（Fingerprint Inherent Characteristics）

1. 準確性（Accuracy）

每一枚指紋構造無法改變，嬰兒大約 4 個月已形成指紋並確認定型。

2. 獨特性（Uniqueness）

兩枚指紋的一致性發生機率微小，不超過 2^{-36}。

3. 分類性（Classification）

可依照指紋的紋路線方向去執行分別類型。

（二）指紋特徵辨識

　　指紋是手指末端表皮上不規則的紋路。皮膚紋路包括許多數據，可建構出圖片影像（Image）、中斷點（Breakpoint）、交叉點（Intersection）等重要訊息。每個人類的指紋均獨一無二。此種獨特性和穩固性，建構演變為指紋辨識原理，即經由人類指紋和預先存取指紋進行配對，可立即辨識證明身分 [11-12]。

1. 指紋整體特性徵象是指人類眼睛可觀察到的主要特性，包含有紋形、模式區域、核心要點、三角點、紋數等。

(1) 紋形（Pattern）：指紋專家依照研究脊紋方位與散布總結基礎紋形路線圖片，例

如：環狀形可稱爲鬥形（Loop）、弓形（Arch）、螺旋形（Whorl）（圖 8）。

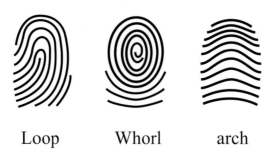

Loop　　　　Whorl　　　　arch

圖 8　基礎紋形路線圖片

其他指紋圖片依據此 3 項基礎圖片進行大略的分門別類，建構細項類別資料庫來搜索（Searching）指紋將較爲便利。

(2) 模式區域（Pattern Area）：指紋包含整體特性徵象之區域，可從模式區域辨識指紋歸屬之類型。指紋辨識演算法有些只採用模式區域數據，Aetex 指紋辨識演算法採用取得完整指紋並會執行辨識與分析。

(3) 核心要點（Core Point）：位於指紋的紋路中心點；是比對讀取指紋核心的參考要點。

(4) 三角點（Delta）：在核心要點開始的第 1 分叉點與中斷點或者兩項匯合處、孤立點、轉折處或奇異點，三角點提供指紋的紋路數量與追蹤起始處。

(5) 式樣線（Type Lines）：指包圍模式區域紋路展開平直處所發現的交叉紋路，式樣線較短易中斷，但此時外側路線展開持續延長。

(6) 紋數（Ridge Count）：是模式區域內指紋之紋路數目。估計演算指紋的紋數，可先連結核心要點與三角點，此條連線與指紋之紋路交會數目，也就是指紋的紋數。

2. 指紋之局部特徵是指紋上的節點。兩枚指紋有時會有類似的身體特性徵象，但對於局部特性徵象節點（Node）而言，並不會完全一樣。指紋紋路並無連續性，有時發生故障、分叉及打折。此中斷點、分叉點和轉捩點就稱爲「節點」，此節點提供指紋獨特性之確認資料。

指紋的節點有 4 項特性之差異：

(1) 分類（Classification）：節點下列形態，最經典是終結點與分叉點。

　　① 終結點（End Point）：一條紋路會以此點終結。

　　② 分叉點（Bifurcation Point）：一條紋路會以此點分離分開變成兩條及多條之紋路。

③ 分歧點（Divergence Point）：兩條平行紋路會以此點分離分開。

④ 孤立點（Outlier Point）：一條較短紋路，會以此點成為一個孤立點。

⑤ 環點（Ring Point）：一條紋路分離分開變成兩條後，立刻又合併成一條，此形成一個小圓環稱為環點。

⑥ 短紋：一端短小但尚未能建構成一點的紋路。

(2) 方向（Direction）：節點可朝向一定的方位。

(3) 曲率（Curvature）：描繪敘述紋路方位轉變的速度。

(4) 位置（Position）：節點的方位透過座標（x,y）來描繪敘述，是絕對可以相對於三角點與特徵點。

每枚指紋都有近乎獨有、並具可量測特性特徵點，每一特徵點大約會出現 7 個特徵，若是 10 根手指便可產出 4,900 特性獨有可量測之特徵（圖 9）。

圖 9　10 根手指可產出 4,900 特性獨有可量測之徵象

（三）指紋辨識特徵之範本建立（Template Creation）

指紋辨識技術的 4 項功效包含讀寫取用指紋圖片影像、提取特性徵象、保留存取資料與比對。需針對原始圖片影像執行第一步，採取得到指紋圖片影像傳輸至電腦，由掃描器與攝影傳輸設定完成，可將一枚指紋轉變成一幅數位圖片影像，一般會使用灰色函數（Grey Function）顯示。圖片影像解析度（Resolution）將用每英寸像素（Pixel）來區分等級，解析度越高，使用者在電腦上看見每一英寸解析細部將會越清晰，而圖片影像較精密細緻的品質會提升。自動

指紋辨識系統是透過特別的光電替換配備與電腦影像處理技能，對於生物性指紋執行採取收集、解析與比對，可自動有效率、精準的辨識身分。指紋辨識軟體建構指紋之數位顯示特性徵象資訊（Digital Characteristics Sign Information），以單方面來轉換，可由指紋替換變成特性徵象訊息，但不會由特性徵象資訊替換變成指紋，因而兩枚不相同的指紋不會發生相同特性徵象資料。有些演算法（Algorithm）把節點與方位資訊合併產出更大量資料，此方向資訊呈現各節點之伺服器（Server）關係，在演算法方面甚至還需執行全幅指紋圖片影像（Full Fingerprint Picture Image）。而此資訊可稱作範例，保留儲存為 1K 大小之過程，不論如何合併，目前依然尚未有標準未宣布較為抽象之演算法，由各廠商自主決策制定。最終須透過電腦模擬對比（Computer Simulation Comparison）方法，將兩枚指紋樣本執行比對，演算相似度取得兩枚指紋的配對結果 [13-15]。

　　通常可分為離線（Offline）與線上（Online）兩項。離線是使用指紋採集儀器收集，取得細部節點，由細部節點保留存取至資料庫建構為指紋範本資料庫（Fingerprint Template Database）；線上是使用指紋採集儀器收集，取得細部節點，最後將此細部節點和保留存取於資料庫中範本細部節點執行配對，判別傳輸至細部節點和範本細部節點是否為相同手指之指紋（圖10）。

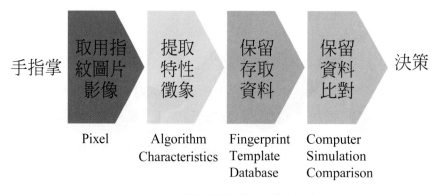

圖 10　指紋辨識系統運作流程

二、採集指紋圖像之技術

　　因使用測量指紋僅是微小表皮部位，必須有較佳解析度以取得指紋之細部節點。當前使用指紋圖片影像採樣配備，有 3 項主要技術層面：光學技術、半導體矽技術、超聲波技術 [16-18]。

（一）光學技術（Optical Technology）

　　藉由光學技術採取收集指紋是最廣泛使用之技術。必須將手指放置硬度（Hardness）達10之光學鏡片（Optical Lens）上，器材內建光亮源照射，將稜鏡片投影投射電荷耦合元件（Charge-coupled Device, CCD），建構為脊紋呈黑色、溝紋呈白色之數位化的多灰度指紋圖片影像。又光學指紋採樣收集配備之優點主要是經過長期的實驗與運用，目前產品已適應溫度的變化，價格也相對低廉，可達到500DPI分離解析度（Resolution）。其缺點則是必須有較長之光程，因此採擷單元會形成較大尺寸。

　　過於乾燥與油膩的手指會使光學指紋圖片結果變得較差。在此情況下，乾燥手指可用潤膚乳液滋潤表皮，提升指紋品質，而油膩與溼潤的手指則必須擦拭乾淨。此外有部分產品為增加指紋採取收集效率，將指紋採集器外表增加一層塑膠薄膜（Plastic Film），此薄膜使用性較低，軟薄膜藏汙納垢，前一位用戶指紋殘留於塑膠薄膜，對於下一位使用者指紋採取收集會有輕度異常干擾，讓圖片影像品質降低。圖11為光學技術採取收集指紋之原理結構。

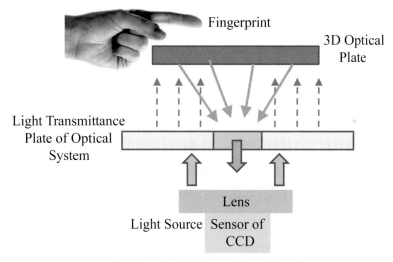

圖 11　指紋收集之光學技術原理

（二）矽技術（Silicon Technology）

　　90年代後期，半導體矽電容效應（Silicon Capacitor Effect）之技術已逐漸成熟。矽感測器變成電容極板，手指則是另一個極板，使用手指紋線的脊與谷相對於平滑之掛感測器之間電容差，形成8Bit灰度圖片影像。而採用矽技術之優點係可在較小表面上獲得與光學技術同樣

好，甚至更好的圖像品質，在 1cm×1.5cm 的表面上獲得 200～300 線之解析度（較小表面可使成本下降和能被整合到更小晶片中）。當然也有缺點，就是電容採集頭較易接收到干擾，從 60Hz 電纜線干擾、到用戶干擾、指紋採集器內部電磁之干擾等。電容採集頭另一問題是可靠度較低，無論是靜電干擾（Electrostatic Interference）、汗液中鹽分或者其他髒汙及手指磨損，都將導致採集頭較難讀取指紋。圖 12 為半導體矽電容效應指紋收集之原理結構。

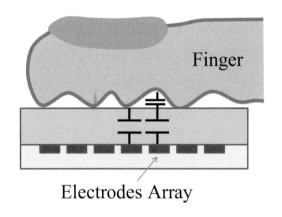

圖 12　半導體矽電容效應指紋收集之原理

（三）超聲波技術（Ultrasonic Technology）

為了克服光學設備與矽技術設備之不充分，一種新型超聲波指紋採集設備已發明並且上市。原理是利用超聲波具有穿透材料的能力，隨著材料而產生不一樣的回聲波（Echo Wave；超聲波達到不相同材質表面時，將被吸收、穿透與反射之程度不相同），因此，使用皮膚與空氣對於聲波阻抗之差異，即可區分指紋脊與谷所在位置。

超聲波技術特點：

1. 所使用超聲波頻率為 104～109Hz。

2. 超聲波能量管控對於人體無損害程度（與醫學診斷強度一樣）。

3. 解析度和光學指紋採集配備相似接近。

4. 成本已下降至可接受程度。

5. 超聲波技術產品已可達成較佳精度，它對光學與平面之清潔程度要求較低，但其採集時間較長於上述兩項產品。目前超聲波產品指紋辨識時間長達 8.12 秒，其中掃描時間為 4.6 秒，處理時間為 3.52 秒。圖 13 為超音波指紋辨識硬件技術原理。圖 14 為紅外線指紋辨識原理架構。

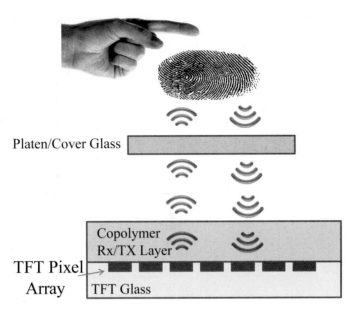

圖 13　超音波指紋辨識硬件技術原理

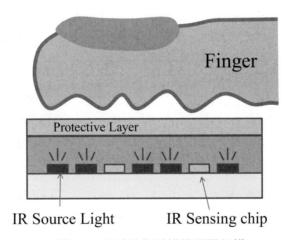

圖 14　紅外線指紋辨識原理架構

三、特徵攝影擷取（Feature Photography Extraction）

　　高品質的圖片影像在攝影擷取之後，想要依照步驟將它的特徵轉換成複合之指紋模板數據庫範例，此過程即稱作特徵攝影擷取過程，它是指紋掃描技術核心（Technology Core）。目前

的領先指紋設備生產商中，每個生產商均具備自行獲得專利特徵攝影擷取產品及獨特演算法。結果是多家生產廠商在某方面執行多項研究之後，得到基本原理已採用其他辨識技術之配備生產廠商予以運用 [19]。

當高品質圖片影像攝影擷取之後，它將轉變成有用格式。如圖片影像是灰度圖片影像，相對較淺部分將刪除，而較深部分則為黑色。脊紋（Ridges）由 5〜8 個像素值縮小至 1 個像素值，因此可精準定位脊紋中斷點與分岔點。

微小細節圖片影像便來自於此透過處理之圖片影像。在此點上，已經非常精細的圖片影像均存在微小細節變形與錯誤細節，此變形與錯誤微小細節將會被過濾（Filter）掉。例如：利用演算法可能於搜尋圖片影像時剔除 2 個鄰近微小細節裡面的 1 個微小細節，因為此 2 個微小細節太相似接近，像是皮膚疤痕、汗液或灰塵導致微小細節異常等情況發生，演算法對於此情形無法辨識的。例如：分岔位於 1 個島形紋（Island Mark）之上（可能是錯誤細節）或者 1 個脊紋垂直穿過 2 至 3 個脊紋（可能是皮膚疤痕或灰塵），這些可能的微小細節必須在此處理過程中捨棄。

除微小細節定位與夾角方法的運用外，生產廠商透過微小細節類型與品質來規劃分類，此方法的優點在於搜尋速度提升，在顯性獨特性微小細節會配對成功。

大約 80% 運用生物辨識技術之生產廠商會以不相同方式來使用指紋圖片影像細節。而不使用指紋圖片影像細節之生產廠商採取方式是模式配對方法（Pattern Matching Method），就是透過判斷一組特定脊紋之資料來執行指紋圖片影像。攝影擷取過程中對此組脊紋運用是對比基礎，需辨識找到與對比細節部分一樣之區域。多種脊紋使用降低細節點可信度。經由模式配對獲得指紋範例比經由指紋細節獲得範例增加 2 至 3 倍，有 900〜1,200 個位元組。

四、指紋影像處理技術

指紋圖片影像預先處理主要為特徵值擷取有效性與準確性作預備。一般包括如下過程（圖 15） [20-22]：

（一）指紋圖片影像增強（Fingerprint Picture Image Enhancement）

其目的主要是降低噪音，增強脊谷對比度（Contrast），可使圖片影像更為清晰，以便後續指紋特徵值擷取。指紋圖片影像增強之方式有多種，常見的如透過貼片相關性匹配演算法或

是區域相似度分數計算法來估計演算方向場和設定合適過濾閾值。處理時依據每個像素處脊局部走向，會增強在同一方位脊走向，並且在同一定位，減弱任何不同於脊方向。

（二）指紋圖片影像平滑處理（Fingerprint Image Smoothing）

平滑處理可讓全圖片影像攝影取得均勻一致性的明暗效果（Consistent Lighting Effect）。平滑處理過程是選取全圖片影像像素值與其週期灰階標準誤差值作爲閾值（Threshold）來執行。

（三）指紋圖片影像二值化（Fingerprint Image Binarization）

原始灰度圖片影像中，各像素值灰度不同，並按照梯度分類散布。在實際執行只需理解像素值是否爲脊線上點，而無須理解它的灰度。每 1 個像素值對判定脊線，只有「是否」二元問題。而指紋像素值影像二值化是對每 1 個像素值點按預先定義閾值執行比較，大於閾值，使其值等於 255（假定），小於閾值，使其值等於 0。圖片影像二值化後，不僅可降低資料儲存量，可使後續判斷過程減少干擾可簡化執行。

（四）指紋由圖像細化處理（Fingerprinting by Image Refinement）

圖像細化是將脊寬度降爲單個像素值寬度，得到脊線骨架圖片影像的過程。此過程將可降低圖像資料量，清晰化脊線形態，可協助後續特徵值擷取做預備。關注的並不是紋線之粗細，而是紋線是否有無。不干擾圖片影像聯絡性質情形是必須移除多餘之訊息。應先將指紋脊線寬度採取逐漸剝離（Gradually Peeling）之方式，讓脊線變成只有 1 個像素值寬細線，將有利於後續下一步分析。

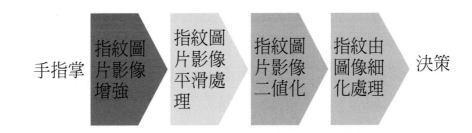

圖 15　指紋影像處理技術流程彙整

（五）驗證和辨識

指紋辨識技術運用方法可分為驗證與辨識。

驗證是指透過現場採取收集之指紋與 1 個已登記指紋進行一對一之對比（One-to-one Matching），以執行確認身分之過程。指紋以壓縮格式儲存，並與姓名（ID）或標識（PIN）連結起來，立即對比，先執行驗證與標識，使用系統指紋與當場採集指紋對比來驗證辨識。

辨識是將當場採取收集指紋在指紋資料庫中指紋搜尋對比，尋找出與指紋相符合配對指紋。此稱為「一對多配對（One-to-many Matching）」（圖 16）。

圖 16　辨識是將當場採取收集指紋在指紋資料庫中指紋搜尋對比

（六）指紋辨識演算法（Fingerprint Identification Algorithm）

指紋辨識演算法依據現況之原理，分成下列 3 項：

1. 細節點（Minutiae）之指紋辨識演算法。

2. 全域紋線（Global Fingerprint Line）之指紋辨識演算法。

3. 圖片影像相關性（Image Correlation）之指紋辨識演算法。

3 種演算法各有優點，可提供各類運用場所之需求，演算法有下列特點：

(1) 智能化（Intelligent）：依據人類觀察判斷事物的習慣與思維方式，執行智慧化圖片影像處理。運用遺傳經驗方式來表達原遺傳指紋圖片影像的特徵，並依照特徵執行有效分類與篩選區別性、穩定性、獨特性等特點。

(2) 體積小（Small Size）：代碼長度小於 48Kb，需求資料緩衝小於 16Kb，對系統記憶體總需求量小於 64Kb，是全世界最精準簡化指紋辨識演算法。

(3) 速度快（High Speed）：處理驗證一枚 64Kb 指紋圖片影像，只需 60MIPS，可在常使用處理器平臺上快速完成指紋辨識。

(4) 高度可移植化（Highly Portable）：全部用標準 C 語言處理，較容易在不相同平臺上移動植入。前述各種演算法現已在 DSP、ARM 等嵌入式平臺以及 Windows、UNIX、LINUX 等作業系統上大量運用。

(5) 支持多項指紋採取收集感測器（Supports Multiple Fingerprint Collection Sensors）：除了支援自主開發光學感測器外，還可支援 FPC、Authentec、Veridicom 等半導體感測器。

第三節　指紋辨識設備

一、指紋設備類型

（一）指紋設備主要類型

按照連機與否來區分規劃，使用指紋辨識技術之運用系統有兩項：離線之嵌入式系統（Offline Embedded System）與連接 PC（Personal Computer）機桌面運用系統[23]。

嵌入式系統是個獨立完善系統，它不需連接其他設備或電腦即可獨立完成其設計之功能，例如：指紋門鎖、指紋考勤終端就是嵌入式系統。其功能較為單一，運用於完成特定功能。而連接 PC 桌面運用系統具有靈活系統構造，且可多個系統共用指紋辨識設備，可建立大型資料庫使用。必須連接電腦才可完成指紋辨識，也使此種系統在各方面之運用受限制。

現今市場上指紋辨識系統廠商，除了可提供完整指紋辨識運用系統及其解決方案外，也可供給從指紋取像配備 OEM 產品到完整指紋辨識軟體之發展，可促進系統整合商與運用系統開發商自行開發增值之產品，包括嵌入式系統和其他運用指紋驗證之軟體（圖 17）。

圖 17　嵌入式系統示例

　　運用場所不同，造成技術路線的差異。在所針對應用若能不涉及 IC 卡情況下，單一指紋認證配備可任選顯示、管控裝置即完成獨立之功能。

　　在運用涉及 IC 卡情形下，除了完整指紋認證配備外，至少還需有相應 IC 卡與磁卡讀寫卡機。

　　將數位指紋配備分成 3 大類：無 IC 卡、有 IC 卡、複合磁卡讀寫等。

　　依照 IC 卡之數位指紋配備，構造分成兩部分：指紋認證部分和 IC 卡讀寫部分。

　　電腦系統（處理＋顯示單板機環境）各組成部分簡介如下列（圖 18）：

1. 指紋感測器

光電轉換式或電容感應式微型晶片（Microchip）。

2. CPU

高速 16 位通用微處理器（Microprocessor）。

3. 數位訊號處理器（Digital Signal Processor, DSP）

　　高速 32 位元專用於數位影像處理之數位信號處理晶片，具有 16 位元之並行處理單元，處理速度達 480MIPS，支援快速資料移轉，支援 ANSIC 語言，有很強定點、浮點計算能力以滿足數位濾波需要。

4. 資料記憶體

32 位元高速同步動態儲存提取記憶體。

5. 程式記憶體

可改寫型唯讀記憶體（EEPROM），其中儲存處理單個指紋資訊之全部程式碼。

6. 電源電路

由於指紋認證部分可單獨存在，設計相對應電源電路。

7. 通信介面

是將指紋感測器採錄活體數字指紋傳輸送至 DSP 通道，同時也將經過處理表面徵象該指紋特徵數位生物資料（BioCode）向外傳輸送出通道。變換後單一活體 BioCode 長度為 200～400 位元組。

圖 18　IC 卡讀寫與指紋認證整合系統

（二）指紋感測器（Fingerprint Sensor）

指紋感測器是執行指紋自動採取收集之關鍵元件。早期指紋辨識技術是以光學感測器（Optical Sensor）為基礎光學辨識系統，辨識範圍侷限於皮膚表面層次（Surface Layer），又稱作第一代指紋辨識技術，而採取使用電容感測器（Capacitive Sensor）技術的第二代指紋辨識系統執行辨識範圍從表皮到真皮之轉換，可提高辨識之準確率與系統安全性，當前商場主要是以此技術為指紋辨識設備之基礎[24]。

1. 第一代指紋辨識系統（光學感測器）

在 1971 年光學感測器是研究早期最常使用的指紋感測器。技術主要是以光之全反射，手

指放在加膜臺板，光源照射至壓有指紋之玻璃外表時，反射光源透過電荷耦合元件（Charge Coupled Device, CCD）轉變替換成相應電訊號，並傳送輸入後端執行處置。以反射光強度提取兩種因素：(1) 壓在玻璃外表層面指紋之脊與谷深度。(2) 皮膚和玻璃之間油膩與水分。透過光源線經由玻璃照射到谷區域後在玻璃與空氣介面產生全反射至 CCD，而射向脊光源線被脊和玻璃接觸表面吸收或是以漫反射至其他區域，此即可使用 CCD 由深色脊與淺色谷構成之指紋圖片影像轉變爲數位訊號。而要獲得較佳品質的指紋圖片影像，須採用自動與手工方法調節圖片影像光亮度，請參照圖 11 結構示意圖。

光學指紋感測器的優點主要表現爲抗靜電能力強、系統穩定性較好、使用壽命長，能提供解析度爲 500DPI（Dot Per Inch）的圖片影像，特別是能處理較大區域的指紋圖片影像採取收集，但指紋圖片影像採集區域較大時需要焦距（Focal Length）也較爲長，採集設備體積的需要持續增加，反之會造成採集圖片影像之邊緣發生變形。

光學指紋感測器侷限性表現於潛在手指印模（潛在手指印模是手指在臺板上按完後留下的），會影響成降低指紋圖片影像品質，嚴重情況時，還會造成 2 個指印重疊（Fingerprints Overlap），難以滿足實際運用需求。而在加膜臺板塗層及 CCD 陣列會隨著時間推進發生損失消耗，會造成採取收集指紋圖片影像品質降低（Degraded）。另外有無法執行人體指紋鑑別與對乾溼手指適用性差別性等缺點。

光學指紋辨識系統因爲光無法穿透外層皮膚表層，只可以掃描手指皮膚外表，或是掃描皮膚外表皮層，但不可深入至眞皮層。此種情形，手指外表潔淨程度會直接影響到辨識效果。若使用者手指上沾黏較多髒汙灰塵，就造成辨識可能錯誤之情形。若人們依照手指製作一個指紋手模，也有可能通過辨識系統，對於使用者會較不安全與不穩定。

光學感測器中儲存於稜鏡（Prism）的體積較大，是半導體幾倍或大上 10 倍大小，會限制在小型配備上運用。在類似考勤機、門禁等配備上使用時不會有體積受限制之問題，對於 U 盤、行動硬碟、手持配備之使用，在體積方面會有不便利性。

成本較爲便宜廉價是光學感測器的最佳優勢（圖 19），但在製造程序一致性較難以保證，近來半導體感測器以電容感測器展開發行，進而影響光學感測器之成本優勢較不明顯。目前公司大部分還在採用光學感測器，主要發展以高品質電容指紋感測器爲主軸。

2. 第二代指紋辨識系統（電容感測器）

開始於 2000 年左右，歸類於半導體感測器之一，半導體指紋感測器包含半導體壓感式感測器（Semiconductor Pressure Sensor）、半導體溫度感應感測器（Semiconductor Temperature Sensor）等，以半導體電容式指紋感測器運用最多。

圖 19　成本較為便宜廉價是光學感測器的最佳優勢

　　電容感測器依據指紋脊與谷，半導體電容感應顆粒轉變電容值大小不相同，來判別脊位置與谷位置。流程是透過對於每一像素上電容感應顆粒事先充電至某一電力壓。在手指觸碰到半導體電容指紋呈現時，脊是凸起和谷是凹下，依照電容值與距離之關聯，脊和谷會轉換成不一樣電容值。採用放電之電流執行放電。因與谷對應電容值不一樣，放電速度將會不一樣。脊下之像素（電容量較高）放電較慢，位於谷下之像素（電容量較低）放電較快。依照放電率之不相同，可探測至脊與谷之位置，最後變成指紋圖片影像資料（請參照圖 12 結構示意）。

　　與光學設備使用人工調整改善圖片影像品質不一樣，電容感測器是使用自動控制技術調整指紋圖片影像圖元及指紋局部範圍敏感程度，在各種環境中連結回饋資料產生高品質圖片影像。由於提升局部調節能力，若是對比度較差的圖片影像（例如：手指觸摸較輕區域）也會有效執行檢測，並可捕捉瞬間像素增強靈敏度，產生品質較佳的指紋圖片影像。

　　電容指紋感測器之優勢：圖片影像品質較好、無畸形變化、尺寸較小巧、容易放在各種設備之中。傳送出電子訊號可穿過手指外表和皮膚層外表，達到手指皮膚之真皮層，直接讀寫提取指紋圖案，提升系統安全性。

　　電容指紋感測器因為製程工藝難度較高，單位面積感測單元較多種，包含高端IC設計（IC Design）技能、大型積體電路製程（VLSI Manufacturing）技能、IC晶片封裝（Chip Package）技能等，電容指紋感測器是透過 IC 技能較強國家，如臺灣、美國、歐洲、日本、韓國等設計製造。目前對於中國大陸地區廠商並無能力生產先進電容指紋感測器相關產品。

各廠商採用各種類型電容方法來發明創新產品，例如：瑞典 Finger PrimCard 公司推出 FP-C101IC 電容式面裝指紋感測器。該感測器採取使用多種專利發明，例如：獨立晶圓體訊號放大、感測器外表保護膜等。內部具有 A/D 轉換和高速 SPI 介面，8PIN 軟排線可方便接至人類各系統。該技術可適應不同類型複雜指紋，又可在各場合環境獲取乾燥手指到溼潤手指之高品質指紋圖片影像，可降低指紋辨識系統的誤解辨識率、拒絕辨識率。

近年來指紋辨識技術持續開發推展，品質高、功耗低、體積小，電容感測器已作為可攜式（Portable）商品，重要指紋圖片影像採集方法，運用日益增加，全球市場規模以飛快速度開拓發展。2018 年美國 Frost & Sullivan 公司指紋感測器市場調查結果顯示：在身分認證指紋感測器中，傳統型光學感測器占有優勢，因電容感測器技術精進與價格降低等因素，電容感測器占比將持續增加，以指紋採取收集技術為主流。

二、指紋採集晶片（Fingerprint Acquisition Chip）

當前全球商場已可供應迅速光電轉換或電容感應式指紋採集晶片。採取時把手指按壓至晶片上，晶片可檢測出此人指紋上特有的凹凸圖片影像，通過感應器將此指紋資料傳輸給相對應程式執行處置。該灰度電子圖形經過濾波與指紋紋路原理生物測量技術儲存該人體指紋特徵資料，簡稱為生物代碼（BioCode），將兩項生物代碼比對，可得到「Yes」或「No」結論，將 3 項生物代碼比對，可得到兩個指紋最相似（Most Similar）之結論。由於生物測量技術一再突破，人體指紋生物代碼只需要 200～400bit，可完整在智慧卡儲存空間內。電腦晶片處理能力的提升，進而有效設計出電腦配備從採取收集人體指紋至完成比對時間只需要 1～2s，可更安全、完整保障持卡人之合法權益。

三、指紋辨識模組（Fingerprint Recognition Module）

（一）滑擦式指紋辨識模組（Swipe Fingerprint Reader）

滑擦式指紋辨識模組技術特色：1. 無指紋殘留（安全性佳）；2. 在生物特性徵象身分認證技術背景下，建構嵌入式指紋辨識技術；3. 將滑動採取收集技術與指紋辨識技術組合製成嵌入式指紋模組，採取使用指紋圖片影像建構技術，自我調整增強，建立嵌入式指紋資料庫，並使用資料加機密技術，使整體模組更敏捷；4. 體積迷你，成本便宜，功耗低，速度快，適合使用執行包含乾、溼、髒汙、脫皮、傷痕等各樣手指，以及不同年齡、性別、職業的手指；5. 採取

使用獨有特性指紋旋轉滑動校正技術，在採取收集的手指有角度旋轉，也可自動校正並確實拼接出指紋圖片影像。又滑擦式指紋辨識模組主要適用於指紋滑鼠、指紋隨身碟、指紋 KEY 等對體積要求較小設備上，但因讀寫指標較不佳，並不適合用在考勤、門禁、鎖等設備上，也因此一些較高端指紋辨識系統已不使用滑擦式指紋辨識模組（圖 20）。

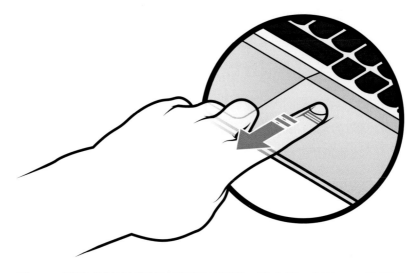

圖 20　滑擦式指紋辨識模組適用於滑鼠、隨身碟、指紋 Key 等應用

（二）TTL 光學指紋辨識模組

TTL 光學指紋辨識模組功能特點如下：1. 先進指紋辨識演算法；2.OEM/ 自行運作兩項使用模式；3. 能 1：N，1：1 比對；4. 使用者可分為多層級許可權管理；5. 即時事件寫錄；6. 低電壓報警作用；7. 採取使用微功耗設計適於電池供應電力；8. 主機板低度頻率設計，對抗外部電磁波干擾；9. 自帶韋根介面可直接驅動門禁機器；10. 單板能立即完成鎖？保險櫃整體電力管控作用；11. 帶擴充卡槽，方便於功能擴大，例如：液晶介面、鍵盤介面、射頻卡介面等。

四、指紋感測器的選擇

指紋感測器是指紋採取收集配備核心元件。在商品設計感測器類型中是產品重點開發之一。指紋感測器是指紋圖片影像自動採取收集與生成，是指紋辨識商品資訊登錄端。指紋感測器透過光學掃描、半導體熱度敏感、半導體電容等 3 項感測技術採取收集指紋圖片影像。測指紋感測器功能性，可用下列指標[25-26]：

（一）成影像品質（Image Quality）

指紋感測器成影像品質是測量指紋感測器功能的首要指標。成影像品質主表現在指紋圖片影像還原能力（Reduction Ability）與去噪能力（Denoising Ability）兩方面。功能良好指紋感測器產生圖片影像「失眞」（Distortion）與「形變」（Deformation）的機率非常小，後續影像執行時可忽略。解析度（Resolution）是影響成像品質的關鍵因素。解析度佳，單位面積感測單元會較多，提取指紋圖片影像也更清晰寫實。

（二）對不同類型手指的適應能力（Finger Type Adaptability）

手指指紋之各紋路深淺不相同，乾溼程度、汙漬程度、老化程度不相同。指紋感測器對於此情況有效相容程度與適應能力表現，並不是所有的指紋感測器對各類型手指有完全相容性，指紋感測器必須配合各種場所選擇運用。

（三）對氣候環境的適應性（Climate and Environmental Adaptability）

指紋感測器對於潮溼與乾燥天氣必須立即調整適應。尤其在國家土地遼闊及各地天氣變化較大的地方。此情形下，選擇指紋感測器必須著重環境溼度與抗靜電能力，即 ESD（Electro Static Discharge）參數。ESD 分成 4 個等級，第 4 級需達到 15kV 以上。在溼度較大環境中使用時，在相對溼度之參數，指紋感測器可確實執行日常工作。

（四）圖片影像採取收集速度（Image Collection Speed）

是指從手指放至感測器接觸平面之後，總計一次指紋採取收集時間，或者單位時間內可採取收集次數。指紋採取收集速度之快慢會影響至使用者使用程度。

（五）電氣特性（Electrical Characteristics）

是以產品角度思考指紋感測器是否可使用某項產品。電氣特性是針對工作電壓與功耗兩項參數，例如：指紋感測器運用至手機上，需考量手機供電方式，需要有足夠指紋感測器電壓與功耗（Power Consumption）需求量。因此指紋感測器電壓均在 3.6V 以下。

（六）硬體介面（Hardware Interface）

能力會直接影響指紋圖片影像資訊傳輸方法，影響著指紋執行模組通訊方式與通訊速度。USB 介面已成爲外設與主機通訊主要方法，已具有 USB 介面能力指紋感測器，可立即與 USB

埠連結。無 USB 介面，需通過 USB 控制器來執行管控。不過由於物聯網（Internet of Things, IoT）技術日趨成熟，日後結合無線傳感網路（Wireless Sensor Network, WSN）及指紋辨識技術也會是發展的重要趨勢（圖 21）。

圖 21　結合 IoT 及 WSN 及指紋辨識技術是發展重要趨勢

（七）應用程式介面（Application Programming Interface）

此能力用於描述指紋感測器功能，是指紋感測器配套使用之程式介面功能。介面中定義上層運用如何啓動和終止指紋感測器，以及如何管控指紋感測器資料傳送輸出。包含發送指紋感測器初始化命令，要求指紋感測器開始與停止獲得提取指紋圖片影像命令，以及詢問手指採取收集設備外表可驅動指紋感測器判斷待掃描物體是否爲指紋。滑動式（Swipe）指紋採取收集晶片包含指紋重構（拼接）命令介面等。當指紋感測器用於嵌入式產品開展研發時，嵌入式開發包（Embedded Development Kit, EDK）能力是考核指紋感測器能力的要點。

（八）使用壽命（Service Life）

在考核指紋感測器使用壽命時，一是從元件本身考慮，二是從指紋採取收集面防磨損防腐蝕能力來思考。光學採取收集感測器外表較怕磨損，而半導體指紋感測器外表面均有堅固塗層，保護晶片可預防劃傷。部分半導體指紋感測器外表可用手指正常刮擦 1,000 萬次以上。對於必須在露天使用的指紋感測器，防腐蝕性能需求是重點考量。

（九）可裝配性（Assemblability）

　　指紋感測器體積、外形與封裝、使用物件（如：勞工、軍人與辦公人員）指紋區別，對產品設計與生產會有較大影響。在執行指紋感測器選型時均需考量。

（十）附加功能（Additional Features）

　　半導體指紋感測器具備指紋圖片影像採取收集能力之外，感知手指移動方向、手指點擊方式（按壓次數），稱為導航能力，可透過配合軟體來執行。

>>>>>>>>>>>>>>>>>>>>>　參考文獻　<<<<<<<<<<<<<<<<<<<<<

[1] Tsai-Yang Jea, Venu Govindaraju, A minutia-based partial fingerprint recognition system, Pattern Recognition, Volume 38, Issue 10, 2005, Pages 1672-1684, https://doi.org/10.1016/j.patcog.2005.03.016.

[2] Chia-Hung Lin, Jian-Liung Chen, Chiung Yi Tseng, Optical sensor measurement and biometric-based fractal pattern classifier for fingerprint recognition, Expert Systems with Applications, Volume 38, Issue 5, 2011, Pages 5081-5089, https://doi.org/10.1016/j.eswa.2010.09.143.

[3] An, B.W., Heo, S., Ji, S. et al. Transparent and flexible fingerprint sensor array with multiplexed detection of tactile pressure and skin temperature. Nat Commun 9, 2458 (2018). https://doi.org/10.1038/s41467-018-04906-1.

[4] V. Mura et al., "LivDet 2017 Fingerprint Liveness Detection Competition 2017," 2018 International Conference on Biometrics (ICB), Gold Coast, QLD, 2018, pp. 297-302.

[5] Chih-Cheng Lu, Kuo-Chi Chang, Chun-Yu Chen, Study of high-tech process furnace using inherently safer design strategies (IV). Advanced NAND device design and thin film process adjustment, Journal of Loss Prevention in the Process Industries, Volume 40, 2016, Pages 378-395, https://doi.org/10.1016/j.jlp.2016.01.016.

[6] Okokpujie K., Etinosa NO., John S., Joy E. (2018) Comparative Analysis of Fingerprint Preprocessing Algorithms for Electronic Voting Processes. In: Kim K., Kim H., Baek N. (eds) IT Convergence and Security 2017. Lecture Notes in Electrical Engineering, vol 450. Springer, Singapore.

[7] Kuo-Chi Chang, Kai-Chun Chu, Hsiao-Chuan Wang, Yuh-Chung Lin, Jeng-Shyang Pan, Agent-based middleware framework using distributed CPS for improving resource utilization in smart city, Future Generation Computer Systems, Volume 108, 2020, Pages 445-453, https://doi.org/10.1016/j.future.2020.03.006.

[8] T. Chugh, K. Cao and A. K. Jain, "Fingerprint Spoof Buster: Use of Minutiae-Centered Patches," in IEEE Transactions on Information Forensics and Security, vol. 13, no. 9, pp. 2190-2202, Sept. 2018.

[9] Tertychnyi, Pavlo; Ozcinar, Cagri; Anbarjafari, Gholamreza: 'Low-quality fingerprint classification using deep neural network', IET Biometrics, 2018, 7, (6), p. 550-556, DOI: 10.1049/iet-bmt.2018.5074, IET Digital Library, https://digital-library.theiet.org/content/journals/10.1049/iet-bmt.2018.5074.

[10] K. Cao and A. K. Jain, "Automated Latent Fingerprint Recognition," in IEEE Transactions on Pattern Analysis and Machine Intelligence, vol. 41, no. 4, pp. 788-800, 1 April 2019.

[11] Prasad P.S., Sunitha Devi B., Janga Reddy M., Gunjan V.K. (2019) A Survey of Fingerprint Recognition Systems and Their Applications. In: Kumar A., Mozar S. (eds) ICCCE 2018. ICCCE 2018. Lecture Notes in Electrical Engineering, vol 500. Springer, Singapore.

[12] K.C. Chang, K.C. Chu, H.C. Wang, Y.C. Lin and J.S. Pan, "Energy Saving Technology of 5G Base Station Based on Internet of Things Collaborative Control," in IEEE Access, vol. 8, pp. 32935-32946, 2020.

[13] Wencheng Yang, Song Wang, Jiankun Hu, Guanglou Zheng, Craig Valli, A fingerprint and finger-vein based cancelable multi-biometric system, Pattern Recognition, Volume 78, 2018, Pages 242-251, https://doi.org/10.1016/j.patcog.2018.01.026.

[14] K.C. Chang, K.C. Chu, T. Chen, Y. W. Lee, Y.C. Lin and T. Nguyen, "Study of the High-tech Process Mechanical Integrity and Electrical Safety," 2019 14th International Microsystems, Packaging, Assembly and Circuits Technology Conference (IMPACT), Taipei, Taiwan, 2019, pp. 162-165.

[15] K.C. Chang, K.C. Chu, Y.C. Lin, T. Nguyen and J. Pan, "Study of Inherently Safer Design Strategy Application for IC Process Power Supply System," 2019 14th International Microsystems, Packaging, Assembly and Circuits Technology Conference (IMPACT), Taipei, Taiwan, 2019, pp. 158-161.

[16] Alsmirat, M.A., Al-Alem, F., Al-Ayyoub, M. et al. Impact of digital fingerprint image quality on the fingerprint recognition accuracy. Multimed Tools Appl 78, 3649–3688 (2019). https://doi.org/10.1007/s11042-017-5537-5.

[17] Chang KC. et al. (2020) Study on Hazardous Scenario Analysis of High-Tech Facilities and Emergency Response Mechanism of Science and Technology Parks Based on

IoT. In: Pan JS., Lin JW., Liang Y., Chu SC. (eds) Genetic and Evolutionary Computing. ICGEC 2019. Advances in Intelligent Systems and Computing, vol 1107. Springer, Singapore.

[18] J. J. Engelsma, S. S. Arora, A. K. Jain and N. G. Paulter, "Universal 3D Wearable Fingerprint Targets: Advancing Fingerprint Reader Evaluations," in IEEE Transactions on Information Forensics and Security, vol. 13, no. 6, pp. 1564-1578, June 2018.

[19] I. Echizen and T. Ogane, "BiometricJammer: Use of Pseudo Fingerprint to Prevent Fingerprint Extraction from Camera Images without Inconveniencing Users," 2018 IEEE International Conference on Systems, Man, and Cybernetics (SMC), Miyazaki, Japan, 2018, pp. 2825-2831.

[20] Arif, A., Li, T. & Cheng, C. Blurred fingerprint image enhancement: algorithm analysis and performance evaluation. SIViP 12, 767–774 (2018). https://doi.org/10.1007/s11760-017-1218-0.

[21] K.C. Chang et al., "Study of Improvement and Verification for Fan Wall of Network Rack Server using Six Sigma," 2019 14th International Microsystems, Packaging, Assembly and Circuits Technology Conference (IMPACT), Taipei, Taiwan, 2019, pp. 169-172.

[22] S. Li and X. Zhang, "Toward Construction-Based Data Hiding: From Secrets to Fingerprint Images," in IEEE Transactions on Image Processing, vol. 28, no. 3, pp. 1482-1497, March 2019.

[23] Sergey Bratus, Cory Cornelius, David Kotz, and Daniel Peebles. 2008. Active Behavioral Fingerprinting of Wireless Devices. In Proc. of 1st ACM WiSec (WiSec '08). ACM, New York, NY, USA, 56--61.

[24] Bozhi Liu, Xiaoqi Shi, Shoujin Cai, Xuanxian Cai, Xuexin Lan, Guozhao Chen and Junyi Li, 71-2: Novel Optical Image Sensor Array Using LTPS-TFT Backplane Technology as Fingerprint Recognition, SID Symposium Digest of Technical Papers, 50, 1, (1004-1006), (2019).

[25] Chang KC. et al. (2020) Study on Health Protection Behavior Based on the Big Data of High-Tech Factory Production Line. In: Pan JS., Lin JW., Liang Y., Chu SC. (eds) Genetic and Evolutionary Computing. ICGEC 2019. Advances in Intelligent Systems and

Computing, vol 1107. Springer, Singapore.

[26] H. Alshehri, M. Hussain, H. A. Aboalsamh and M. A. Al Zuair, "Cross-Sensor Finger-print Matching Method Based on Orientation, Gradient, and Gabor-HoG Descriptors With Score Level Fusion," in IEEE Access, vol. 6, pp. 28951-28968, 2018.

第四章　臉部辨識技術原理及其應用

一項新穎的科學技術──臉部辨識（Face Pattern Recognition）近年逐漸廣泛應用，各國在安全、軍事、醫療管理（如新冠病毒 COVID-19 的各種管制）、公共安全、工業安全衛生管理、司法、民間政務、金融、民間航空、海關、邊境各口岸、保險、土木建築營建施工管理、大型量販商場等各領域有極大之運用。更實際應用的例子則有公共安全布局、分署管理控制、監獄之監視管控、司法辨認驗證、民航安全檢查、各口岸出入之人口管控、海關身分確認證明、銀行密碼，智慧 ID 證明、智慧門口出入管制、智慧螢幕監視控制、各種金融卡、儲蓄卡、認證卡、銀行卡、信用卡、提款卡等持卡人需要的身分確認證明，又或是社會保險之身分驗證等都是目前的普遍應用。圖 1 為目前智慧手機的臉部辨識功能，也十分普及 [1-2]。

圖 1　目前智慧手機的臉部辨識功能也十分普及

一、臉部辨識技術簡介

（一）臉部辨識技術之發展

臉部辨識已經展開一些時間，可確認臉部辨識與電腦影像學（Computer Generated Imagery）是同時開發推展。兩項均是科學家經由理論連結實際之研究創新技術。而在其他辨識法是否更為準確尚未確認下，臉部辨識已成為主要之研究目標，因為臉部辨識有不干擾人的優點。

20 年前的臉部辨識被大多數人認為是人工智慧與電腦產生出影像中最有難度之技術，近

來研發成功的驗證，對於臉部辨識技術的驗算證明，在技術上已明顯產生經濟效益並持續精進。連結智慧化生活環境的臉部辨識明顯比過去好操作許多，因此激發研究人員的興趣，並啟動投資人有高度關切投資項目。目前已有數家公司販售商業經營臉部辨識系統軟體，此類軟體可精準辨識達 1 千人以上之資料庫 [3-4]。

關於臉部辨識技術之初期研究，是經由一種簡易神經網路（Neural Networks），它可從遠端處辨識聚集彙整臉部影像。使用此網路透過估算臉部影像自相關矩陣之特性、徵象、向量來估計驗算臉部描述之參數，此特性徵象向量是現有臉部的特性徵象。然而，初期此系統並未取得實質性的成功。在幾年之後，科學家利用現有技術的基礎，嘗試使用其他如神經網路與調節彙整距離等方式來開發推展臉部辨識。其中有幾項在排成列隊影像小資料庫中可以成功運作，但若遇到支援較大量資料庫，臉部位置與大小尚未清楚時將會無法執行 [5]。

而後，科學家使用代數（Algebra）處理方法，此方法可直接估計驗算臉部的特性徵象，接著將此方法與臉部辨識特性徵象之方法連結來檢查測出局部之臉型，研究顯示證明可信度佳（Good Credibility）、可立即將預設局部範圍內之臉部進行辨識，再結合特徵人臉辨識技術簡易且可立即實況之模式辨識方法，此法已迅速開啟臉部辨識技術開發之高度應用 [6-7]。

在過去十多年時間，臉部辨識是以二維影像（Two-dimensional Image）對比判斷為基準。也就是拿取兩張不清晰之相片執行對比，人的臉部會因為光照（Lighting）、表情（Expression）、姿態（Posture）、年齡（Age）等因素而具有「一人臉有數千面像」之特性徵象，在辨識精準度上有限制。近年來研究人員開始使用臉部抽象出來三維模型（3D Model）作為臉部辨識之基礎（圖 2）。此種臉部辨識系統中，先經由攝影鏡頭（Photographic Lens）獲得取用人的面像最主要的三維特性徵象，例如：人臉突起部位，眉毛骨、兩隻眼睛、鼻子、嘴巴等在五官輪廓（Facial Features）中的位置、距離、大小和角度，最後估計驗算幾何特性徵象數量，再將範本資料庫中之人像執行對比。採取此種方式精準率將增強提升，但相對應之估計驗算數量就會變化非常大，對於資料獲得取得與儲存等方面必定會存有些許問題 [8]。

在 1990 年代後期，經由電腦處理速度之提升以及圖形辨識演算法（Graphic Recognition Algorithm）有革命性改良，造就指紋辨識（Fingerprint Recognition）、虹膜辨識（Iris Recognition）及語音辨識（Voice Recognition）等有關生物辨識技術之後的臉部辨識技術的崛起與應用發展，也因此臉部辨識以其獨有的便利特性、經濟效益及精準度，受到人們關注。而在 2000 年之後，此技術在全球已廣大採取使用，運用領域擴大，其中許多產品已開始在歐美國家的司法、社會福利、境管、移民、醫療等政府單位機構中運用。其他如馬來西亞的蘭卡威機場設置的登機管控、PAROLL 銀行應用的 ATM 自動取款機、英國倫敦的警示監視管控、巴以加沙地

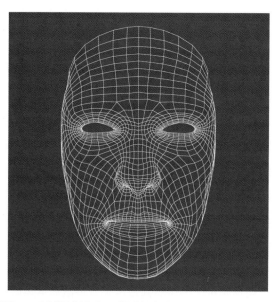

圖 2　臉部辨識之三維模型（**3D Model**）示意

帶的之軍事管控系統等等，都是全球各地區與各單位啟動運用臉部辨識之技術逐漸獲得廣大效果的例證。其中英國倫敦警示監督系統透過全國犯罪通緝要犯之相片儲存於監視管控系統資料庫（Monitoring and Control System Database）中，經過系統自動監管進出公共場所之旅客，若發現有符合人員立即發出自動警報（Automatic Alert）。2008 年在北京舉辦奧運會成功，也是大量採用臉部辨識之技術，他們在奧運場所的門禁、奧運村各國運動員的房間門口、奧運會開幕式與閉幕式的臉部辨識電子票證（Facial Recognition E-ticket）中均可以取得成功的執行運作。如今根據 CB Insights 的 AI 發展趨勢報告，人臉辨識在 2019 年已經成為 AI 領域發展最具規模且普及度高的科技，而且 Variant Market Research 數據指出，人臉辨識市場規模預計將在 2024 年達到 154 億美元以上，這是很大的成長機會 [9-10]。

（二）臉部辨識技術概念

臉部辨識技術經由臉部之特性徵象與它們之間的關係來執行辨識系統。辨識技術需要抽樣取得組織具有唯一性（Uniqueness）之特性徵象，並執行辨識之過程，非常有難度且複雜，因牽涉人工智慧（Artificial Intelligence）與機器知識學習系統（Machine Learning）。

人體的臉部辨識技術有 3 部分，分別說明如下 [11-13]：

1. 人體的臉部檢測

人的臉部檢測主要係動態情況與複雜的環境背景中，判斷是否存在臉部徵象、並利用編程分離出前述臉部徵象來進行辨識。主要有以下方法：

(1) 參考範本法（Reference Template Method）：首先設計一個或數個標準人臉之範本，再將經由採取、收集、估計、驗算、測試來獲得樣品與標準範本之間配對程度，經由閾值（Threshold）來加以判斷是否有已存在資料庫之人臉，進行後續的管理決策。

(2) 人臉規則法（Face Rule Method）：對於人臉所需具備構造條件與分布特性徵象等，人臉規則法須取得此特性徵象產生相對應之規則來測試樣本是否有擷取到人臉，如果有才會進到下一步驟。

(3) 樣品學習法（Sample Learning Method）：係採取辨識模式的人工神經網路方法，是透過對臉部樣本收集與非人臉樣本收集之學習產生分類器，這是目前的技術主流，成效也十分不錯。

(4) 膚色模型法（Skin Color Model Method）：乃依照人臉各部位皮膚顏色在色彩空間中進行分類布署配對集中之規律來執行檢查與測試。

(5) 特徵子臉法（Eigenface）：將全部人臉部位收集會合，並將人臉各部位建立相對子空間，後續檢查測試樣本與所在子空間之投影距離進行判斷，是否已具備儲存人臉部影像完成。

前述 5 種方法均可應用於實際辨識系統中，並適當的組合或交互使用。

2. 人體面貌追蹤

面貌追蹤（Face Tracking）是指對於檢查之人臉執行動態目標設定追蹤（Dynamic Target Tracking）。是使用於模型的方法或是運動與模型相互結合的手法。利用皮膚顏色模型追蹤（Skin Color Model Tracking）既簡易而有效果的（圖 3）。

3. 人體臉部比對

人臉部位比對是對於檢查人臉執行身分驗證或是在人臉部位資料庫中執行目標設定搜尋。主要就是將採樣人臉部位與資料庫儲存的人臉部位運作比對，並尋找出最佳之配對物件。而人臉部位之描述會決定人臉部位辨識之方法與技術，因為不同人臉部位會有不同辨識難易度。目前採取使用特性徵象向量與人臉紋路範本兩項描述方法。

(1) 特性徵象向量法（Characteristic Sign Vector Method）：需要確認眼睛的鼻翼、嘴角、虹膜等臉部影像五官輪廓之位置、尺寸、距離等，然後將估計驗算出的幾何特性徵象數量產生變成該人臉部位之特性徵象向量的一種方法。

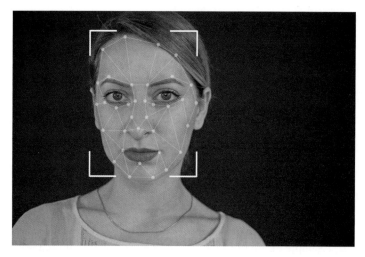

圖3　利用皮膚顏色模型追蹤是一項簡易而有效果的方法，如果再配合臉型特徵，可大幅提升人臉辨識的準確度

　　(2) 臉部紋路範本方法（Facial Pattern Template Method）：在資料庫中儲存大量標準人臉部位之範本或人臉部位器官之範本，在執行配對時，可以將採樣人臉部位所有圖案像素與資料庫裡全部模板採取歸化相關性（Naturalized Correlation）量度執行配對，此法係使用自相關性網路（Autocorrelation Network）或特性徵象與範本相互連結辨識模式之方法。

　　所以總結前述，我們可以認為人臉部位辨識技術之核心即為侷限人臉特徵部位解析與影像紋路／神經辨識之演算法等技術的總和。

（三）臉部辨識之特點

1. 臉部辨識之優點

　　第一，人臉部位辨識技術有迅速、簡單便利、無侵入性干擾與無須人被動配對的特性。除了此項辨識技術之外，其餘人體生物特徵辨識技術對用戶來說均是有干擾，而且必須請使用者配合。例如：指紋和掌紋辨識皆要做到將手部放置在玻璃外表；虹膜辨識必須使用鐳射（Laser）照射使用者眼睛；聲音辨識需要使用者對著麥克風開口發出聲音；字跡辨識（Handwriting Recognition）則需要使用者簽名寫字等等。對於人體臉部辨識不需干擾使用者，只需要迅速從一臺攝影機前面走過，使用者臉部影像將會迅速地採取收集和檢查測量，是相對簡單便利的方法。

　　第二，人體臉部辨識技術有較佳的防止偽造（Anti-counterfeiting）、防止欺騙詐術、精

準、客觀、便利之特點。與其他人體生物特性徵象辨識技術相比，僅有人體臉部辨識最客觀、最可信、最精準確，因為它防止偽造、防止詐欺。

第三，人體臉部辨識技術具有性價比高（Cost-effective）、經濟效益高、可以擴大推展性能較佳等特點。因人體臉部辨識技術比其他人體生物特性徵象辨識技術的性能更加優良，它不需行為人配合即可迅速查核特定人員之身分，且只需要通用 PC 硬體及相關軟體，因為經濟效益、性價比高且客觀、精準又能廣大使用，所以具有較佳的可擴大發展之性能。

2. 臉部辨識之缺點

使用者人臉部位之位置與周圍光線環境皆會影響系統的準確性，大部分研究生物辨識之人臉部辨識有精準差異，也是較容易偽造部分。

臉部辨識技術改良（Technical Improvement）以取得特徵與配對技術的提升，並且採取收集圖形影像設備會比其他技術費用貴。

對於頭髮、飾物、年齡等變化會有時間演變之差異，必須透過人工智慧加以彌補，機器學習技術須持續將之前取得圖形影像與現有圖形影像執行配對，以改善核心資料庫和補償微小的差異。

（四）臉部辨識技術之研究方向與主要問題

1. 人臉檢測與追蹤技術

在辨識圖形影像中出現的人臉，首先需要找出人臉。人體臉部檢查測量與追蹤研究是如何將靜態圖片（Still Picture）或螢幕序列中尋找人體臉部，儲存人臉與輸出人臉之數量、每個人體臉部特徵位置及尺寸大小。而人臉追蹤必須在檢測至實際人臉的基礎上，後續人臉圖形影像中持續捕捉人臉位置計算及其前述大小等性質。人臉部檢測是以人臉進行身分辨識的前期處理工作。同一時間，人臉之檢測可作為整合後之獨立功能模式組合成果，在智慧螢幕監控、螢幕搜尋與內容組織得以直接運用。

已有研究人員提出並執行在複雜背景下多級構造（Multi-level Structure）人體臉部檢查測量與追蹤系統，其中採取使用之範本配對（Template Matching）、特徵子臉彩色資訊（Feature Face Color Information）等人體臉部檢查測量技術，在檢測平面內旋轉（Spin）人體臉部，並可追蹤隨意姿態之運動人體臉部。簡易敘述如下：此種檢量方式是一項兩級構造演算法（Two-level Tectonic Algorithm），先與人體臉部範本進行配對，投影至人體臉部子空間（Subspace），其中特徵子臉技術判別是否為人體臉部。範本配對的方法為依照人體臉部特性徵象，將人臉圖形影像劃分成 14 個不一樣的區塊，使用每個區塊之灰度統計值（Grayscale

Statistics）表示該區域，使用完整樣本灰度平均值正規化（Normalization），而取得使用特徵向量表示人體臉部之範本。透過非監督學習（Unsupervised Learning）之方法對於訓練樣本聚類（Sample Clustering），取得參考範本（Reference Template）。可以將測試圖形影像之範本與參考範本在某一種距離測試度（Distance Test）下配對，經由閾值（Threshold）判別配對之程度。特徵子臉技術基本思想是從估計分析觀點，尋找人臉部圖形影像分布之基本元件因素，即人體臉部圖形影像樣本集共變異數矩陣（Covariance Matrix）之特徵向量（Feature Vector），以此近似表徵（Approximate Characterization）人臉部圖形影像。此特徵向量稱為特徵臉（Eigenface）。實際上，特徵臉反映隱藏包含人體臉部樣本會合內部之資訊與人臉構造之關係。將臉頰、下頜、眼睛樣本集共變異數矩陣之特性徵象向量稱為特徵頜（Characteristic Jaws）、特徵眼（Characteristic Eyes）和特徵唇（Characteristic Lips），稱為特徵子臉。特徵子臉相對應圖形影像空間中發展成子空間，稱為子臉空間（Sub-face Space）。在經由測試及估計驗算圈影像後的視窗在子臉空間的投影距離，此時若視窗圖形影像滿足閾值比較的條件，則判別為人體臉部特徵[14-15]。

　　研究人員可將人體臉部重心範本技術之基礎改良並執行於複雜背景中，並且精準又迅速檢查測量人臉之系統。設計人臉核心範本來執行人臉迅速定位，此人臉範本具備有多尺度（Multiscale）之檢測功能，可適應於檢查測量不同大小尺寸與處於複雜背景（Complex Background）中任何位置的人臉（圖4）；而人臉核心範本重點對應於人體臉部模式上各器官（鼻、嘴、雙眉與眼等），其動態二維空間約束關係（Dynamic Two-dimensional Space Constraint Relation-

圖4　利用皮膚顏色模型追蹤是一項簡易而有效果的方法

ship）適應於檢測具有不相同性質實際的人臉部。人臉部核心範本配對可從馬賽克（Mosaic）圖形影像上取得我們需要的重點，且 Mosaic 圖形影像將人體臉部器官區塊之一項模糊或灰度進行平均處理，所以可取得各器官之位置，不易受到特定人臉部表情、臉部紋路影響。對於光線照明部分，也不會影響到人臉部器官區域與其他區域之灰度高低不一樣之相對性質（Relative Properties），因此基本上不會受到光線照明影響。垂直人體臉部以縱軸方向往右或左旋轉一個角度（一般在 -45°～+45° 之間），而且人體臉部器官之位置分布，結果上不會影響 Mosaic 橫邊和重點之取得，旋轉人臉後之精準檢查測量也不會受到影響 [16]。

此外，國際上目前有利用自適應增強（Adaptive Boosting, AdaBoost）進行立即人體臉部檢測來執行追蹤研究，此法檢測速度可達到平均 15 幀／秒（圖形影像大小是 384×288）。除此之外，還可擴大發展多個圖像姿態人體臉部檢測。

2. 人臉部 2D 形狀檢測及關鍵特徵定位技術

人體臉部檢查測量基礎下，臉部關鍵特性徵象（Key Facial Features）圖形檢測人臉主要特徵點位置（Feature Point）及鼻子、嘴巴、眼睛等臉部器官之形狀等有關資訊。灰度識別（Gray Recognition）可分為投影曲線（Projection Curve）進行分析、範本配對、可改變範本形狀、霍夫變換（Hough Transform）、主動輪廓模型（Active Contour Model，又被稱為「Snakes」）運算元件、對於 Gabor 小波轉變換（Wavelet Analysis）成彈性圖形配對之技術、及主動性形狀模型（Active Shape Models, ASM）與主動外觀模型（Active Appearance Model, AAM）等常用方法 [17]。

可改變形狀之範本主要依據等待檢測人臉特性徵象，首先是驗算形狀資訊，定義一個參數描述之形狀模型，該模型之參數反映對應特徵形狀之可改變部分，例如：角度、大小、位置等，透過模型與圖形影像之谷（Valleys）、峰（Peaks）、邊緣（Edges）和灰度（Grayscale）分別布署之特性動態交互適應來修正。範本變形利用特徵區塊之全區域資訊，因此，較佳的檢查測量出相對應之特性徵象之形狀。對於可改變形狀之範本要採取使用最佳化演算法（Optimization Algorithm），經由參數空間內執行能量函數極小化（Energy Function Minimization），演算法主要有兩項缺點，首先是對於參數初值之依賴程度較高，容易陷入局部最小化，其二是估計驗算時間較長。針對這兩方面問題，我們採取一項由粗至細檢測演算方法，先利用人臉部器官結構驗算知識、臉部圖形影像灰度分別布署頻率與峰谷特性粗略檢查測量下巴、鼻子、眼睛、嘴等大致區域與關鍵特性徵象，然而在此可以提供較佳之範本初始參數，從而大幅提升演算方法之速度與精準度。

眼睛是人臉部位最明顯特徵，依照精確定位是辨識的主要關鍵。研究學者研發提出增加眼

睛區域定位之技術，在人臉部位檢測之基礎上，利用眼睛是人臉部位區域內人臉部位中心之左上方和右上方之灰度谷區的特點，可精確迅速定位眼睛瞳孔中心（Eye Pupil Center）的位置。演算法採取使用眼睛區域增加搜索策略（Increased Search Strategy for Eye Area），在人臉框架部位之定位演算法中，評估鼻子原始位置，再定義兩項初始搜尋矩形，分別向左右兩眼定位。該演算法依據人的眼灰度需低於人臉部灰度之特性，使用搜尋矩形找眼部邊緣，最終定位瞳孔中心。實驗顯示結果，證明該演算法對於人臉部位大小、姿態與光度照度之變化，均有較強大之適應能力，但在眼睛陰影較重的情形下可能會定位不精準，加上配戴黑框眼鏡也會影響本演算法之定位結果。

主動形狀模型（Active Shape Model, ASM）與主動外觀模型（Active Appearance Model, AAM）是這幾年常使用的物件形狀存取演算法，主要核心是在某些局部點模型配對之基礎上，使用統計模型對於辨識人臉部位形狀執行塑形，進而轉變成為一項最佳化，並於最後修飾實際人臉部形狀。研究人員對 ASM 和 AAM 執行追蹤研究，顯示出 ASM 幾項缺點，對局部模型與局部特徵塑形方面做些微調整改善，同一時間，須注意 ASM 速度快，但精準度較為低，而 AAM 複雜度較高、速度較慢之缺點，研究學者建構二項結合模型，並得到初始演算結果。

關於圖形影像與形狀之間的相關性，研究學者研發一種圖形影像樣本範例之形狀學習演算法（Shape Learning Algorithm），首先將學習策略引導進入形狀存取中，初步實驗結果證明該演算法是具備良好之性能。

3. 人臉確認與辨識技術

人臉辨識技術可歸類為 3 項，即幾何特徵方法、範本方法與模型方法等 3 種。幾何特徵（Geometrical Feature）方法是最早期、最傳統之方法，通常與其他演算法結合會有較好之效果（圖 5）；範本方法（Template Method）可分為相關配對之方法（Correlation Matching Method）、特徵臉方法（Eigenface Method）、線性判別分析方法（Linear Discriminant Analysis Method）、奇異值分解方法（Singular Value Decomposition Method）、神經網路方法（Neural Network Method）、動態連接匹配方法（Dynamic Connection Matching Method）等；模型方法（Model Method），則有隱瑪律柯夫模型（Hidden Marykov Model）、主動形狀模型（Active Shape Building Model）和主動外觀模型（Active Appearance Model）方法等。

近年來，研究學者在特徵臉部技術執行真實模擬研究基礎上，實驗人臉特性徵象取得方法和各種後端分類器（Backend Classifier）相結合，並提出各種各樣的改進版本（Improved Version）或擴展演算法（Extended Algorithm），主要的研究內容包括線性與非線性判別分析（Lin-

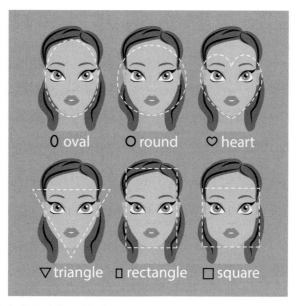

圖 5　幾何特徵方法是早期、傳統但仍實用的方法，不過結合其他演算法效果更佳

ear Discriminant Analysis, LDA/Kernel Discriminant Analysis, KDA）、貝葉斯機率模型（Bayesian Probability Model）、支援向量機（Support Vector Machine, SVM）、人工神經網路（Artificial Neural Network, ANN）（圖 6）以及類內和類間雙子空間分析方法（Inter/Intra-class Dual Sub-space Analysis Method）等 [18-20]。

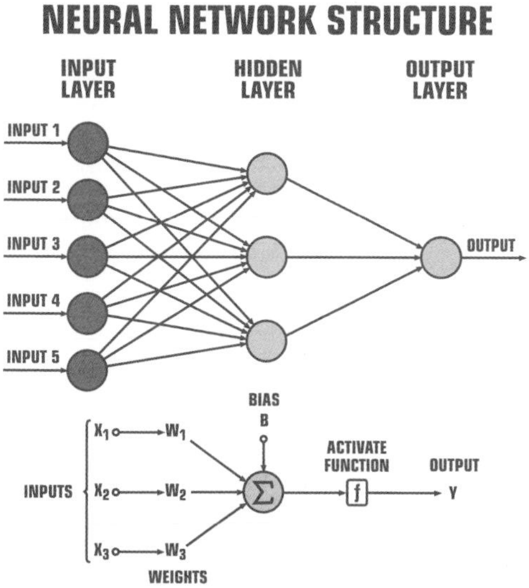

NEURAL NETWORK STRUCTURE

圖 6　人工神經網路是目前最普遍應用的演算法

特殊人臉子空間（Face-specific Subspace, FSS）在本質上不同於傳統「特徵臉」人臉辨識之方法。特徵臉（Characteristic Face）方法中，針對全部人臉會有一個屬於人臉子空間，而研究學者的方法則是每個體的人臉建構在此個體物件的私領域（Private Domain）的人臉子空間，能精準描述不一樣的個體人臉之間的差別之處，在最大可能移除對辨識不利各類內含之雜訊與差異性，因而比傳統「特徵人臉演算法」具有較好的辨別效能。另外，對每一個等待辨識個體，僅是單一訓練（Single Training）採樣人臉辨識問題，研究學者研發單一樣本生成多個訓練採樣模擬之技術，進而需要多個訓練採樣的個體人臉子空間之方法，可適用於單一訓練採樣人臉辨識問題。在美國耶魯大學的 Yale 人臉資料庫中，對實驗室 350 人圖片影像資料庫的對比試驗也證實，提出此方法比傳統特徵人臉方法、範本配對方法，對表情、光線照度和一定距離範圍內姿勢形態變化，具有較好穩健性（Robustness），具有最佳化辨識之性能。表 1 彙整目前研究普遍使用的 9 種人臉資料庫網站連結，供讀者參考 [21-22]。

⬇ 表 1　彙整目前研究普遍使用的 9 種人臉資料庫網站

資料庫名稱	網址
3D Mask Attack Database (3DMAD)	https://www.idiap.ch/dataset/3dmad
3D_RMA Database	http://www.sic.rma.ac.be/~beumier/DB/3d_rma.html
10k US Adult Faces Database	http://www.wilmabainbridge.com/facememorability2.html
The AR Face Database	http://www2.ece.ohio-state.edu/~aleix/ARdatabase.html
The ORL Database of Faces	https://www.cl.cam.ac.uk/research/dtg/attarchive/facedatabase.html
The Basel Face Model (BFM)	http://faces.cs.unibas.ch/bfm/
BioID Face Database	https://www.bioid.com/facedb/
Binghamton University Facial Expression Databases	http://www.cs.binghamton.edu/~lijun/Research/3DFE/3DFE_Analysis.html
The Bosphorus Database	http://bosphorus.ee.boun.edu.tr/default.aspx
Caltech Faces	http://www.vision.caltech.edu/html-files/archive.html
CAS-PEAL Face Database	http://www.jdl.ac.cn/peal/index.html
ChokePoint Dataset	http://arma.sourceforge.net/chokepoint/
The CMU Multi-PIE Face Database	http://ww1.multipie.org/

（接續下表）

資料庫名稱	網址
Cohn-Kanade AU-coded Expression Database	http://www.pitt.edu/~emotion/ck-spread.htm
The Color FERET Database	https://www.nist.gov/itl/products-and-services/color-feret-database
The CVRL Biometrics Data Sets	https://cvrl.nd.edu//CVRL/Data_Sets.html
Denver Intensity of Spontaneous Facial Action (DISFA) Database	http://mohammadmahoor.com/databases/denver-intensity-of-spontaneous-facial-action/
The EURECOM Kinect Face Dataset (EURECOM KFD)	http://www.rgb-d.eurecom.fr/
Face Recognition Data, University of Essex	http://www.ee.surrey.ac.uk/CVSSP/xm2vtsdb/
Face Video Database of the Max Planck Institute for Biological Cybernetics	https://vdb.kyb.tuebingen.mpg.de/
FaceScrub	http://vintage.winklerbros.net/facescrub.html
FEI Face Database	https://fei.edu.br/~cet/facedatabase.html
YALE Face Database	http://cvc.cs.yale.edu/cvc/projects/yalefaces/yalefaces.html
Labeled Faces in the Wild	http://vis-www.cs.umass.edu/lfw/
Labeled Wikipedia Faces (LWF)	http://www.info.polymtl.ca/~mdhas/LWF/
McGillFaces Database	https://sites.google.com/site/meltemdemirkus/mcgill-unconstrained-face-video-database/
MORPH Database (Craniofacial Longitudinal Morphological Face Database)	http://www.faceaginggroup.com/morph/

　　彈性圖配對技術（Elastic Graph Matching Technology）是一項對於幾何特徵和灰度分布資訊執行小波紋路分析相連結之辨識演算法（Identification Algorithm），該演算法較易使用人臉的構造粗灰度分類（Coarse Grayscale Classification）資料，具備自動精準確認定位臉部特徵點的功能，有最佳辨識成效，在 FERET（Face Recognition Technology）測試中有若干指標名列前茅，其原因點是時間複雜度較高，實務運作較為複雜。研究學者對於此演算法執行研發並啓動策略[23]。

(1) 臉部辨識中之光線照度問題：光線照度變化是影響臉部辨識性能最關鍵的因素，對於問題的解決程度關聯著人臉辨識實用化進程之成敗。在執行系統分析基礎上，運用量化研究（Numerical Calculation）之可能性，包含對於光線照度的強度與方向的量化、對於人臉反射屬性（Reflection Attributes）之量化、臉部陰影（Face Shadows）和照度分析（Illumination Analysis）等。在此基礎上，建構描述此因素之數學模型（Mathematical Model），使用光線照度模型，在人臉圖片影像預先處理或者正規化（Normalizing）階段補足至消除對辨識性能之影響。主要重點研究是如何從人臉圖片影像中將固有人臉屬性（反射率屬性（Reflectance Properties）、3D 表面形狀屬性（3D Surface Shape Properties））和光源、遮蔽及高光等非人臉固有屬性分離。統計視覺模型之反射率屬性估算、3D 外表形狀計算、光線照度模式評估，以及任意光線照度圖片影像生成演算法是主要研究內容。需具體的解決兩項不同思考邏輯：①利用光線照度模式參數空間評估計算光線照度模式，執行針對性光線照度補償，可消除非均勻正面光線照度造成之陰影、高光等影響；②光線照度子空間模型的任意光線照度圖片影像生成演算法，用於生成多項不同光線照度之條件訓練樣本（Training Samples），使用較佳的人臉辨識演算法，例如：子空間法、SVM 等運作辨識。

(2) 人臉辨識中姿勢形態（Posture）之問題研究：姿勢形態問題，頭部在三維垂直座標系中圍繞三軸旋轉造成臉部轉變，其中垂直於圖片影像平面兩方向之深度旋轉會造成臉部資料部分缺失，進而導致姿態成為臉部辨識須突破的問題。解決姿態問題有 3 項思考方向：①學習並記憶多個姿態特性徵象，對於多項姿態人臉資料可易取得較為實用，其優點是演算法與正面臉部辨識統整，不需要另外的技術支援，缺點是儲存量需求大，姿態廣泛化辨識度較不確定，不能用於單張照片人臉辨識演算法中等等；②單張視圖生成多角度視圖（Multi-angle View），可在取得客戶使用單張照片情形下合成此客戶多個模擬採樣，解決訓練採樣數量較少情況下，多個姿態人臉辨識之問題，進而改善辨識之性能；③姿態不轉變特徵的方法，即搜尋不隨姿態轉變而變化之特徵。此思考路徑是採取使用統計之視覺模型，將輸入姿態圖片影像校正為正面圖片影像，進而可在統整姿態空間內做成特徵存取與配對 [24-25]。

對於單姿態視圖的多個姿態視圖生成演算法是研究核心演算法，基本思考是採取機器學習演算法（Machine Learning Algorithm）的學習姿態 2D 轉變之模式，並將人臉 3D 模型作為事先實驗知識，補足 2D 姿態轉變替換中不可見之部分，並將應用在新的輸入圖片影像資料庫中（圖 7）。

圖 7　利用機器學習的演算法進行車輛識別是目前主流應用

（五）臉部辨識技術典型應用

臉部辨識技術的應用是一種非接觸式、連續、即時之技術，經典運用如下 [26]：

1. 身分辨識鑑定（一對多搜尋（One-to-many Search））

在鑑定模式下，確認一個人的身分，臉部辨識技術可迅速計算出即時收集臉部紋路資料與臉部資料庫中已知人員的臉部紋路資料之間相似度，提供一個按相似度遞減排列之可能人員列表，或是簡易回傳鑑定結果（相似度最高（Highest Similarity））和相配對運用之可信度。

2. 身分確認（一對一比對（One-to-one Comparison））

在確認模式下，臉部紋路資料可存取核對 IC 卡或數碼紀錄中資料，臉部辨識技術只需簡單地將即時臉部紋路資料與儲存臉部紋路之資料相比配對，如可信度（Credibility）超過此指定閾值（Threshold），則是配對成功，身分可取得確認。

3. 監控（Monitoring）

運用臉部影片圖像捕捉，臉部影片辨識技術可在監控範圍中追蹤此人和確定位置。

4. 監視（Surveillance）

可在監控範圍內顯示人臉，不論是遠近與位置，可連續地追蹤並從背景中分離，將他的臉部影片圖像與監控列表執行配對。應用過程完全是無干擾且是連續性（Continuity）和即時性（Immediacy）（圖 8）。

圖 8　COVID-19 的監視系統因應疫情高度發展起來

5. 臉部影片圖像資料壓縮（Data Compression）

可將臉部紋路資料壓縮至 84 位元組以上，運用於 IC 卡、條碼或其他儲存空間有限之設備中。

（六）臉部辨識技術之應用領域

1. 在銀行金融系統中之應用

可運用於電腦、網路安全、銀行業務、IC 卡、儲存讀取控制、邊境管控等領域，網路訊息公司在此一領域產品有門禁與考勤、民政收容與遣送等。

銀行金融系統（Bank Financial System）對於安全防範管控有極高嚴格要求，保險櫃、金庫保全設備、電子商務資訊系統以及自動櫃員機等，需要人臉辨識此項客觀、準確、可靠度佳辨識系統。

近年來，搶劫、金融詐騙發生率高，對於傳統安全措施有新的挑戰。而人臉辨識技術不需攜帶任何機械類或電子類之鑰匙，因而可預防忘記密碼、遺失鑰匙之情形。若再搭配指紋辨識、IC 卡等技術，可更提高安全係數（Safety Factor）。而每次運作後，事件可保留有時間、日期和人臉辨識紀錄，具有追蹤功能。

目前銀行系統的保險櫃出租、信託保管業務，如果使用此種辨識系統，可加強安全係數與客戶對銀行之可信度。若在 ATM 自動提款機上運用此種辨識技術，可解除使用客戶若是忘記

密碼之難題，又可預防冒充盜領的事件發生（圖9）。

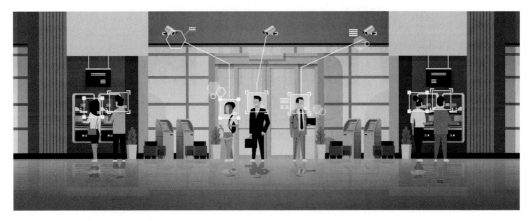

圖9 銀行導入臉部辨識系統，可以從一進門到 ATM 或臨櫃所有動作進行應用

2. 應用在政法系統之中

運用於人臉影片圖樣登記系統、事件後分析系統，網路訊息公司在此一領域主要應用 Internet 網路檢調部門通緝追蹤逃跑系統中。

目前我國的法、檢、警等有關部門可以加強對刑事、經濟等犯罪行為（Criminal Behavior）的攻堅力度，聯合開發推展具「通緝追蹤逃跑」功能系統。主要是將嫌疑犯或逃犯照片、身分證、特性徵象資料上網公布發出。但此種方法判別要通過多項技術鑑定（Technical Appraisal），它對假裝冒充的犯人證件資料查詢會有頗高難度，對於犯罪分子的偽裝（Camouflage）、狡辯往往需要消耗大量時間和物力來執行確認。若是使用人臉辨識技術，則能對犯罪分子產生極大的威嚇作用，並可提高工作效率。在大眾運輸的海關、碼頭、機場、車站等出入口附近架設攝影機器（Closed-circuit Television, CCTV）（圖10），則系統可以在無人值勤情況下自動捕捉進入、出口場所人員之影像，透過網路平臺將人臉特性徵象資料傳輸至電腦中心資料庫（Data Center），與逃犯人臉影像進行比對，快速精確作出身分判別，若發現是吻合人臉會即刻自動記錄並發出警報。

圖 10　大眾運輸場所搭配 CCTV 及影像辨識成為打擊罪犯利器

二、臉部辨識技術原理

（一）臉部辨識技術介紹

1. 捕捉臉部圖像的兩項技術

（1）影像視頻技術透過標準的攝影鏡頭提取臉部影像圖片或一系列圖片影像，在臉部圖片影像即時捕捉後核心特徵點（Core Feature Points）已有紀錄，例如：鼻子、眼睛和嘴位置及它們相對位置已存取下來，形成資料範本（Data Template）。人的骨骼存有著細小些微之差異，再以攝影機圖片影像採取收集系統取得測試者臉部圖片影像，運用核心演算法依照人的臉部五官形狀位置、臉型線條等方面執行評估演算分析形成樣本。2008 年北京奧運會即依照此模式技術大量採取運用。

（2）熱成像（Thermal Imaging）技術（圖 11）經由分析臉部影片圖像毛細血管產生熱線來生成演變為臉部圖片影像，與攝影鏡頭不一樣，熱成像技術並不需要在較良好光源條件下，因此即使在黑暗中也可運用。演算法與神經網路（ANN）系統加上一個轉化機制即可將一幅臉部影像圖片變成數位信號（Digital Signal），最終端演算配對之信號。

圖 11　熱成像技術因為 COVID-19 疫情應用大幅成長

2. 典型的框架結構

　　典型人臉辨識模型是以素描形式（Sketch Style）呈現。訓練使用樣本圖片影像是以二維（Two-dimensional）方式顯示以識別物件之特徵化爲指標。主要特性徵象方法是採用目標圖片影像資料之機率密度函數（Probability Density Function, PDF）估計法。

　　例如：選取幾項目標樣本資料之低維顯示（Low-dimensional Display），使用圖片影像及特性徵象機率分布之函數，是簡易的參數函數（Parametric Function）（例如：高斯函數（Gaussian Function）），將會取得目標之類別低維度、有成效可計算之模型。如欲取得目標類別之機率分布函數（Probability Distribution Function），可使用貝葉斯法則（Bayesian Law）來呈現最後驗證執行辨識。結果顯示簡易目標樣本對於類神經網（Neural Network），可用來檢驗目標類之呈現，從同一類中相比並篩出其他人的臉部形狀。此一類模型構造是有效果的，現今人臉辨識方式每秒可處理 30 幀以上視覺頻道解析資料，又可以在一臺機器從數千人資料庫比對篩選與傳輸人臉部位相同之影片圖像。

3. 降維

　　降維（Dimensionality Reduction）可取得有代表性質之人臉部形狀，首先，以圖片影像轉變成低維度座標系統（Low-dimensional Coordinate System），此座標系統保留原先靶心圖片外表影像有價值之性質。爲了降低維度而執行改變轉換是必須的，原因是圖片影像維度數太高，需要大量的樣本才能理解外形面貌之類別。

　　降低維度典型方式以主成分分析（Principal Components Analysis, PCA）或是里茲（Ritz）

近似法（又稱樣本之顯示）。也可以使用其他降維方法，包含 Gabor 轉換（Gabor Transformation）、小波轉換（Wavelet Transformation）、特性徵象柱形圖（Histogram of Characteristic signs）、單獨成分之分析（Individual Component Analysis）等。

降維方式有共同特性，會以低度維數的子空間來有效推展成有高維度（High-Dimensional）空間之原型圖片影像。目標外表面貌是個新的、低維度的座標系統，在取得低維度目標類別（臉、眼睛等），可以運用標準之統計參數法（Statistical Parameter Method）來評估外表面貌身體之範圍，在維數較低只需運用較少的樣本評估計算參數或是類內判決的函數。

不同特徵的簡易線性費雪判別式（Fisher Discriminant Analysis），此方法重要轉換形式是判別式模型，主要針對類間差異並不是類的本身，此一類模型相較於機率密度函數之學習更有成效又精準。

（二）臉部辨識演算法

臉部辨識之演算法可分別為人臉部元件多特徵辨識演算法、人臉特徵點之辨識演算法、全幅人臉圖片影像之辨識演算法、範本之辨識演算法、利用神經網路進行辨識之演算法等，分述如下：

1. 基本演算法—局部特徵分析（Local Feature Analysis, LFA）

任一臉部辨識系統之基本重點是要將人的臉徵象執行編程碼（Programming Code）。臉部辨識技術運用局部特性徵象之分析，用 LFA 來描述人臉部位圖形徵象，它的來源是以類似組裝積木之局部統計原則（Local Statistics Principle）。LFA 是呈現事實的一項評估計算方式，就是人的臉部影像（包含數種複合之樣式）均由許多無法再簡易分化之結構單元的子集（Subset）彙整而成。這些單元運用複雜之統計技術而構成，此代表全臉部位影像。通常會跨越多項圖形元件（局部區塊）並代表大眾的臉部影像圖形。在實際上臉部影像結構單元會呈現出更多。

彙整構成一個逼真、精準的人臉部位影像，是需要運用集中少量的單元子集（約 12～40 特徵單元）。要確定身分取決於特性之單元，還需要幾何結構（Geometry Structure）來決定相關位置。

透過此項方法，LFA 以個人的特性對應變成一項複雜之數位來執行對比與分辨識別的呈現。

2. 當前的水準

有許多人臉辨識技術演算法在很小量約束條件下依然有精準的效能，為了評估此類型演算法，美國高層級研究計畫局和國防部陸軍研究實驗室建構 FERET Plan，目標是可以估算它們

的效能與進行技術進步之鼓勵。因此於 2000 年 1 月 21 日，有 3 項演算法在大數據資料庫（Big Data Database）和雙盲檢測（Double Blind Detection）條件下顯示它最高的辨識精準度。此演算法是來自南加州大學、馬里蘭大學和麻省理工學院 X Academy 媒體實驗室。3 所學校都加入 FERET 計畫。其中兩項演算法，也就是南加州大學和麻省理工學院 X Academy 媒體實驗室研製的，可以在最小控制執行檢測與辨識，對於其他的原則要求告知眼睛之大致正確位置。第 4 項演算法是洛克斐勒大學研究開發，早些時期曾經是競爭者之一，從測試中淘汰後轉向商用。南加州大學和麻省理工學院 X Academy 媒體實驗室的演算方法是奠定商業系統的根本基礎。

（三）臉部辨識之步驟

1. 建構臉部檔案

可從攝影圖像收集臉部影像檔或取得相片檔案，生成臉部紋路（Faceprint）編碼即是特徵之向量。

2. 獲得目前臉部之影像

可從攝影鏡頭抓取臉部影像或取得照片之輸入，生成臉部紋路。

3. 搜尋比對

將目前臉部影像之臉部紋路編碼和檔案的臉部紋路編碼執行搜尋比對。

4. 確定臉部之身分或從提供之身分選擇

敘述全部過程均是自動、連續、即時操作完成，在系統端只是需要普通的執行設備（圖 12）。

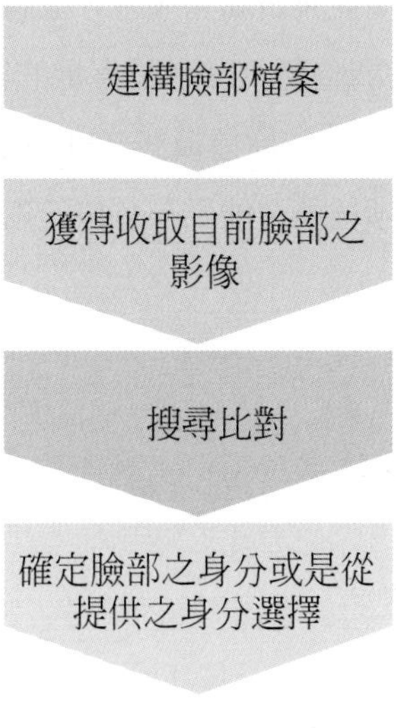

建構臉部檔案

獲得收取目前臉部之影像

搜尋比對

確定臉部之身分或是從提供之身分選擇

圖 12　臉部辨識步驟

以門票與入場辨識系統（Ticket and Admission Recognition System）的設計為例，其步驟流程為：(1) 自動在影像資料庫去搜尋臉部影像圖形；(2) 若是出現使用者的頭部臉部影像時；(3) 自動執行多項類別之配對演算法來判別在此位置是否有出現臉部影像，此種演算法可精準確實測量出同一時間出現的許多張之臉孔，又能精確它們的位置，若是搜尋偵測到臉孔，此張臉孔圖形影像就立刻會從背景裡面分離，此幅圖形影像隨著透過一系列的特別方式來處理讓它恢復尺寸、姿勢形態、表情和光亮；(4) 經由此幅臉部圖形影像在系統內部轉變更換臉部紋路，它包括這整張臉孔之特別資料訊息；(5) 透過即時獲得收取之「臉部紋路」與資料數據庫中的「臉部紋路」執行配對；(6) 完成對於某一張臉孔之確認。

「臉部紋路」編程碼方法是依據臉部的本質特徵與形態情形來處理，可抵抗、神情姿勢形態、臉部影像、髮根粗細、頭髮造型、眼鏡、皮膚顏色調整和光線之轉變，可信性高，並可從百萬人口數中精準確實判別認定此人。

四、臉部影像辨識技術之應用案例

（一）寶馬（BMW）引入臉部影像辨識系統

在研究開發安全的技術之後，汽車製造廠商已經開始研究人臉辨識系統，可以確認汽車駕駛人是否處於意識清醒身體狀態。各大汽車廠商，正在設計研發將臉部辨識技術用於辨識駕駛人身分。同一時間，汽車還可以透過此項技術確定駕駛的個人特寫特徵，汽車可自動控制調整到最佳化之形態[27]。

駕駛者坐入駕駛座時，這項技術能夠辨識駕駛者，並將後視鏡、方向盤調整至最佳位置。同時，車輛的收音機頻道也會自動調整至駕駛者最喜歡的頻道。如果開發成功，這項技術還將可能用於對節流閥（Throttle Valve）、換擋模式（Shift Mode）以及懸吊系統（Suspension System）進行自動調控。此外，該項技術還能儲存多位元駕駛者的資訊及相應設定。採用這項技術，將有效防止車輛被竊（圖 13）。

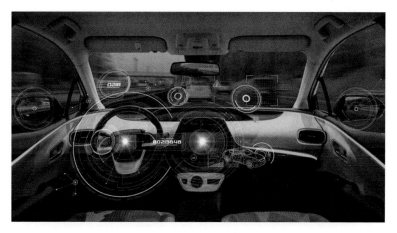

圖 13　各大汽車廠商正研發將臉部辨識技術用於辨識駕駛者身分及其他應用中

（二）臉部影像辨識技術在數位相機中之應用

　　對於富士公司曾經發表 S6500FD 數位照相機（Digital Camera），此照相機具有「臉部辨識技術」，是照相機的智慧新技術之提升。Nikon、Olympus、Pentax 也曾經推出類似功能的微型數位照相機，在當時此功能的需求不強烈，因此並未熱銷。

　　現今進入智能時代，數位照相機的功能有自動對準焦距（Automatic Focus）及自動測量光點（Automatic Measurement of Light Spot）。在取景時，不需要擔心要對準焦距（Aim the Focus, AF）、調整快門的速度（Adjust the Shutter Speed）、調光圈（Adjust the Aperture）等會影響曝光的步驟。但自動照相機還是一臺機器，偶爾會出現測量光度或焦距對不準的現象發生。目前很多家製造商皆持續改善 AF（Auto Focus）及 AE（Auto Exposure）的技術，尤其是人臉辨識技術的改善。

　　臉部辨識技術的臉部檢測（Face Detection）原理，已透過辨識中的眼部、嘴巴等特寫特徵的訊息，可以聚焦畫面裡人臉辨識的位置，可自動控制將人臉定為拍攝的主要物體，設定準確的對焦和曝光畫素量。臉部檢測啟動時，照相機將自動追蹤畫面中的臉部和光照度執行設定，分辨人的臉部清晰和曝光精準度。特別在畫面裡有許多人與物體時，臉部檢測功能可以精準執行聚焦對象（圖 14）。

圖 14　人臉辨識的技術已應用於數位相機的自動對焦上面

　　過去的拍攝手法，解決人物與背景的相對應是個難題，若人與物體不是位在取景器位置中間，照相機可能將聚焦的準點對到遠方來處理背景，而造成人與物體的模糊現象；當人及物體與後面背景的光亮程度差異大時，會造成臉部曝光度不夠或是變成過度。要處理此項難題，專業的數位照相機配備「5 點、9 點」的聚焦系統和「臉部、焦點、包圍式測量光度系統」，最後加入「AE/AF 鎖定」。複雜的設定對於拍攝者的經驗和手指運用靈活性皆是艱鉅的任務，但數位照相機若不具備此功能，對拍攝者是不方便的。人的臉部辨識創新技術已突破此難題，此技術可以讓照相機自動辨識搜尋畫面裡是否有人的臉部存在，並且將人臉自動聚焦為拍攝的主要物體，照相機的聚焦與曝光程度透過自動控制以人的臉型來微調。

　　新的智慧技術帶來兩項益處，首先就是可以讓攝影工作者聚精會神的挑選背景色，執行操作美好的構圖；另一項是改善拍攝的效果與速度。例如：人臉辨識的功能是精進臉部辨識的硬體設備，最重要的是在照相機執行晶片（Chip）裡面使用積體電路（Integrated Circuit, IC）來運作計算，每次執行不會超過 0.05 秒，比起過去必須對準主要物體與半按下快門鍵，再按下 AE/AF 鎖定最後取得照片，已提升速度，更精準抓取拍攝。

（三）臉部辨識系統於過去奧運會之安全性運作

1. 臉部辨識技術第一次大規模在奧運比賽使用

　　過去運動員在參與奧運比賽（Olympic Games）使用臉部辨識系統，只需要站立在房間門口前，會自動感應開啟房門。奧運比賽的運動員宿舍門口皆配置臉部辨識的門禁管理系統。每間房間門上是找不到鑰匙插孔的，唯一的鑰匙必須預先輸入人員臉部輪廓特徵准許進入之指

令。辨識系統可記錄人員的進入與外出的時間資料，提供保全人員執行監視控制運動員與教練安全健康情況。

　　奧運比賽大量採取使用臉部辨識管理系統，除了在運動員的宿舍房間門口提供辨識功能，整個奧運場館的出入口均配置架設監視臉部辨識控制設備，臉部辨識管理系統會自動控制從監視錄影畫面中去分辨人的臉型，進行與現況存取的資料庫來比對。

　　主要原理是，在連續的錄影或者合照中分離出個人臉部的圖片，並與資料庫中預先儲存的照片進行對比。臉部辨識具有自然性和不易察覺性，對於人流監控和犯罪嫌疑人員鑑別等工作將有很大的幫助。若是發現有異常人員侵入時，臉部辨識管理系統立即發布警報與資料鎖定。過去每屆奧運比賽湧入成千上萬人員，包含運動選手、教練人員、政府官員以及參加民眾。根據過去承攬商指出，運動場館的臉部辨識管理系統資料庫、已包含全國民眾與世界各國入境人員，總計已收錄數億人以上的臉部辨識特寫特徵輪廓的資訊。當每個人走進奧運場館時，辨識系統便啟動臉部偵測特徵去執行有效核對，經過人員不須在定點停留，保全人員可立即迅速將危險恐怖人員拒絕在門外。

2. 臉部辨識系統保護奧運之安全

　　早期於 1996 年亞特蘭大奧運和 2002 年鹽湖城冬季奧運上，主辦方也曾使用類似的臉部辨識系統（圖 15）。但因早期技術能力不足的受限，此設施無法迅速精準執行目的物之辨識，因此僅能是安全監視控制的一項備用方法。但是，在 2008 年北京奧運上，因智慧技能的提升，臉部辨識管理系統已成功應用在安全防護上。之後幾屆奧運均有大量臉部辨識管理系統應

圖 15　奧運場館已應用人臉辨識的技術於安全管制上

用其中。

在奧運場館，已執行全面攝像機偵測臉部辨識與相連監視控制系統結合，在各奧運比賽人員入口處，以每秒 50 萬張的速度將通行人員與大數據資料庫照片執行比對。若出現特殊異常情形，保全人員可快速到達該人的定位點。在奧運選手村，運動選手房門全部採取使用臉部辨識門禁管理系統，增強安全保護之功效。臉部辨識系統已建構成多階層防護安全網來協助保障奧運的安全。

>>>>>>>>>>>>>>>>>>>>> 參考文獻 <<<<<<<<<<<<<<<<<<<<<

[1] Kumar, P. M., Gandhi, U., Varatharajan, R., Manogaran, G., Jidhesh, R., & Vadivel, T. (2019). Intelligent face recognition and navigation system using neural learning for smart security in Internet of Things. Cluster Computing, 22(4), 7733-7744.

[2] 朱凱箸；張國基，醫院新型冠狀病毒（COVID-19）防疫感染管制與風險評估措施，工業安全衛生月刊 (ISSN 1819-7302)，371 2020.05〔民 109.05〕，頁 9-28。

[3] Voronov, V. I., Voronova, L. I., Bykov, A. A., & Zharov, I. N. (2019, September). Software Complex of Biometric Identification Based on Neural Network Face Recognition. In 2019 International Conference" Quality Management, Transport and Information Security, Information Technologies"(IT&QM&IS) (pp. 442-446). IEEE.

[4] Choudhary, N., Agarwal, S., & Lavania, G. (2019). Smart Voting System through Facial Recognition. International Journal of Scientific Research in Computer Science and Engineering, 7(2), 7-10.

[5] Jain, D. K., Shamsolmoali, P., & Sehdev, P. (2019). Extended deep neural network for facial emotion recognition. Pattern Recognition Letters, 120, 69-74.

[6] Hubbard, J. H., & Hubbard, B. B. (2015). Vector calculus, linear algebra, and differential forms: a unified approach.

[7] Chang, K. C., Chu, K. C., Wang, H. C., Lin, Y. C., & Pan, J. S. (2020). Agent-based middleware framework using distributed CPS for improving resource utilization in smart city. Future Generation Computer Systems.

[8] Pavlakos, G., Choutas, V., Ghorbani, N., Bolkart, T., Osman, A. A., Tzionas, D., & Black, M. J. (2019). Expressive body capture: 3d hands, face, and body from a single image. In Proceedings of the IEEE Conference on Computer Vision and Pattern Recognition (pp. 10975-10985).

[9] Haenlein, M., & Kaplan, A. (2019). A brief history of artificial intelligence: On the past, present, and future of artificial intelligence. California management review, 61(4), 5-14.

[10] Zhou, Y. W., Chang, K. C., Pan, J. S., Chu, K. C., Horng, D. J., Lin, Y. C., & Jing, H. (2020). Study on IoT and Big Data Analysis of Furnace Process Exhaust Gas Leakage. In Advances in Intelligent Information Hiding and Multimedia Signal Processing (pp.

41-49). Springer, Singapore.

[11] Andrejevic, M., & Selwyn, N. (2020). Facial recognition technology in schools: critical questions and concerns. Learning, Media and Technology, 45(2), 115-128.

[12] Bowyer, K., & King, M. (2019). Why face recognition accuracy varies due to race. Biometric Technology Today, 2019(8), 8-11.

[13] Chu, K. C., Horng, D. J., & Chang, K. C. (2019). Numerical optimization of the energy consumption for wireless sensor networks based on an improved ant colony algorithm. IEEE Access, 7, 105562-105571.

[14] Lenz, G., Ieng, S. H., & Benosman, R. (2020). Event-Based Face Detection and Tracking Using the Dynamics of Eye Blinks. Frontiers in Neuroscience, 14, 587.

[15] Zheng, W., & Bhandarkar, S. M. (2009). Face detection and tracking using a boosted adaptive particle filter. Journal of Visual Communication and Image Representation, 20(1), 9-27.

[16] Agarwal, R., Jain, R., Regunathan, R., & Kumar, C. P. (2019). Automatic attendance system using face recognition technique. In Proceedings of the 2nd International Conference on Data Engineering and Communication Technology (pp. 525-533). Springer, Singapore.

[17] Asmara, R. A., Choirina, P., Rahmad, C., Setiawan, A., Rahutomo, F., Yusron, R. D. R., & Rosiani, U. D. (2019, December). Study of DRMF and ASM facial landmark point for micro expression recognition using KLT tracking point feature. In Journal of Physics: Conference Series (Vol. 1402, No. 7, p. 077039). IOP Publishing.

[18] Zhou, D., & Tang, Z. (2010). A modification of kernel discriminant analysis for high-dimensional data—with application to face recognition. Signal processing, 90(8), 2423-2430.

[19] Chang, K. C., Pan, J. S., Chu, K. C., Horng, D. J., & Jing, H. (2018, December). Study on information and integrated of MES big data and semiconductor process furnace automation. In International Conference on Genetic and Evolutionary Computing (pp. 669-678). Springer, Singapore.

[20] nllado, C., Gómez, J. I., Setoain, J., Mora, D., & Prieto, M. (2010). Improving face recognition by combination of natural and Gabor faces. Pattern Recognition Letters,

31(11), 1453-1460.

[21] https://ccw1986.blogspot.com/2015/06/face-database.html.（2020/10/4 下載）

[22] https://www.itread01.com/feyxx.html.（2020/10/4 下載）

[23] Xu, Z., Jiang, Y., Wang, Y., Zhou, Y., Li, W., & Liao, Q. (2019). Local polynomial contrast binary patterns for face recognition. Neurocomputing, 355, 1-12.

[24] Filntisis, P. P., Efthymiou, N., Koutras, P., Potamianos, G., & Maragos, P. (2019). Fusing Body Posture With Facial Expressions for Joint Recognition of Affect in Child–Robot Interaction. IEEE Robotics and Automation Letters, 4(4), 4011-4018.

[25] Chang, K. C., Chu, K. C., Horng, D. J., Lin, J. C. L., & Chen, V. Y. C. (2018, October). Study of wafer cleaning process safety using Inherently Safer Design Strategies. In 2018 13th International Microsystems, Packaging, Assembly and Circuits Technology Conference (IMPACT) (pp. 218-221). IEEE.

[26] Morales, A., Fierrez, J., & Vera-Rodriguez, R. (2019). SensitiveNets: Learning agnostic representations with application to face recognition. arXiv preprint arXiv:1902.00334.

[27] Braun, M., Mainz, A., Chadowitz, R., Pfleging, B., & Alt, F. (2019, May). At your service: Designing voice assistant personalities to improve automotive user interfaces. In Proceedings of the 2019 CHI Conference on Human Factors in Computing Systems (pp. 1-11).

第五章　眼球虹膜（Iris Recognition）辨識
　　　　相關技術、原理及應用

一、眼球之虹膜辨識技術概論

（一）虹膜的構成與特性

人類眼球係由瞳孔（Pupil）、鞏膜（Sclera）和虹膜（Iris）組成其外觀。其中眼睛中心點約占 5% 的為瞳孔。眼球周圍白色部分約占總面積 30% 的是鞏膜。鞏膜和瞳孔之間則為占 65% 的虹膜，虹膜有紋理訊息（Texture Information）最豐富的特徵。當光線通達眼球，此時瞳孔會自然發生縮小或擴展的反應，如此也影響虹膜面積變化。由於瞳孔、鞏膜和虹膜邊界都接近圓形，這是重要幾何訊息（Important Geometric Information）並可用來進行圖像匹配（Image Matching）（圖 1）[1-2]。

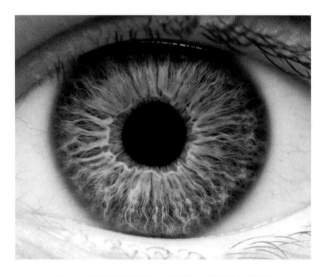

圖 1　眼球的瞳孔、虹膜、鞏膜之構成

從外觀可觀察出，虹膜係由繁多的皺紋（Wrinkles）、腺體（Glands）及色素斑（Pigment Spots）等構成，架構十分獨特，而遺傳基因（Genetic Gene）決定虹膜的形成。虹膜會在人類 12 歲左右發育至足夠尺寸，而且發育進入相對穩定週期內。虹膜的外觀形態原則上可保持數十年不變，除非發生光線引起之虹膜外觀收縮，或是心理變化的收縮，亦或是罕見異常疾病，視覺障礙等情況發生。虹膜主要位於角膜（Cornea）後方的眼球內部組織中，外部可見虹膜存在，除非精密手術（Precision Surgery），否則是難以改變虹膜外觀。因此虹膜的不可改變性（Immutability）、穩定性（Stability）和獨特性（Uniqueness）是進行識別的重要基礎。虹膜由內至外可分為 5 層，分述如表 1（圖 2）[3-4]。

⬇ 表 1　彙整說明虹膜的構成

名稱	構成說明
後上皮層	由睫狀體上皮層延續而來，共兩層，均含有黑色素。前層爲扁平梭形細胞（Flat Spindle Cell），後層爲多邊形或立方形細胞。
後界膜	由一薄層平滑肌纖維構成，稱瞳孔開大肌（Pupil Dilator）。其外側和睫狀肌相連，內側和瞳孔括約肌相連。
基質層	由疏鬆結締組織（Loose Connective Tissue）構成，內含豐富的血管、神經，還有色素細胞和瞳孔括約肌。瞳孔括約肌爲平滑肌，位於基質後部，靠近瞳孔緣。
前界膜	由間質變緻密而成，含有多數色素細胞，無血管，在虹膜小窩處無內皮細胞和前界膜，虹膜血管壁（Iris Vessel Wall）可與前房接觸。
內皮細胞層	與角膜內皮細胞（Corneal Endothelial Cells）相連續，也有人認爲此層並不存在。

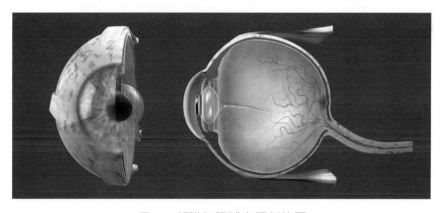

圖 2　虹膜於眼球之解剖位置

（二）虹膜辨識技術發展現況

　　在不採用複合方案設計下，各界均認爲採用虹膜進行辨識是目前生物辨識各種方法中最準確的。在反恐怖主義犯罪（Anti-terrorism Crime）和刑事調查（Criminal Investigation）中，虹膜辨識能協助調查人員準確快速地在特定群眾裡尋獲犯罪分子。也因此，在美國部分監獄採用虹膜辨識設備，此外，美國北卡羅來納州機場和夏洛特道格拉斯機場也能看見虹膜相關辨識技術的使用。一般系統設計在進入識別禁區前，須先註冊空乘人員和工作人員之虹膜。出入識別時僅需看著鏡頭，隨即鏡頭使用虹膜辨識技術來進行掃描，並將掃描結果轉換爲數

位資料（Digital Data），並對照資料庫（Database）中的數據進行檢查，此方案在所有員工出入管制區（Control Zone）中可大幅降低人員識別的工作量。當然這也使得想要進入管制區的任何犯罪分子或未經授權人員都無法順利躲開虹膜鏡頭，進而有效確保乘客和機場的安全（圖3）[5-6]。

圖3　虹膜辨識鏡頭進行掃描並轉換為數位資料對照資料庫檢查

首先在臺灣虹膜資料庫尚未大規模建立，因此虹膜辨識技術的應用受到很大的限制。其次在辨識方法方面，虹膜的主動辨識（Active Identification）占有絕對比例，也就是說虹膜辨識需要使用專用的採集設備，此外使用現有照片或影像擷取技術（Image Capture Technology）進行虹膜辨識的應用研究才剛剛開始，因為進行虹膜辨識時所擷取圖像質量（Image Quality）要求很高，否則虹膜的詳細特徵很可能無法顯示，而前述這些基本功能要求只是識別的基礎。不過透過傳統照片或是非高解析度（High Resolution）擷取圖像在刑事調查和其他領域進行虹膜辨識仍具有廣闊應用前景，因為在很多限制情況下，不可能收集到需要識別對象虹膜數據，此時現有照片或相關擷取圖像進行識別仍有其功用 [7-8]。

（三）各種生物辨識技術比較

根據虹膜特殊的生理特徵條件所形成之虹膜辨識技術，有以下多種其他生物辨識技術無法取代的優勢 [9-10]。

1. 非接觸式採集（Non-contact Collection）

虹膜特點是可由外部可見的內部器官構造，使用者可在不與採集鏡頭設備接觸條件下獲得擷取圖像。雖然指紋辨識是目前比較流行的生物辨識方式，但是基於虹膜的辨識優勢，未來發

展前景明顯比指紋更有機會。

2. 穩定性（Stability）

虹膜在人類出生 8 個月後就已經穩定成型、終身不變。

3. 唯一性（Uniqueness）

自然界不可能出現完全相同的兩個虹膜，即使是雙胞胎、同一人左右眼的虹膜圖像也不相同。

虹膜辨識技術與其他生物辨識技術的比較，見表 2 所示。

⬇ 表 2　各種生物辨識技術比較彙總

技術種類	影響辨識的因素	穩定性	安全性	拒識率	誤識率
指紋（Finger Print）	乾燥、髒汙、傷痕、油漬等	因為影響因素改變，需要經常註冊	使用者選擇註冊	2.0～3.0%	1：10 萬
臉部（Face）	燈光、年齡、眼鏡、頭臉上的遮蔽物等	因為影響因素改變，需要經常注意	在一定距離內，無須使用者同意的情況下被註冊	10～20%	1：100
掌紋（Palm Print）	受傷、年齡、藥物等	因為影響因素改變，要經常註冊	使用者選擇註冊	約等於 10%	1：1 萬
虹膜（Iris）	虹膜辨識時攝像機鏡頭的調整	非常穩定，只需註冊一次	使用者選擇註冊	0.1～0.2%	1：120 萬

二、虹膜辨識技術原理

從辨識的技術角度來看，我們會發現虹膜顏色不會廣泛變化，並且具有微妙形狀特徵，包含有相交的條紋（Streaks）、冠狀（Crowns）、斑點（Spots）、凹陷（Depressions）和細絲（Filaments）等，這些都是虹膜獨特之處，前述特徵也通常稱之為虹膜的紋理特徵（Texture Feature）。依據虹膜辨識演算法（Algorithm）系統，當有人註冊（Registered）虹膜資訊時，系統會預先註冊虹膜資訊，並描述有效虹膜紋理特徵，最後完成不同虹膜特徵的分類任務，並儲存於資料庫中。在實際識別過程中，辨識系統將通過與資料庫中分類的虹膜特徵匹配來完成身分識別。

虹膜辨識系統其核心原理包含記錄（Record）、分析（Analyze）和判斷（Decision）3 大步驟，眼球虹膜細小特徵之判斷和分析的關鍵技術就是演算法。虹膜辨識系統主要由硬體模組（Hardware Module）及軟體模組（Software Module）構成。硬體模組主要為虹膜圖像擷取設備，軟體模組則是虹膜辨識的演算法。前述兩大模組分別應付圖像擷取（Image Capture）和樣本匹配（Sample Matching）兩個基本問題。目前技術利用電腦計算機將虹膜的視覺特徵轉換為 512Byte 的虹膜代碼（Iris Code）。該代碼模板用於存儲控制器（Storage Controller）後的識別。從收集的直徑為 11mm 的虹膜中，計算系統在每 mm^2 的虹膜訊息使用 3.4Byte 的數據表示。如此虹膜具有約 266 個量化特徵點（Quantitative Feature Points）。當組合方法和人眼特徵允許時，虹膜識別技術可以為 173 個具有二進制自由度（Binary Degrees of Freedom）的獨立特徵點（Independent Feature Points）。所以現場需要識別時，電腦會自動將前述收集的虹膜特徵點與數據庫中存儲的特徵點進行匹配，然後自動顯示比對結果。收集的特徵點數量和生物辨識技術有所不同。擁有虹膜訊息後，系統會對註冊的虹膜訊息進行預先處理，有效地描述虹膜紋理特徵，最後根據不同的虹膜特徵完成分類。在識別過程中，通過與資料庫中分類的虹膜特徵配對來完成最後的識別動作（圖 4）[11-13]。

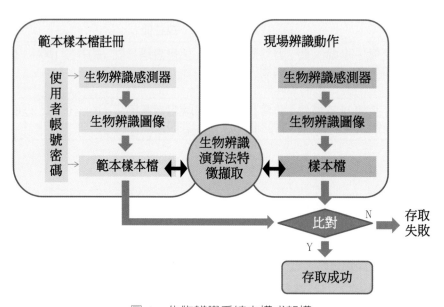

圖 4　生物辨識系統之構成架構

三、虹膜辨識技術應用

虹膜辨識技術目前主要應用有下列幾個面向 [14-15]：

1. 高端門禁管理（Advanced Access Control）

包含有軍事基地、槍械庫、保密部門、國家機關、核電站、科研機構、機場、企事業單位、電腦中心、檔案庫、高級住宅大樓、金庫等重要場所的進出入管制。

2. 警察之刑事偵查與調查（Criminal Investigation and Investigation by Police）

包含嫌疑犯盤查、逃犯抓捕、司法證據獲取、身分證管理、流動人口管理、失蹤兒童、駕駛執照管理尋找等相關業務。

3. 醫療與健康保護（Medical and Health Protection）

包含醫療人員管理、病患訊息管理、老年看護管理、勞保人員身分確認、社會福利領取人員、捐血人員身分確認等有關業務。

4. 網路安全管理（Network Security Management）

包含電腦登錄、網路訪問、電子商務等應用。

5. 其他應用（Others）

如資訊安全管理、考試人員身分確認、工作考勤等應用。

以下分別以考勤系統、門禁系統及滑鼠的應用虹膜辨識技術作說明：

（一）考勤系統（HR Attendance System）應用虹膜辨識技術

1. 重要的考勤人事管理

員工是所有企業或組織的重要資產與核心，但是為了確保人員的主動性並維持企業組織運作，人事考勤系統（HR Attendance System）應運而生。人事考勤系統主要希望實現自動化（Automation）的員工出勤數據採集（Data Collection）、數據統計（Data Statistics）和訊息查詢（Information Query）過程，進而改善人員管理，並便於員工上班報告，以利管理階層（Management）進行整體人事運作統計與分析判斷。此種自動化考勤系統特別適用於各種工廠考勤，建築工人考勤，工作場所門禁考勤等情況，藉由考核各部門出勤率（Attendance），準確掌握員工出缺勤，方便管理部門查詢並有效掌握人員流動。目前市面上廣泛使用射頻卡（RFID Card）和 IC 卡（IC Card）無法解決代刷卡問題。雖然指紋辨識系統也可消除代刷卡情況，但此類生物統計技術由於識別精度不足經常無法滿足穩定性需求，且指紋容易受傷或天

生不清楚，並且設備維護（Preserving Maintenance, PM）困難導致實際使用困難重重。此時若採用虹膜辨識考勤系統可以從根本上消除出勤時有人代打卡問題，識別率很高[16-17]。

虹膜人事考勤系統的優點包含：(1) 正常情況下的識別速度約為 1 秒，速度快；(2) 虹膜辨識技術無接觸，不可篡改，安全性高；(3) 產品先進；(4) 統計考勤數據的自動且快捷方式，不需要人工統計。虹膜辨識技術是目前各種生物識別技術中最獨特且最安全的識別技術方案，應用非常可靠和方便，使用投資設備只需一次，使用壽命長，操作簡單。各項虹膜辨識技術應用之特點彙整於表 3 中，供讀者參考。

⬇ 表 3　各項虹膜辨識技術應用之特點彙整

特點	說明
非接觸	圖像採集設備可以非接觸地採集虹膜圖像，避免由於身體接觸而帶來病菌感染的可能性，並且也讓圖像採集設備使用壽命延長。
操作簡單	操作上僅需將眼睛的虹膜資訊進行註冊，即可對身分進行記錄和辨識。即使帶著眼鏡（近視眼鏡、隱形眼鏡、太陽眼鏡）也能正常進行辨識。
無傷害	通過光學單元擷取虹膜圖像是安全的，採集虹膜圖像就像照相一樣。光學單元中紅外線 LED 等的輻射水準對眼睛無任何傷害。
使用方便	使用虹膜辨識系統可避免因為忘記密碼、卡片的丟失／破損等情況引起的麻煩，亦不必擔心他人偽造。
高速辨識	辨識過程在 1 秒內即可完成。
節省設置成本	人事虹膜考勤系統安好以後，新註冊用戶時不需要再添置其他設備，一次投資，一步到位。統計考勤資料快捷，不需要人工統計，有效節省了人力物力。
精確	對每個人而言，虹膜是人的身體中最獨特的器官之一，都具有絕對的唯一性，雙胞胎或者是同一個人的左右眼虹膜都不會相同。

2. 以虹膜辨識技術為基礎之人事考勤系統構成

以虹膜辨識技術構成之人事考勤系統主要有兩種類型，即壁掛式（Wall-mounted）虹膜辨識考勤設備和直立式（Vertical）虹膜辨識考勤設備。而前述之虹膜辨識人事考勤系統則包括有人事考勤系統軟體、虹膜辨識軟體、虹膜辨識人事考勤機器和其他附加設備。前述虹膜辨識人事考勤機器則由虹膜採集設備、虹膜辨識處理設備、鍵盤、揚聲器、顯示器等組成。又虹膜辨識軟體系統則由虹膜識別處理軟體和虹膜採集軟體所構成（圖 5）。

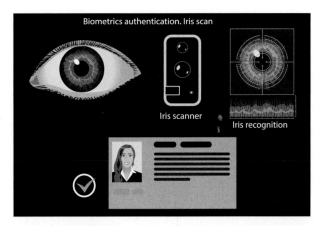

圖 5　採用虹膜辨識技術的人事考勤系統有著絕佳的優勢

3. 以虹膜辨識技術為基礎的人事考勤系統基本功能

以虹膜辨識技術為基礎的人事考勤系統基本功能包含採集、統計、查詢、人事考勤管理系統、員工管理、無人值守考勤等，前述基本功能彙整說明如表 4。

⬇ 表 4　以虹膜辨識技術為基礎的人事考勤系統基本功能彙整

功能項目	功能說明
人事考勤管理系統	允許系統管理員進行系統設置。包括每次採集的有效時間段設置，遲到、早退、曠工的時間等。如提前多少時間上班有效，早退多少時間是曠職工時計算等，使用者根據本單位具體制度自行設置。
採集	員工上下班的資料，由考勤軟體從考勤資料庫採集，作為原始考勤資料的來源。
查詢	可隨時在查詢系統查詢各員工上下班、出勤缺勤等情況，並可隨時列印出來。
統計	統計系統將個人資訊進行過濾處理，只保留每天考勤紀錄，然後按員工姓名、日期或其他分類方式進行統計，生成各類統計報表。
員工管理	每位員工都有較詳細的資訊，可以調出每個員工登記時的原始資料。
無人值守考勤	任何非法出入資訊及圖像，及時記錄於機器硬碟上，斷電時可查詢記錄安全進出管制。

4. 以虹膜辨識技術為基礎的人事考勤系統應用領域

以虹膜辨識技術為基礎的人事考勤系統應用領域主要有企業辦公室、製造工廠、高科技廠、政府、銀行、發電廠、化工廠、塑化廠、煉鋼廠、航運、海運等。

（二）門禁系統（Access Control System）應用虹膜辨識技術

1. 目前常見採用虹膜辨識技術的門禁系統

因應城市現代化發展，尤其是面對未來的智慧城市（Smart City）發展，各種建築物保全管理日益重要，過去對於建築物門禁管理均採由保全部門人員（Security Officer）派駐管理，此種人員派駐直接執行出入門禁管理，除嚴格管理制度外，也需要一種強而有力技術層面上的保障來改善安全管理模式，因此虹膜辨識技術的產生和成熟讓前述門禁管理問題迎刃而解（圖6）[18-19]。

圖6　門禁管理未落實對高科技廠營運安全影響甚大

2. 採用虹膜辨識技術之門禁系統登記方案

虹膜辨識技術之門禁系統登記方案主要可分為在本地設備登記與在遠端設備登記兩種類型，說明如下：

(1) 在本地設備登記（Register on Local Device）：在系統本機直接通過登記系統進行操作。

(2) 在遠端設備登記（Register on the Remote Device）：可以將虹膜處理器通過 RJ45 介面與筆記型電腦或其他 PC 機連接進行操作。

3. 採用虹膜辨識技術之門禁系統應用領域

虹膜辨識技術之門禁系統應用領域主要包含有下列幾種：

(1) 總裁辦公室、保密資料室、資料中心、病毒實驗室及重要接見室等場所應用。

(2) 塑化廠、化工廠、危險品倉庫、化學藥品庫房、節假日或夜間的通行管制應用。

(3) 核能設施、發電廠、機械庫、電力控制中心、物料放置室、天然氣公司的控制室以及大樓管理中心等關係國民生計的行業重要廠房地點等應用。

（三）滑鼠（Mouse）應用虹膜辨識技術

1. 應用虹膜辨識技術的滑鼠基本功能

應用虹膜辨識技術的滑鼠基本功能包含可登錄 Windows 作業系統、檔案／資料夾保護功能、螢幕保護裝置功能、保護驅動盤、網路斷開／連接功能等，彙整如表 5 所示 [20-21]。

⬇ 表 5　應用虹膜辨識技術的滑鼠基本功能彙整

功能項目	功能說明
網路斷開／連接功能	授權使用者進行虹膜辨識驗證之後，可自由斷開／連接互聯網。
保護硬碟或記憶體	授權使用者可隱藏整個硬碟或記憶體的內容以便保護重要資訊。
螢幕保護裝置功能	當系統進入螢幕保護裝置狀態之後，只有授權使用者經過虹膜辨識驗證，才可以讓系統重新進入工作狀態。
檔案及資料夾保護功能	對檔案及資料夾進行禁止訪問、防止拷貝、隱藏等保護性設置。
登錄 Windows 作業系統	授權使用者經過虹膜辨識驗證後，可以登錄 Windows 系統，未授權使用者無法登錄系統。

2. 應用虹膜辨識技術的滑鼠的特性

應用虹膜辨識技術的滑鼠包含的特性有微處理器（Microprocessor）、滑鼠系統（Mouse System）、匹配的虹膜辨識系統（Matching Iris Recognition System）、CMOS 攝像感測器（CMOS Camera Sensor）、凹透鏡引導裝置（Concave Lens Guide Device）、處理時間（Processing Time）、照明度（Illumination）、多用戶使用（Multi-user）等，彙整如表 6 所示。

⬇ 表 6　應用虹膜辨識技術的滑鼠特性彙整

特性項目	特性說明
滑鼠系統	包括記憶體／處理器／快閃記憶體在內的部件內置在滑鼠內部，生物資料的圖樣分析及資料儲存均發生在滑鼠內部。可有效防止資料丟失及外露。
微處理器	內含智慧化功能，處理系統使用次數越多，辨識速度越快。

（接續下表）

特性項目	特性說明
匹配虹膜辨識系統	註冊的資料存儲在滑鼠內部，資料驗證過程在滑鼠內部的微處理器上進行，無須經過電腦。這種方式可有效防止駭客非法入侵。
凹透鏡引導裝置	創新的凹透鏡嚮導裝置讓使用者輕鬆完成虹膜辨識過程。
CMOS 攝像感測器	滑鼠具備虹膜 CMOS 攝像感測器，可清晰迅速地捕捉所需圖樣。
可多用戶使用	一臺滑鼠中最多可以註冊 10 人的資料。
照明度	虹膜資料註冊於 50Lux 環境，虹膜識別 10～10,000Lux 環境。
處理時間	虹膜資料註冊 4～10 秒，虹膜辨識驗證 0.1～2 秒。

參考文獻

[1] Sugino, T., Roth, H. R., Oda, M., Omata, S., Sakuma, S., Arai, F., & Mori, K. (2018, March). Automatic segmentation of eyeball structures from micro-CT images based on sparse annotation. In Medical Imaging 2018: Biomedical Applications in Molecular, Structural, and Functional Imaging (Vol. 10578, p. 105780V). International Society for Optics and Photonics.

[2] Daugman, J. (2009). How iris recognition works. In The essential guide to image processing (pp. 715-739). Academic Press.

[3] Bungau, S., Abdel-Daim, M. M., Tit, D. M., Ghanem, E., Sato, S., Maruyama-Inoue, M., ... & Kadonosono, K. (2019). Health benefits of polyphenols and carotenoids in age-related eye diseases. Oxidative medicine and cellular longevity, 2019.

[4] Ho, H., Tham, Y. C., Chee, M. L., Shi, Y., Tan, N. Y., Wong, K. H., ... & Cheng, C. Y. (2019). Retinal nerve fiber layer thickness in a multiethnic normal Asian population: the Singapore epidemiology of eye diseases study. Ophthalmology, 126(5), 702-711.

[5] Ahmadi, N., Nilashi, M., Samad, S., Rashid, T. A., & Ahmadi, H. (2019). An intelligent method for iris recognition using supervised machine learning techniques. Optics & Laser Technology, 120, 105701.

[6] Chang, K. C., Chu, K. C., Wang, H. C., Lin, Y. C., & Pan, J. S. (2020). Energy saving technology of 5G base station based on Internet of Things collaborative control. IEEE Access, 8, 32935-32946.

[7] Chou, C. T., Shih, S. W., Chen, W. S., Cheng, V. W., & Chen, D. Y. (2009). Non-orthogonal view iris recognition system. IEEE Transactions on Circuits and Systems for Video Technology, 20(3), 417-430.

[8] Chen, C. Y., Chang, K. C., Huang, C. H., & Lu, C. C. (2014). Study of chemical supply system of high-tech process using inherently safer design strategies in Taiwan. Journal of Loss Prevention in the Process Industries, 29, 72-84.

[9] Al-Ani, M. S. (2019). Efficient Biometric Iris Recognition Based on Iris Localization Approach. UHD journal of science and Technology, 3(2), 24-32.

[10] Nazmdeh, V., Mortazavi, S., Tajeddin, D., Nazmdeh, H., & Asem, M. M. (2019, January). Iris recognition; from classic to modern approaches. In 2019 IEEE 9th Annual Computing and Communication Workshop and Conference (CCWC) (pp. 0981-0988). IEEE.

[11] Zhao, T., Liu, Y., Huo, G., & Zhu, X. (2019). A deep learning iris recognition method based on capsule network architecture. IEEE Access, 7, 49691-49701.

[12] Chang, K. C., Zhou, Y. W., Wang, H. C., Lin, Y. C., Chu, K. C., Hsu, T. L., & Pan, J. S. (2020, October). Study of PSO Optimized BP Neural Network and Smith Predictor for MOCVD Temperature Control in 7 nm 5G Chip Process. In International Conference on Advanced Intelligent Systems and Informatics (pp. 568-576). Springer, Cham.

[13] Chu, K. C., Horng, D. J., & Chang, K. C. (2019). Numerical optimization of the energy consumption for wireless sensor networks based on an improved ant colony algorithm. IEEE Access, 7, 105562-105571.

[14] Fu, C., Du, X., Wu, L., Zeng, Q., Mohamed, A., & Guizani, M. (2019, October). Poks based secure and energy-efficient access control for implantable medical devices. In International Conference on Security and Privacy in Communication Systems (pp. 105-125). Springer, Cham.

[15] Bazakos, M. E., Hamza, R. M., & Meyers, D. W. (2008). U.S. Patent No. 7,362,210. Washington, DC: U.S. Patent and Trademark Office.

[16] Okokpujie, K. O., John, S. N., Noma-Osaghae, E., Ndujiuba, C., & Okokpujie, I. P. (2019). AN ENHANCED VOTERS REGISTRATION AND AUTHENTICATION APPLICATION USING IRIS RECOGNITION TECHNOLOGY. International Journal of Civil Engineering and Technology (IJCIET), 10(2), 57-68.

[17] Chen, C. Y., Chang, K. C., & Wang, G. B. (2013). Study of high-tech process furnace using inherently safer design strategies (I) temperature distribution model and process effect. Journal of Loss Prevention in the Process Industries, 26(6), 1198-1211.

[18] Ahmadi, N., Nilashi, M., Samad, S., Rashid, T. A., & Ahmadi, H. (2019). An intelligent method for iris recognition using supervised machine learning techniques. Optics & Laser Technology, 120, 105701.

[19] Ma, Z., Yang, Y., Liu, X., Liu, Y., Ma, S., Ren, K., & Yao, C. (2019). Emir-auth: Eye-move-

ment and iris based portable remote authentication for smart grid. IEEE Transactions on Industrial Informatics.

[20] Obaidat, M. S., Traore, I., & Woungang, I. (Eds.). (2019). Biometric-based physical and cybersecurity systems. Springer International Publishing.

[21] Choi, K. Y. (2017). U.S. Patent No. 9,824,272. Washington, DC: U.S. Patent and Trademark Office.

第六章　其他生物辨識技術原理及應用

一、視網膜辨識（Retina Recognition）技術原理及應用

（一）視網膜辨識技術簡介

1. 視網膜介紹

視網膜（Retina）是使用在辨識生物的特性徵象，另一方面的學者覺得視網膜相較於虹膜是具有獨特生物之特徵，視網膜的辨識技能是利用雷射光束（Laser Beam）照射眼球的背部，取得視網膜之特性徵象（如圖1）。視網膜位於眼球後半部分的微小（1/50英寸）神經（Nerve）。它通過該神經接收光線，並經由視神經將脈衝光束傳送輸入到大腦——而視網膜就像是照相機裡面的底片膠卷。使用在生物辨識分發傳送與視網膜神經是一樣，是位在視網膜的4層細胞的表層[1-2]。

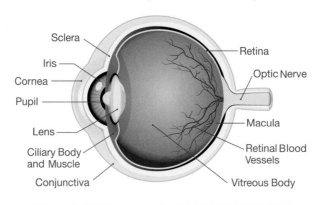

圖1　視網膜（**Retina**）位於眼球較深層背部

眼球視網膜掃描（Retina Scan）和虹膜（Iris）的辨識技術比較，視網膜會是較為精準和可靠度佳的生物辨識之技術。目前在開始發展階段，視網膜的眼部掃描辨識需要使用辨識人員多些耐心配合，並要使用已接受訓練的演算法。未接受訓練的演算法使用辨識效果會不佳。

視網膜掃描有些許的複雜，也是最古老原始生物辨識的技術之一。大約20世紀中，已有研究證明，人類眼球後半部血管圖形是獨一無二的。研究調查顯示，視網膜血管圖形就算是雙胞胎兄弟姊妹也不一樣。除了特殊狀況如患有眼科疾病或是曾發生嚴重頭部與腦血管外部重大傷害外，視網膜血管圖形均會是固定的，可以安全穩定的使用終身[3-4]。

2. 視網膜辨識技術的特點

視網膜的技術優點（Advantages）包含：(1) 視網膜是安全固定的生物學特性徵象（Biological Characteristics）；(2) 用戶無需直接與設備接觸（No Contact）；(3) 這是最佳防詐騙（Best anti-Counterfeiting）的眼部系統，就是因為視網膜不會無故異常變動，較不會發生偽造情形影響。

視網膜辨識的技術缺點（Disadvantages）包含：(1) 視網膜技術目前未有明確調查測試成果；(2) 視網膜的辨識技術可能會對用戶的健康造成傷害（Health Impact），是需要再研究推論；(3) 對於用戶來說，視網膜的技術無法有較多的吸引力（High Attractiveness）；(4) 降低成本（Cost Down）較困難。

（二）視網膜辨識技術原理及準確性

視網膜辨識的技術是使用雷射光（Laser）來照亮眼球後部，用掃描擷取數百個眼部視網膜特性徵象點，並在數位化（Digitize）後形成儲存範本（Save Template）並儲存在數據資料庫（Database）中，提供比對和驗證。視網膜辨識具有高準確度身分驗證（Authentication）辨識技術。但是它使用較不便利，無法直接使用於數位簽證（Digital Visa）和網路傳送（Network Transmission）。

視網膜掃描是透過讀取瞳孔（Pupil）的訊息，要求使用者在照相機鏡頭（Camera Lens）的 0.5 英寸內調整移動眼睛。使用者眼睛須依照旋轉的雷射綠光（Laser Green Light）指引去轉動，始能精確對準 400 個視網膜點（Retina Point）執行測量。對比視網膜掃描及指紋辨識兩者之間，指紋的測量方式只需註冊 30-40 個特殊點，即可產生身分的辨識模範版本並執行查驗。所以與其他生物辨識的統計方法相比，此方法有較高準確性[5-6]。

圖 2　視網膜掃描辨識

錯誤接受率（False Acceptance Rate, FAR）將會降低至 0.0001%。有多項方法可計算辨識的準確性。錯誤拒絕率（False Rejection Rate, FRR）是測量系統錯誤，拒絕授權用戶的機率，對於 0.0001% 的錯誤接受率（FAR）將產生更高的錯誤拒絕率（FRR）。因此在使用視網膜掃描功能時，須保持高效能的安全措施。

（三）視網膜辨識技術在產品中的應用

使用者可以重新配置在視網膜上掃描的餘光像（Afterglow）來辨識為圖像，也可說它是以視網膜為螢幕顯示投影機（Projector）。視網膜與液晶面板等普通顯示器（Head-mounted Display, HMD）相比，它具有不會發生遮擋視野的功能，並且可清楚看出重疊圖像和實體對象。

視網膜掃描顯示器（Retina Scanner）由大尺寸光源模組（Light Source Module）、光掃描模組（Light Scanning Module）及目鏡模組（Eyepiece Module）3 部分組成。實現了 1/1,000 以下小型輕量化的主體部分，包含其中的光掃描模組和目鏡模組。透過採用這兩種新開發的模組，大幅實現了小型化、輕量化（如圖 3 所示）。

圖 3　視網膜掃描顯示器（Retina Scanner）

由於使用微機電系統（Micro-electro-mechanical System, MEMS）技術的反射鏡模組（Mirror Module）的發展，已實現光學掃描模組的小型化（Miniaturization）（如圖 4）。MEMS 鏡模組的尺寸為 12mm×8mm×2mm。配備的直徑約為 1mm 的 MEMS 反射鏡可以在改變角度的同一時間高速率去旋轉，可掃描來自光源的光束。MEMS 反射鏡的光學轉角大約是 20 度，驅動器（Driver）採用壓電的方式來驅動，頻率大約是 30 kHz。

圖 4　微機電系統（MEMS）技術使得光學掃描模組小型化

　　光源模組與配備是光掃描模組和目鏡模組的主要實體。使用光纖電纜（Optic Fiber）連接光源模塊和主體。光源是採雷射的紅色（R）、綠色（G）和藍色（B）3 種顏色。半導體雷射（Semiconductor Laser）使用於紅色和藍色，固體雷射（Solid Laser）用於綠色。二次諧波（Second Harmonic Generation, SHG）可用於使紅外線（Infrared）變為綠色光束。

　　在使用方面，由於它不會遮蔽視野（Obscured），可以使用於操作顯示器等。執行人員可於確認視網膜圖像（Retina Image）的同一時間執行伺服器（Server）操作，或是醫生可在觀察所需要訊息的同一時間執行手術。其他用途可擴展到個人的應用領域，例如：汽車（Vehicle）中有個人螢幕可供欣賞。

二、掌形辨識技術原理及應用

（一）掌形辨識技術簡介

1. 掌形辨識（Palm Shape Recognition）技術發展

　　從指紋辨識（Fingerprint Recognition）技術的研究開始，現代生物辨識技術在 1960 年代開始盛興，然而在 1990 年代初出現虹膜辨識和掌形辨識。經過生物辨識技術研究實驗，首次發現人類手掌的三維形狀（Three-dimensional Shape）就像指紋（如圖 5 所示）。顯示每個人的掌形可以用於辨識功能。經過數十年持續的產品改進和技術研發下，掌形辨識系統的準確性、穩定性和實用性已取得市場所認可和採用。手指紋路形狀辨識是辨識的簡易化。手掌形狀可辨識掃描整體手掌，手指紋路形狀可辨識掃描兩個手指等。此方法可以縮減設備，降低成

本，但是安全性也會受到影響降低一些。目前，使用手掌辨識技術的產品，在生物辨識領域占有一定分量與額度 [7-8]。

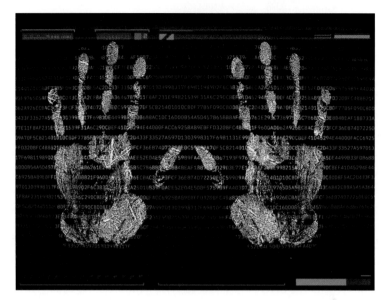

圖 5　人類手掌的三維形狀可以用於辨識功能

2. 掌形辨識技術優缺點

掌形辨識技術的優點：感應配對速度快；掌紋掃描能力強，發生無法感應（Failure to En-roll, FTE）情形較少；電腦所需儲存空間較小等。

掌形辨識技術的缺點：由於手掌的相似度較高，不容易區分；與指紋、臉部、虹膜和其他辨識的技術效果不同，手掌形狀辨識技術不容易取得大量的數據，並且無法完成一對多的辨識；手掌形狀辨識技術不像其他生物辨識技術容易使用，因為使用者必須知道要如何放置手掌，而且需要學習操作使用的時間，使用者必須直接觸摸辨識設備，所以可能會產生接觸手部衛生方面的議題（Health Issues）。

3. 掌形辨識技術應用領域

(1) 高端門禁出入管控（High-level Access Control）：國家主管機關、科學研究機構、高級住宅、企業各事業單位、銀行農會金庫、郵局銀行保險箱、機密檔案館、槍枝、核能發電廠、軍事基地、各國際機場、國家安全部門的門禁管理控制、資訊工程計算機房等。

(2) 警察刑事調查（Criminal Investigation by the Police Officer）：出入境管理、流動人口

管理、身分證管理、逮捕和逃逸、犯罪嫌疑人調查、駕駛執照管理、失蹤兒童搜查、司法取證等。

(3) 醫療和社會保險（Medical and Social Insurance）：捐血者身分驗證、社會福利接受者和勞動保險人員的身分確認。

(4) 網路安全（Network Security）：網路交易驗證、電子商務、電腦登入等（如圖6）。

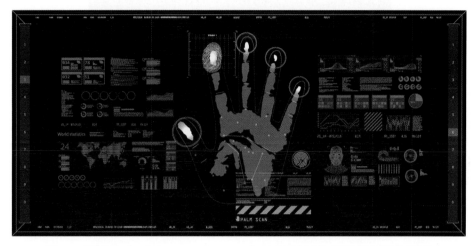

圖6　網路安全（Network Security）方面採用掌形辨識是好的選擇

(5) 其他應用：各項國家考試人員的識別、上下班出勤紀錄、資訊管理安全等。

（二）掌形辨識技術原理

掌形辨識技術是透過使用者獨一無二的手掌特徵來確認其身分。手掌特徵為手指的大小（Size）和形狀（Shape）。它包括長度（Length）、寬度（Width）以及手掌（Palm）和除大拇指之外的其餘4根手指的表面特徵：首先，掌形辨識必須獲取手掌的三維圖像。然後圖像經過分析確定每根手指的長度、手指不同部位的寬度以及靠近指節的表面和手指的厚度。總而言之，從圖像分析可得到90多個掌形的測量資料（Measurement Data）（如圖7）[9-10]。

進一步分析此數據以獲得手掌的獨特特徵，將其轉換為9字元模組（9-byte Module）以進行比較。通常，這些獨特的特徵是，例如：中指是最長的手指。但是，如果圖形影像顯示中指比其他手指短，則手掌形狀辨識系統中會替換此手掌為一個特殊的案例特徵。此現象很少見，因此該系統可將此人員做為模組範本的關鍵重要比對因素，其他辨識要素在設計時可依此原則類推。

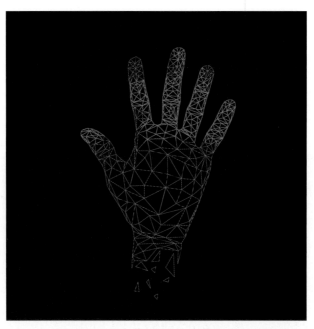

圖 7　掌形圖像分析可得到 90 多個掌形測量資料

　　在系統中設置新使用人員的資料後，需要創立建構一個新範本（Template），並將相關身分證號碼（Identification Number, ID No.）儲存。此範本模組作爲辨識某人身分的參考範本。人們在使用此系統時，必須輸入身分證號碼。會連同辨識傳送到手掌辨識系統的配對儲存記憶體（Paired Storage Memory）。使用者將他的手放在系統上會自動生成手指的模組，然後將此模組與參考範本進行配對，以確定符合程度。如果配對的最終結果低於設置的拒絕分數限制（Rejected Score Limit），則可以確認用戶身分。否則，將會拒絕用戶進入。

（三）掌形辨識產品的應用

1. 常見的掌形機

　　和指紋機相比，在二者都具有唯一性、隨身攜帶性、無法替代性、不可抵賴性功能的同時，掌形機另有無可替代的 3 大優勢：第一，100%一次性通過，無人群盲點。不會出現類似指紋因有些人無法辨識、或很難辨識導致不能正常開門的情況。第二，絕對的可靠性。掌形機提取的特徵點（Feature Points）有 90 多個，包括手掌的三維，除拇指外其他手指表皮特徵等；辨識技術是靠紅外線掃描（Infrared Scan）和感光耦合元件（Charge-coupled Device, CCD）成

像；而指紋通常只有 30 多個特徵點。值得注意的是：防偽性較好的半導體晶片（Semiconductor Chip）容易遭受破壞和磨損；而稍穩定耐用的光學指紋頭對假手指、假指紋的拒偽識別性（Anti-Counterfeiting）差。第三，耐用，不怕磨損，使用壽命長；部分證券交易使用的掌形機已超過 5 年，運行狀態良好。

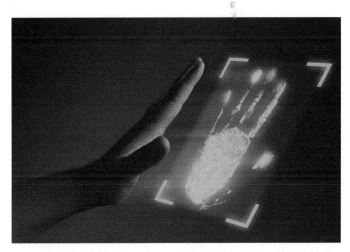

圖 8　掌形機具有耐用性好、不怕磨損、使用壽命長等優點

掌形機的特徵包含：較有安全性；比 IC 卡系統更具成本效益（Cost-effectiveness）；快速且易於使用；無需使用卡片，提升使用便利性；並可以彙整到現有系統中使用實際的生物辨識的技術，形成多重生物辨識系統（Multiple Biometric System）。

2. 考勤管理掌形辨識系統

考勤管理（Attendance Management）是所有組織重要的管理手段，該系統採用掌形辨識技術進行人員出勤管理，不僅可以杜絕「代打卡」現象，其強大的考勤管理軟體為人事部門（HR Department）的出勤統計提供便捷的途徑，是實際應用於人員出勤和薪資管理（Payroll Management）系統的智能科學（Intelligent Science）。

掌形辨識系統是具有下列特性 [11-12]：

(1) 消除代打卡（Eliminate Agent Clocking）：員工只能用手掌形驗證出勤情況，如此可以防止「代打卡」現象，避免人員出勤時間的糾紛，提升考勤管理的準確性（Accuracy）和公正性（Fairness）。

(2) 節省成本（Cost Saving）：節省人員操作和更換成本，無需重新補發打卡單或刷卡的卡片。

(3) 操作簡單方便（Simple and Convenient Operation）：員工出勤快速感應，無需擔心遺忘或丟掉卡片。

(4) 時間自動最佳化（Time Automatic Optimization）：無論驗證多少次，系統都會自動分配最佳的出勤時間。

(5) 使用介面友善（User-friendly Interface）：使用者介面可以直接顯示異常情況（曠職（Absenteeism）、請假（Leave）、遲到（Late）、早退（Leave Early）、加班（Overtime）、休假（Vacation）、出差（Business Trip））與詳細資料訊息（實際出勤時間，輪班時間等）。

(6) 自動備份（Automatic Backup）：資料庫（Database）可以無限擴展，只要硬碟（Hard Disk）空間量許可，所有資料就可以按月分保留。不會遺忘考勤刷卡時間，而且資料流失（Data Loss）的可能性機率很小。

(7) 連接的方式很靈活（Flexible Connection）：它可以在一臺機器上單獨使用，也能在多臺機器上或物聯網（Internet of Things, IoT）上使用，訊息會自動寫錄，即刻上傳到電腦，並由統計訊息後執行自動管理。

(8) 動態排班（Dynamic Scheduling）：排班的規則可以客製化設計（Customized Design）變化，可根據用戶需求，不同的輪班時間和跨日輪班（Work in Shifts），自動輪班排班，自動刪除假期來設定出勤人數。它可以用於學校、國家主管機關等機構中單項固定輪班的出勤管理，也可以用於醫院、飯店、工廠等中應用多項變化輪班的出勤管理。適用於各工商企業事業單位。

(9) 門禁管理（Access Control）：可增強門禁安全功能，預防公司財產損失。

(10) 資料維護（Data Maintenance）：可以維護員工的基本人事資料，工資結清計算預留畫面紀錄。

3. 掌形辨識門禁系統

「手就是開啓的鑰匙」，沒有任何人可以取代，掌形辨識系統只能辨識已經授權的人員，其他人則拒絕，完全禁止銷售人員或非法人員進入。也不會發生丟失卡片、遺忘的鑰匙或密碼的情況。

掌形辨識門禁系統具有以下特點：

(1) 個別管理（Individual Management）：住戶經掌形辨識系統驗證身分後進入大樓內，客人則經過對講系統由住戶開啓大門後進入。

(2) 多功能警報系統（Multifunctional Alarm System）：強制發出警報，若是人員受到威脅侵犯時，可以輸入辨識碼，同時輸入身分 ID 號碼，此時門禁系統中央控制室（Central Control

Room）會傳送分發警報，有效保護人員的安全；當有人竊取他人的 ID 號碼並試圖進入時，中央控制室主機會發出警報；此外當掌形機設備的連接線中斷或斷電時，主機將立即報警；反斷開警報則是當惡意拆卸掌形機時，主機將會自動分發警報作響。

(3) 控制具有靈活性（Control is Flexible）：它可以作爲獨立電腦運行，還可以連接到中央電算系統（Central Computing System）執行網路管理。亦可與監視和警報系統連結，對於人員進出實況監視與即時錄音（Instant Recording）。

(4) 可以與讀卡機連接（Connected with Card Reader）：掌形辨識系統可經由輸入 ID 號碼獨立使用，或可與讀卡機連接發揮生物辨識技術的獨特之優勢，進階方法可將社區的「一卡通」資訊工程用來執行配對合作。

圖 9　掌形辨識門禁系統具有多功能警報、靈活控制、可連接讀卡機等特點

三、筆跡辨識技術原理及應用

（一）筆跡鑑別（Handwriting Identification）

筆跡是書寫工具在書寫時留下的痕跡，是每個人書寫的獨特形象。筆跡可以反映撰稿者（Contributor）或作家（Writer）的寫作習慣，即書面語言習慣。

筆跡辨識（筆跡檢查（Handwriting Check））是一種專門技術，用於比對可疑筆跡和嫌疑

人的筆跡，以確定是否為同一個人的筆跡，是樣本還是由某人書寫的。筆跡辨識任務是透過研究筆跡變換中反映出的筆跡行為（Handwriting Behavior）、文字邏輯布局（Writing Logic）、習性特徵（Habit Characteristics）和書寫用語（Written Language）方法等加以分析，可以作為提供訴訟的證據線索。

透過長期的訓練和寫作培養書寫動作，進而建立手部神經技巧功能，逐漸形成寫作習慣，筆跡是一種以語言和文字為主要刺激，在大腦皮層（Cerebral Cortex）中建構出一項鞏固的動力模型樣版（Power Model Sample）。

書寫習慣和筆跡都是主體對象與客體對象之間的關係。筆跡鑑定是對數據的筆跡和樣本筆跡（Sample Handwriting）執行分析和配對，提供鑑定人確定其是否為同一人的書寫習慣，從而代替習慣體系的異同、確認或否認此筆跡。檢查驗證筆跡數據以提供司法審判（Judicial Trial）與書寫者的筆跡根據來源。

書寫習慣本身具有特殊性（Particularity）和相對的穩定性（Relative Stability），書寫習慣的特定性表現在每個書寫人的書寫習慣，與其他人都不相同，一個人書寫的文字手稿，在其反映出的書寫動作、文字布局、書面語言三方面習慣中，有一部分習慣是很多人共有的，有一部分習慣是一部分人少有的，甚至是特有的，那些共有的（Common）、少有的（Rare）、特有的（Unique）書寫習慣便構成各人書寫習慣體系，是一習慣區別於另一習慣的本質。同時，書寫習慣又有其相對的穩定性，其習慣體系能在一定時期內保持穩定而不發生根本的改變。書寫習慣的相對穩定性是筆跡鑑定的一個不可缺少的條件（Indispensable Condition）。書寫習慣體系可能受到主客觀條件的影響而發生改變，如：生理因素、心理因素、書寫工具以及個人可以偽裝（Camouflage）等，但是總體而言，在一定時期內，這些改變不會對鑑定造成根本性的影響[13-15]。

1. 筆跡特徵（Handwriting Characteristics）

筆跡特徵可以表現出書寫的習慣。筆跡特徵和書寫習慣均和自然反射與直接表現相關，就是物體與反射圖形影像之關係。筆跡辨識中最常看見的文字符號為漢字，注音拼音符號以及阿拉伯數字、標點符號等。依照漢字構造和書寫特性，將漢字的筆跡特徵分為 3 方面：分別為書寫動作的條件、文字符號下筆布局的特徵和書面用語的特徵。

書寫動作局部特徵（Local Characteristics of Writing）是書寫動作習慣的直接反映，是書寫動作的空間位置特點、動作形態特點、動作順序特點和有若干書寫動作所構成的文字結構整體特點的集中反映。書寫動作特徵是筆跡鑑定認定書寫人的主要依據，包含下列[16-17]：

圖 10　書寫習慣可能受到生理因素、心理因素、書寫工具及個人偽裝等影響

(1) 運筆的特徵（Characteristics of Handwriting）：書寫漢字的運筆動作包含 3 個方面：起筆、行筆和收筆。任何筆畫都必須經過此 3 個階段。筆特性有五個方面，筆力強度（Handwriting Strength）特性和基本筆畫形狀特性。由於起筆、行筆和收筆的動作各不相同，因此整個筆畫塑造成一個特殊的字形，稱為筆畫的基本形狀特徵，也稱為筆形特徵（Handwriting Type Features）。點畫形成豎點、橫點、弧形點、撇畫點等。運筆動作是最精緻複雜的書寫運動，因此運筆特徵具有很高的特異性，有穩定性和較高的辨別價值。運筆被稱為「特徵之本質」（Inherently Features）。

(2) 筆畫相交與相連的特徵（Features of Intersecting and Connecting Strokes）：是指當兩個或多個筆畫形成獨一的字體特徵或組合字體的一部分時，在筆畫之間相互關係的特徵。筆畫有相交、相連與相鄰 3 項特徵。筆畫相交的特徵是由兩個或更多的筆畫相互交叉或接近形成的特徵。用筆畫相交或相鄰點的位置關係來表示，即筆畫是否交叉。筆畫相連動作是由兩個筆畫完成幾個筆畫組成連接動作的特徵。筆畫的相交、連接和配置的特徵是書寫者個人系統的相對特殊且穩定的部分，在筆跡書寫中是辨識鑑定的重要條件。

(3) 文字的結構特徵（Structural Characteristics of the Text）：指各個組合字體部分的特徵與關聯。單一字體類型的文字是直接由單獨筆畫組成的單詞；組合字體是由單個筆畫組成的結構單元，然後是由兩個或多個結構單元組成的單詞。組合字體的結構特徵的表達主要有 3 種形式：①結構單元的書寫形式（Written Form of Structural Unit）：依據漢字的書寫規範，相同類型文字的各個文字的每個部分都有標準的書寫形式，但是由於書寫習慣不相同，它們可能表

現出不同的書寫形式的特徵：②結構單元之間的比例關係（Proportional Relationship Between Structural Units）：書寫漢字的各種結構單位都需要合理的配對，但是大多數人的已打破此種習慣。其特徵表現為：字體過於細長、太鬆散、左右不對稱、上下不協調、內鬆外緊等；③違反組合文字規則與結構（Violation of Combined Text Rules and Structure）：由於書寫者長期以來受到錯誤的執行書寫動作或各地區域性習慣的影響，因此形成不符合單詞結構規則的變異特徵。

(4) 筆畫順序特徵（Stroke Sequence Characteristics）：指未按照漢字的筆畫順序規則與阿拉伯數字組成的書寫順序規則的特徵。表現行為有：先垂直（豎）然後水平（橫），先挑起後勾等。組合文字的有各部分特殊書寫之順序。突破單個文字的延續規則，並在連續書寫單個文字的主要部分和筆畫之後，再補寫添加應事先書寫的筆畫。

(5) 特殊文字（Special Text）：指標準字體系統中不存在，但在特定區域和特定人群中會出現使用的文字。例如：錯別字、本地文字、行業特殊文字、原始文字、外來文字等，其中大多數是常見的習慣表徵，屬於該類別的實際特徵；一些是個人的獨特習慣，因此具有較高的辨識價值。

綜合上面敘述，書寫行為的局部特徵在實務中經常為筆跡辨識提供堅定的基礎，對筆跡辨識之鑑定具有重要傳承意義（如圖11）。

圖 11　書寫行為的局部特徵在實務中經常為筆跡辨識提供堅定的基礎

2. 筆跡鑑定的方法步驟

筆跡鑑定的評估過程可分為 3 個階段：分類別檢查、比對檢查和綜合審核判斷。每個過程階段都有相對應且不同的執行方法。

(1) 分類別檢查（Sub-category Inspection）：發現並確認數據資料庫（Database）的自我特徵筆跡（Self-characteristic Handwriting）和樣本筆跡（Sample Handwriting）。

第一、判斷觀看數據的筆跡特徵的真實性（Judging the Authenticity of Handwriting Feature Data）：根據觀看資料庫數據的筆跡特徵和大小寫，準確確定筆跡特徵的變化或偽裝程度以及變化偽裝的原因。如果筆跡的熟練程度相同，則審核資料庫數據，筆跡級別與筆跡的大小和斜度不一致，書寫速度提高，運筆不自然、筆畫較硬，但書寫動作具有一定的系統性，相同文字與筆畫特徵基本是有一致性，顯示出客觀原因或其他主觀因素引起的變化筆跡。筆畫彎曲、斷斷續續、有停頓、修復痕跡、文字的結構和形狀異常，並且運筆技能與用語水準不對稱。通常可以將其判斷是偽裝筆跡（Camouflage Handwriting）。

第二、搜索並確認檢查數據的筆跡特徵（Search and Check Handwriting Feature Data）：要找到書寫動作的局部特徵，應將查看數據的筆跡逐字逐筆進行比對，以找出書寫習慣的規則性，可以非標準文件作為部分特徵。

第三、確認並發現樣本筆跡特徵（Discover and Confirm Sample Handwriting Features）：在預先確認資料數據的筆跡特徵之後，可以根據上面敘述順序和方法來判斷樣本筆跡特徵。全面性檢查對照筆跡相同或不相同的特徵。

(2) 比對檢查（Comparison Check）：主要任務是確認審核數據筆跡資料和樣本筆跡二者之間的相同與不相同特徵，彙整評估後的重要依據。

比對檢查的內容有 4 項：

① 比對書寫動作使用特徵、文字邏輯布局特徵、書面用語特徵的相同與異同。

② 比對文字或筆畫單一特徵的相同與異同。

③ 比對各項組成特徵的相同與異同。

④ 比對筆跡特徵異同的方法，以目視觀察為主，並會藉助於攝影儀、比對顯微鏡、幻燈片來執行文字形式比對。比對各類型特徵的相同與異同之處。

圖 12　筆跡特徵異同方法筆對可採目視觀察、藉助攝影儀、顯微鏡、幻燈片等

　　比對檢查時要對上面敘述 4 項的相同特徵與異同特徵執行精準的統計分析，用數學方式演算分析書寫習慣的異同數量（Number of Similarities and Differences）。

　　(3) 綜合審核判斷（Comprehensive Judgment）：用科學分析觀察資料數據筆跡和樣本筆跡的相同和異同特徵的價值，確認兩項符合處和差異處的總和性（Totality），來辨別鑑定維度之理論。判斷方法通常從研究差異處開始。辨識任何筆跡，都會有一定的特徵差異（Feature Difference）。判斷差異處的重點是確認差異處的性質，它的性質有兩個方面：本質處差異（Inherently Differences）和非本質處差異（Non-inherently Differences）。非本質處差異表示評論資料數據的筆跡和樣本筆跡特徵數量與品質比例偏低；本質處差異表示異同特徵的數量和品質比例差異性大。前者通常同時針對不同人的寫作習慣。

　　筆跡鑑定不僅要評估差異的判斷，還必須證明一致性（Proof of Consistency）的判斷。它不能是單方面的替代，而是直接在視覺上確認替代，也就是說，在確認差異是非本質性之後，便輕率地確認是相同的事實，這是不科學的。符合性點也分為基本符合性（Basic Compliance）和非必要符合性（Non-essential Compliance）。如果查看數據和樣本的筆跡特徵相同的數量，則是品質數量具有絕對優勢，即該筆跡樣本是符合；如果兩個特徵相同，則數量和品質數量占有比例小則屬於非必要符合性。透過判斷差異處和符合處，如果資料數據筆跡和樣本筆跡之間存在本質和非必要的差異，或者本質和非必要符合性的結果，可以立即檢查判定資料數據筆跡和樣本筆跡是由同一個人書寫或不是由同一個人書寫的結論。

（二）筆跡辨識技術簡介

1. 筆跡辨識技術概述

簽名被用作身分認證的方法已有數百年的歷史，例如：以銀行文件簽名作為人們身分的標示證明。數位化簽章（Digital Signature）是以簽名圖形影像加以數位化，包含移動記錄、簽名運筆、每個文字以及字母之間的不同速度、筆暢順序和強度等辨識技術在內。語音辨識與簽名辨識是相同，均可算是一門行為測量學（Behavioral Measurement）。圖 13 為筆跡辨識的處理技術流程概述，供讀者參考[18-19]。

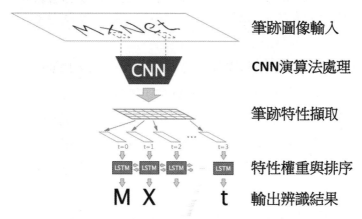

圖 13　筆跡辨識的處理技術流程概述

2. 國內外研究現狀與發展趨勢

在圖形影像處理和模式辨識範圍，筆跡辨識是重要項目之一。人們繼續努力改善，但是在筆跡辨識方面仍然存在挑戰性。

在安全性和相關應用程序中，手寫體用於辨識書寫者的身分。但它需要以人編寫相同的固定文字樣書。從這個意義上，筆跡辨識也可以稱為基於文字樣本的書寫器（Hand Writer Based on Text Samples）（如圖 14）。另外對於文字樣本的辨識在實際應用中是不符合的。例如：在法庭上辨識犯罪嫌疑人或檔案中的筆跡文字檔案的作者等。在此應用中，筆跡作者的辨識通常由專業的筆跡身分鑑定驗證者來執行。

筆跡身分辨識已是一項有效的身分辨識手法，在全球經濟持續發展中發揮著重要作用，無論是在經濟、政治、文化等領域，各國的文化交流都有廣泛的應用前景，使人們得以繼續發展。相互交流筆跡辨識，尤其是漢字筆跡辨識的研究，已引起許多學者的注意。此外，在辨識

過程中很容易帶入個人的人為情感因素（Human Emotion），審核結果可靠度較不佳。考慮此項研究人員已提出一項使用電腦自動辨識鑑定的方法。

圖 14　筆跡辨識也可稱為基於文字樣本的書寫器

電腦筆跡辨識系統已在國內外發展一段時間。科學研究成果已經為筆跡辨識提出理論的根據。例如：巴斯洛夫（Pavlov）的高端神經活動理論（Higher Nervous Activity Theory）使人們能夠從理論上顯示筆跡辨識基礎來提供科學依據。其次，諸如顯微鏡之類的科學儀器的使用也提升筆跡檢查的準確性。經驗的積累使人們對筆跡特徵的認識越來越深入，筆跡特徵的分類別也較有合理性，這增強筆跡辨識的科學性。在司法判定中，筆跡驗證鑑定已成為個人辨識的重要方式之一。紅外線拉曼光譜（Infrared Raman Spectroscopy）使用於法庭科學研究並開發，例如：筆跡辨識和印章辨識鑑定之類的法庭科學鑑定新方法，目前已幫助警察犯罪機構處理破解許多經濟詐騙案件。

區分不同語言的文字類型辨識方法已成為國內外研究的熱門選項。字體辨識和文字類型辨識是類似的問題。對於文字圖形影像作為紋理，可利用多通道 Gabor 濾波技術（Multi-channel Gabor Filtering Technology）提取過濾文字圖形影像與紋理特徵。該方法在文字類型辨識有效，但是電腦運算是複雜的。在水平和垂直方向上定義各國文字尺寸，得以區分中文和日文與拉丁文。中文和日文是以撇和捺的方向屬性來作區分。5 種拉丁語之間是以特徵字元集和相關模型來區分，此項對不同物件採用不同特徵的辨識方法有較高效的精準度，但只能使用於文字辨識，無法使用於相同語言之間的字體辨識。

手寫文字體電腦自動辨識的主要成果是針對字元的辨識，而不是依據文字來辨識作者。此技術對於字元辨識已接近實際水準。第二是簽名鑑定（Signature Verification），在簽名鑑定中

較有效果的是動態方法（Dynamic Method）。動態方法不僅是用於書寫結果，在電腦理解書寫過程，例如：握筆的姿態、加快速度、筆的壓力以及運筆的速度等均屬之。對於在銀行、法院等領域公共安全所需要的手寫辨識亦達到實用水準。可疑文字檔的獲取是靜態又不固定的，且文字亦為獨立的，因此字元辨識和簽名辨識的結果可直接應用於可疑辨識的手寫文字體電腦自動筆跡辨識，這是第 3 層級的筆跡辨識鑑定。表 1 為顯示電腦筆跡辨識系統與傳統筆跡辨識之間的比較。

⬇ 表 1　電腦筆跡辨識系統與傳統筆跡鑑定的比較

項目	電腦筆跡鑑定系統	傳統的筆跡鑑定
辨識工作量	大	小
辨識形式	半自動化或全自動化地挑選、檢視資料樣本中的特徵字或相同字，按相似順序排列，自動生成比對表，記錄筆跡特徵具有客觀性。	主要是依靠「人工」操作的方法，人工掃描、製作檢驗記錄（比對表），再根據個人對特徵的認識及分析、比對、綜合評斷，依靠鑑定人的主觀意識分析、判斷作出鑑定結論。
工作效率	對於檢視資料數量大的情況下，工作效率高、辨識速度快正確率高。	對於檢視資料數量大的情況下，工作效率低、辨識速度慢、誤識率高。
辨識環境	不易受到外界干擾，具有很高的獨立性、封閉性。	簡單，辨識結果極易受到外界因素干擾。如：鑑定人員的專業知識、業務水準、思維方式、工作態度，情緒、精神狀態等。
比對標準	在比對的過程中有統一的標準。	沒有一個綜合評斷及分項評斷可定量分析、計算的科學統一標準。
辨識的準確性	高	低

3. 筆跡辨識技術的優缺點

(1) 簽名辨識的優點（Advantage）：簽名辨識的使用容易，為民眾所接受，並且是公認的 ID 辨識技術。

(2) 簽名辨識的缺點（Disadvantage）：①因為年齡的增加，生活方式變化，在簽名也會發生轉變；②為了因應年長者簽名的自然變化，必須在安全性上做出配套協調範圍；③簽名手寫板（Signature Handwriting Board）的結構複雜，筆電觸摸板（Laptop Touchpad）的分辨解析效率差異會很大。在技術上有難度要將兩項彙整組合，並難以使其尺寸最小化。

圖 15　筆電觸摸板分辨解析效率差異很大

（二）筆跡辨識原理

　　電腦筆跡辨識主要分為線上（Online）和離線（Offline）兩類。離線筆跡辨識的物件是寫在紙上的字元，通過掃描器（Scanner）和攝像機（Camera）轉化為電腦能處理的信號；而線上筆跡辨識則通過專用的數位板（Tablet）或數位儀（Digitizer）即時地採集書寫信號，它不僅可以採集到筆跡序列並轉化成圖像，而且可以記錄書寫的壓力、速度等資訊，可為筆跡鑑別提供更豐富的資訊（目前已開始廣泛用於電子商務和電子政務中）。

　　從研究物件和特徵提取方式來看，電腦筆跡辨識可以分成兩類：與文字相互依存有關和與文字的獨立性。前一項方法是從檢視數據資料庫（檢查）筆跡和樣本（參考）筆跡中去選擇相同的單個文字（稱為特徵文字（Characteristic Text）），並比對相同的部首（特徵文字符號（Characteristic Text Symbols）），即對同一單字進行辨識。因此它依賴於文字內容，並且可以提取更多的特徵註釋文字來詳細執行和深入的分析。理論上，與獨立文字的方法相比，可以獲得更高的辨識率（Recognition rate）和可靠度（Reliability）。在演算法處理筆跡與數據樣本書寫資料中完全相似，所有特徵文字符號和字元（筆畫、部首）的自動分割、定位、辨識與存取都有此特性，尤其是自動分割演算法（Automatic Segmentation Algorithm），對於筆畫特徵的存取（涵蓋筆畫的提筆、落筆及筆畫走勢等所有特徵）演算法尚有一些缺陷，會影響辨識和一致性；因為在辨識要求文字是固定的情況下，某些情況無法在實際應用中完成任務。

　　用筆跡進行身分辨識的目的是鑑別出某一筆跡的風格，所以不必關心具體的筆跡內容。離線且文字獨立的筆跡辨識方法，它的特點是利用文字紋路分析來存取筆跡的特徵。

特徵的存取在演算法模式辨識的過程中有很重要的作用。存取文字獨立特徵的有傅立葉變換（Fourier Transform）和自相關法（Autocorrelation Method）、筆段長度長條圖法（Stroke Length Bar Graph Method）、筆畫方向長條圖（Stroke Direction Bar Graph）等；用文字紋路分析 K 平均值法（K-means）；或是存取文字相互依存特徵的有：線段譜分解手法（Line Segment Spectrum Decomposition Method）、沃爾什─阿達瑪轉換（Walsh-hardamlard Transform）。

研究學者發現，文字獨立的筆跡鑑定技術具有得天獨厚的應用前景：筆跡鑑定技術本身可以廣泛應用於金融、司法、警察刑事偵查等領域。如果能夠擺脫筆跡辨識內容的局部限制，對文字獨立的筆跡執行高準確率、高效率的鑑定，代表筆跡鑑定將進入一個新紀元。對於文字獨立的筆跡，即使公開特徵程式編碼和筆跡樣本，要執行筆跡偽造有難度不易模仿。另一方面，由於手寫文字的獨特性與筆跡鑑定系統對筆跡特徵程式編碼安全保密性高，維護成本就會大幅降低。

（三）筆跡辨識技術在產品中的應用

1. 筆跡研究開發的線上鑑別系統

通過手寫板（Writing Board）收集書寫過程中的時間、位置、壓力等相關訊息，筆畫分割的筆跡分析處理程序，取得書寫者的筆跡風格特徵，並最終與筆跡特徵執行配對取得書寫者的筆跡鑑定證據（如圖 16 所示）。

圖 16　手寫辨識裝置在高準確率及高效率下將有巨大潛能

對於書寫時間和筆跡特徵之間的關係，以及不同書寫環境與個人筆跡風格的影響。由於各國文化的差異，西方國家對於東方文字符號或字元的辨識研究較少。目前有相關問題的研究機

構主要分布於亞洲。研究成果相對領先的國家和地區包括韓國、中國、泰國和日本、新加坡、臺灣、香港等，亞洲具有技術優勢和廣大的市場，可促進開拓筆跡辨識研究的基礎，並改善良好的替代方法。此優勢應盡快得到充分利用和發展。繼續開發加強筆跡辨識系統，進而增強生物辨識技術的推展。

2. IBSD 全自動即時筆跡辨識系統

國際生物辨識系統設計（International Biometric System Design, IBSD）的數字圖形影像訊號處理和其他新興技術已經完成手寫筆跡漢字作者的辨識。對於在公共安全、檢查機關和司法案件中可疑文件的筆跡辨識的運用及市場所需要功能，此系統專家將發展出最有經驗的筆跡辨識及經常使用的數十項典型筆跡功能 [20]。

該系統在模仿人工辨識方法方面符合人工辨識的作業習慣，並經過大量手寫數據（100,000份筆跡）的訓練和測試，正確辨識率超過 99%。

(1) IBSD 全自動即時筆跡辨識系統的特點：

(2) 文檔圖形影像的多項輸入方式：從掃描機、照相機、數位相機等數據資料庫中導入。

(3) 強大的圖形影像處理功能：圖形影像數據預先處理（背景灰度和彩色、自動線文字分割，圖形影像壓縮、彩色和黑白圖像二值化）特徵文字符號和特徵字元的辨識和存取、自動分割和定位、整體筆跡文字檔的布局邏輯特徵、整體書寫風格特徵，特徵文字符號和字元等局部特徵會自動偵測兩份筆跡文字檔中所有相同文字的融合分類判斷，自動辨識等演算法執行，最後結果會在兩份文字檔中偵測出所有完全相類似的特徵文字符號和字元。

(4) 筆跡自動建立文字檔和搜尋文件（包含可疑的身分文字案件）。

(5) 鑑定辨識結果的定量和定性釋義。

(6) 筆跡數據資料庫的容量可持續擴展，對於擴展文件可以自動更改執行自主學習和培養訓練。評估所需要的運作時間會自動以秒為單位進行驗證，會自動辨識與分類。

(7) 法律制度、檢查機關，例如：對於合約、遺囑、可疑文件、匿名信件、醫療糾紛處方箋的鑑定確認與辨識。

(8) 銀行支票和信用卡交易中心的簽名驗證。

(9) 電子商務等簽章驗證。

四、靜脈辨識技術原理及應用

（一）靜脈辨識（Vein Recognition）簡介

1. 靜脈辨識技術概念

每個人的靜脈都不相同，這已有科學研究的證據。可以用靜脈來辨識各種不同的人，靜脈辨識已成為一項自動辨識技術，此圖形影像可用作數據資料庫。當需要辨識時，可使用紅外線靜脈圖形影像來採集靜脈圖形影像，並與預先採集的靜脈圖形影像執行比對，以達到辨識目的[21-22]。

2. 靜脈辨識技術與其他技術的對比

靜脈辨識技術已成為當前數位生活（Digital Life）中的一項身分認證系統，將成為未來的主流生物辨識技術之一。目前已使用的生物辨識技術大多數是以指紋辨識和虹膜辨識為主，因為廣大群眾尚未理解透過分析人體皮膚下分布靜脈辨識的技術。下列將說明靜脈辨識技術的優點與其他辨識技術的缺點：

(1) 靜脈辨識技術的優點：經由理論實驗研究和數據資料收集，證明每個人的靜脈均不相同。幾乎沒有人具有完全相同的靜脈特徵（Vein Characteristics），甚至雙胞胎外觀非常相似也不會具有相同的靜脈圖形影像（Vein Imaging），而且神經血管（Neurovascular）的差異將一輩子不會消失。在生長過程中，靜脈正在生長，靜脈不會發生激烈變化。成年後，靜脈是穩定的，不太容易會有變化。靜脈也會隨著生長時間而增長，但靜脈的增長會變緩慢。為了適應緩慢的變化，在每次比對中靜脈辨識系統具有「動態模型更新（Dynamic Model Update）」功能。使用者的靜脈圖形數據將會更新，此模型更新的功能可幫助靜脈辨識系統精準辨識。

靜脈在每個人身體內部，不用擔心被模仿（Imitation）或被竊（Theft）的風險。鎖定人的靜脈目標需通過測驗，此設備系統設計為僅用流過的溫暖血液掃描靜脈血管。只有活體才能辨識它，如果手指受傷（Injured Finger）或斷指（Severed Finger）可能會變得無效果，因此不會發生被竊的風險。

靜脈辨識是一項精準度較高的判定方法，不會受到外部環境汙染或是手部輕傷的影響。人的手部外層面的皮膚狀況不會影響驗證工作，並且辨識速度非常快。對於重體力（Heavy Physical）的勞動工作者的皮膚（Skin）、剝落（Peeling）、疤痕（Scars），一些手部有老繭以及無法辨識的受損皮膚，不會出現無法辨識的問題。靜脈辨識系統不太會對溫度變化產生敏感，也不會受到其他因素，例如：灰塵、油、水的影響，而且不需要特別清潔手指，這可降低預防誤讀誤判的發生。

圖 17　研究證明每個人的靜脈均不相同

　　非侵入性（Non-invasive）和非接觸式（Non-contact）圖形影像技術使用靜脈紅外線（Venous Infrared）來保護用戶的便利性和清潔度。不需直接觸碰，使用者只需要展開手掌並用紅外線掃描辨識器（Infrared Scanner）即可完成。而且非接觸性質，降低設備的汙染，同時預防細菌（Bacterial）的交叉擴散，此衛生安全易於讓大眾適應接受，靜脈紅外線適用於公共場所，增強辨識效率[23-24]。

　　由於靜脈圖形和影像抓取相對穩定，不會影響解析度（Resolution），因此可以用低畫素（Low Pixel）相機拍攝的圖形數據資料技術處理，靜脈紅外線精準度高於指紋辨識。此技術使用紅外線不需要額外輔助光源（Auxiliary Light Source）。使用時不會受到天氣與環境的影響。紅外線將在夜間或陰影光源不足時自動開啓掃描。通常，靜脈辨識設備可以在晴天和多雲天氣中正常運作使用（如圖 18）。

　　(2) 指紋辨識技術與其他技術的缺點：指紋辨識技術對於周遭環境有較高的要求，它對手指的溼度和清潔度非常敏感。髒汙、油和水會導致無法辨識或影響辨識的結果；有些人或一群人幾乎沒有特定指紋特徵的資料庫，因此很難成圖形影像。對於例如皮膚剝離、受傷、疤痕等低品質的指紋，辨識度很低。在一些特殊人群中難以註冊和辨識，例如：有老繭的重體力勞動工作者在每次使用指紋時，有時用戶的指紋會留在指紋探集鏡頭上，這些指紋有可能被複製，安全性也會有問題。每次指紋辨識摩擦收集後，時間的積累都會造成設備的磨損；指紋辨識需要更高精準的方向，要在一定角度滑動，使用手指的指腹而不是指尖，指紋辨識收集點較少，會影響辨識度下降。

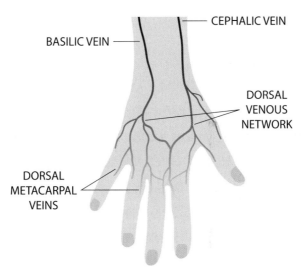

圖 18 靜脈圖形和影像抓取相對穩定性不會影響解析度

虹膜辨識技術方面最主要的缺點之一是沒有經過任何測試。目前的虹膜辨識系統只是針對統計理論的小型演算測試；要將圖形影像採取收集設備的尺寸轉變為實用小型化；由於焦距原因需要昂貴的照相機，並且維持系統成本高，更需要使用較好的光源，鏡頭在辨識瞳孔可能因變形而造成可信度降低，使用者容易發生心理無法適應接受的情況。

使用臉部辨識肯定是一項替代方法。它可以在某些隱藏情況下使用，在現有的臉部數據資料庫上使用，可以更直接且便利的觀察驗證人臉特徵，而且成本相對較低廉。但是它的缺點是人臉的差異不是很明顯，錯誤辨識率可能會提升；對於雙胞胎臉部辨識技術無法區分，人類臉部的表情豐富、變化多，人的臉部辨識準確性不及其他辨識技術，這也是應用推廣的缺陷。

3. 靜脈辨識技術分類

靜脈辨識的技術有兩項：一項是手的背部靜脈辨識（Partial Vein Recognition），另一項是手指的靜脈辨識（Finger Vein Recognition）。兩者都有各自的優點：與手的背部靜脈驗證相比，手指的靜脈辨識設備需要更高的電子電路技術，更小巧的體積以及更高的可信度。相較於手背的部分驗證，手指驗證有更多的保護。相比之下，手的背部安全性比手指靜脈的辨識率更難達成，且辨識設備較大。手的背部靜脈辨識的錯誤接受率小於 0.00008%，錯誤排除率為 0.01%。

（二）靜脈辨識技術原理

1. 手指靜脈辨識技術原理

利用紅外線可以在血液中，血紅素有吸收（Absorb）的獨特性，將具有紅外線感光度的小型掃描機對準手指，然後可以拍攝血管的陰影以顯示圖形影像。血管圖形會被數位化操作。靜脈辨識系統首先會透過靜脈辨識儀器讀取個人靜脈分布圖形，根據特殊的比對演算法（Special Comparison Algorithm）從靜脈分布圖形中提取特徵數值，並通過紅外線感光耦合元件（Charge Coupled Device, CCD）攝影機取得手的背部的靜脈圖形影像。當鏡頭比對靜脈時，將使用先進的濾波（Advanced Filtering），圖形影像二值化（Binarization）和細化方法從靜脈圖形影像中立即提出取得靜脈特徵圖形，從數位圖形影像中提取特徵，並將其與主機中儲存的靜脈特徵數值進行比對，使用複雜配對演算法執行靜脈特徵辨識並驗證個人生物特徵之身分[25-26]。

整個過程為非接觸式，使用較為領先的光影傳送輸出技術來執行手指靜脈的比對和辨識。當紅外線穿透人的手指時，光線有一部分將會被血管中的血紅素吸收，可捕獲每個人的獨特手指靜脈模式，然後再將其與註冊的手指靜脈模式執行比對、辨識個人的身分。

光影傳送輸出之技術可精確拍攝清晰又高對比手指靜脈圖形影像，而不受皮膚表面任何皺紋、紋路、體積、乾燥和溼度等瑕疵和缺陷的影響。僅需要少量的生物統計數據來比對手指靜脈圖形，因此可以快速準確，個人辨識系統亦可以有效地使用於小型設備中，或使用者友善（User Friendly）的介面與成本售價負擔得起的個人辨識設備中。

2. 手指靜脈辨識技術產品

(1) 手指靜脈掃描儀器：是由掃描儀器執行分析靜脈結構的工作，和醫生操作的靜脈掃描測試完全不相同。醫療用的靜脈掃描一般是以放射性粒子（Radioactive Particles）；生物辨識安全掃描是利用與遙控器（Remote Control）發射出相類似的光線。

(2) 自動櫃員機使用比對手指靜脈辨識功能：若人們將手指按壓在自動櫃員機（Automated Teller Machine, ATM）的某個特定區域，連接到指紋掃描儀器的感測器將會立即取得感應，並且掃描儀器會將手指發出各方向紅外線的光源，在此光源的照射，人的指紋將成為電腦資料庫中的三維圖形影像。然後，連接到掃描儀器的照相機鏡頭將拍攝此圖形影像、並轉換為可與大數據（Big Data）訊息資料執行比較的數據分析。

手指靜脈辨識之技術，解決遺忘密碼或銀行卡片遺失及被竊或複製所引起的相關棘手問題。銀行還可以使用手指靜脈辨識系統來有效地管理 ATM 與保險櫃金庫。

(3)門禁控制：手指靜脈辨識系統可以預防公司機密外洩，並阻擋無法辨識的人員誤闖家

裡或辦公室，此系統可結合公司刷卡與監視器功能共同使用，執行多層面安全門禁管理與控制。

(4) 手部背面的靜脈辨識系統：經由 CCD 紅外線攝影機鏡頭取得手部背面靜脈的圖形影像，並將靜脈的數字圖形影像儲存在電腦裡面的系統。使用高端細化方法，搭配圖形影像二值化和過濾波，從數位圖形影像中存取特徵，最終在複雜的配對演算法（Complex Pairing Algorithm）將靜脈比對加以分析驗證身分。

手部背面靜脈辨識系統的運用範圍如下列所示：

(1) 安全部門（Security Department）：國家機密文件儲存室、國家歷史文物博物館、科學研究中心、旅館和政府各主管機關、監獄等。

(2) 會員管理（Member Management）：保險箱安全管理、會員俱樂部、市中心公共運動場所等。

(3) 預防犯罪（Crime Prevention）：別墅、公寓、建築大樓、營建工地、作業辦公場所、工廠和社區的安全、出入口監控等可以預先防止犯罪行為的發生。

(4) 上下班考勤（Attendance Management）：監視控制並查核公司與人事單位（HR）的考核員工出勤紀錄。

靜脈生物特徵辨識系統具有以下優點：

① 若發生手背外層髒汙和受傷，仍不受影響且具有精確的安全辨識判斷。

② 對於使用者，靜脈的生物辨識具有高度便利親民特性。

③ 降低軟硬體售價成本（Low Price）。

④ 靜脈辨識系統已執行 2 萬個採樣與臨床的測試（Clinical Test）。

⑤ 每個人的數據庫的基本使用量為 256 Bytes，易於管理。

⑥ 靜脈生物辨識是每個人獨有的特徵密碼，不易被竊，不會遺失、忘記。

⑦ 無接觸式使用，不會有複製、偷窺，可以安心使用。

⑧ 高精準度辨識，不會受到外表汙染或發生輕傷辨識不良的影響。

⑨ 登錄可立即操作，不需要重複驗證審核。

⑩ 良好的售後服務（After-Sales Service）和系統升級（System Upgrade）會不定期執行更新。

（三）靜脈辨識技術在網路門禁中的應用

1. 網路門禁管控（Network Access Control）介紹

網路門禁是對於高科技的產品，例如：微控制器（Microcontroller）、無線射頻辨識（Radio Frequency Identification, RFID）技術及相關電子應用技術和系統網路集中管理。網路門禁系統匯集結合成控制器系統和管理系統。經由 RS-485 總線聯網，在區域控制系統可以通過乙太網路（Ethernet Network）來執行，具有集中授權、統一管理記錄統計查詢、實景監控、分層和分區控制，常開（Normally Open）和常閉（Normally Closed）緊急逃生門與警報等良好功能。具有外形美觀、安裝保養修復方便、成本價格低、辨識安全性高等優點。

網路門禁是辦公大樓、學校、飯店、主管機關等場所使用的一項門禁管理機制，其安全性可靠度更強。

網路門禁以 IC 卡來代替機械鑰匙進行解鎖。另有一些網路門禁結合使用 IC 卡和密碼鍵盤（Password Keyboard）來替換鑰匙。在網路門禁的解鎖方式增加生物辨識新技術強化電子門鎖（Electronic Door Lock）。但是，指紋辨識技術有其劣勢，例如：使用者的衛生安全問題等。促使對網路門禁系統採用更安全且無接觸式靜脈辨識技術。

2. 使用掌心靜脈辨識的網路門禁

使用手掌心靜脈辨識的網路門禁包含主要控制器、子控制器、發卡機器、轉換器、卡片、有線網路、修改器、鍵盤讀取機、軟體元件管理、電流系統、電鎖、不斷電系統（Uninterruptible Power System, UPS）、電腦、電源和手掌心靜脈辨識模組及支援軟體等。

該網路門禁系統是結合 RFID 射頻辨識技術和整合處理器之技術，並且改良過去的傳統鑰匙解鎖方法。使用全世界獨一無二的 ID 號作為身分辨識訊息（等效於密碼）。在此將人體的手掌心靜脈圖形影像用合法符號，並使用電子先進技術辨識身分而成功解鎖。

為了與雙向網路門禁系統更加具有相容性（Compatibility），在執行最小硬體元件偏差且不更改管理軟體元件的原則下，搭配手掌心靜脈辨識。此處使用的方式是以手掌心靜脈辨識在讀卡機的位置進行更換，必須要與管理軟體元件相容，此處還保留「虛擬卡號（Virtual Card Number）」。就是當使用者註冊手掌心靜脈訊息時，註冊系統還會向使用者分配「虛擬卡號」與 IC 卡配對。當使用者經由手掌心靜脈辨識解開鎖時，手掌心靜脈辨識會先確認該用戶是否為合法使用者（Legal User）。若是合法用戶，則手掌心靜脈辨識可以讀取辨識與該用戶相對應的「虛擬卡號」，並透過串端口將「虛擬卡號」作為參數發送給子控制器（Sub-controller）。讀卡機將採用的通訊協定（Communication Protocol）和格式發送到子控制器，子控制器接收

從辨識傳輸發送辨識成功的訊號。不管它是來自讀卡機還是手掌心靜脈辨識，它的處理方式都與讀卡機相同，因此「虛擬卡號」將由手掌心靜脈辨識代替 IC 卡。透過虛擬卡號來代替實際的 IC 卡，不需要對子控制器上軟硬體元件進行異動。

　　除了上面敘述的功能外，還可以以網路控制中心（Network Control Center）來管理此網路門禁，再經由網路管理控制中心立即監視控制（Real-time Monitoring）特定房間解鎖的動作，使用者可以定期收集和記錄訊息，並有查詢功能可方便快捷地進行卡號和密碼的授權和刪除，以及手掌紋路圖案的註冊，不需要擔心會有遺失或竊盜的風險。

五、聲紋辨識技術原理及應用

（一）聲紋辨識（Voiceprint Recognition, VPR）簡介

　　人類聲音語言的產生是人體語言中樞和發音器官之間複雜的生理和物理過程的產物。聲音紋路（Voice Print）是利用電聲學儀器來表示攜帶言語訊息的聲波頻率圖譜（Acoustic Frequency Atlas）。身體在說話中使用的肺、喉嚨、牙齒和鼻腔的大小差異性大。任何兩個人的聲音紋路模式都不相同。人的語音的聲音學習特性都具有一定穩定性和變異性，但無絕對性。此種變化可能來自生理學（Physiology）、心理學（Psychology）、病理學（Pathology）之模擬或偽裝，並且與周圍環境影響干擾相關（如圖 19）[27-28]。

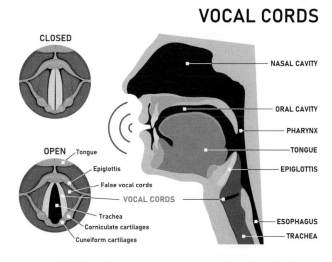

圖 19　聲音是人體語言中樞和發音器官之間複雜的生理和物理過程的產物

VPR 又稱爲說話者辨識，是依據一個人的聲音特徵來辨識語音。聲紋辨識分爲說話者判定和辨識。從一組有限制的揚聲器（Speaker）中去區分不相同的人，並且系統的性能會隨著揚聲器組合擴展而有變化的增加或降低；需辨識系統僅接受（Accept）或是拒絕（Reject）兩項選擇。

聲紋辨識與指紋辨識有一些相似，在指紋進行數位運作之後，將其人手指外表上的皮膚紋路圖形，以影像的形式儲存在電腦中比對。如果從犯罪現場取得可疑人員的指紋，將其與電腦上儲存的數據資料執行比對，則可以確認犯罪或刑事證據。同樣的，聲音具有說話者的個人訊息與音調，獨有的聲紋可以辨識出某人或某物體的聲音變化特徵（Voice Change Characteristics）。

但是僅了解聲紋是不夠的，還需確認聲紋的特定參數，以便精準辨識說話者是誰、或來自哪一人的聲音。要取得聲紋，須透過存取（Access）聲紋來確保清晰的準確性能力，要如何比對聲紋，以及如何處理和分析大量音頻數據（Audio Data）中的其他無關訊息，均是執行該技術須突破的困難點。

實際上，VPR 是一項廣闊的語音辨識方法。此步驟中的技術研發快速，已有實用的系統，例如：通訊、司法、保密、警察刑事偵查等應用具有非常重大的價值。聲紋辨識是透過使用說話者的語音聲波形式（Sound Waveform）中包含的獨特個人訊息（聲音紋路）來自動辨識說話者的身分。從學術研究的方向來看，歸屬人工智能（Artificial Intelligence, AI）和統計模式（Statistical Models）辨識的應用範圍（如圖 20）。

圖 20　語音辨識目前廣泛應用於行動通訊中

從執行語言內容的角度來看，聲紋辨識定義兩個以上的限定文字（Restricted Text）和非限定文字（Unqualified Text）。若是某人說話，系統可以精準辨識，代表是非限定的文字辨識，這有困難度。至今所用於辨識的是屬於線性預測係數的短時光譜特徵（Linear Predictive Coefficients, LPC）和梅爾頻率倒譜（Mel Frequency Cepstral Coefficients, MFCC）。隨著語音辨識的研發，喬裝語音（Disguise Voice）或轉換聲紋（Convert Voiceprint）等 2 項技術也取得相對應的推展，因此人們更需要了解和掌握該技術的應用 [29-30]。

目前需要原始語音訊號（Original Voice Signal），可將其他人的語音辨識作為控制元件，並且該語音訊號必須先通過聲紋提取以形成範例模板（Sample Template），然後將其與下一個輸入進行比對，以確認是否為此人聲紋。

從現有研究可以得出結論，要建構聲紋的參數須包含 LPC 參數、短時間頻譜（Short-time Spectrum）、短期聲音能量（Short-term Sound Energy）、基本音調週期（Basic Pitch Period）、短時間過零率（Short-time Zero-crossing Rate）、倒譜（Cepstrum）和 MFCC 參數。

如果觀察時間縮短到十毫秒或幾十分鐘，則語音訊號將大致穩定。這是因為人類發音聲紋不會迅速無規律地變化。例如：重要的 LPC 參數可以表達人類的聲音語調過程，即所謂的聲音管道模型（Sound Channel Model）。此參數的計算包含語音訊號的短期訊息（Short-term Message；幀（Frame））。若是合併使用，則可以提升準確和效率。主要需要突破是否有可能找到唯一標識某人或某物的重要參數，並且該組參數在開放設置條件下不會限定聲音文字。

（二）神經元計算與聲紋辨識

神經元計算（Neuron Computing）指的是人工神經網路（Artificial Neural Network, ANN）可執行的各項智能運算，可以實現人類智能和特殊性。ANN 模型是經由類似於人類頭腦自身的生物神經元及其連接來建構而成的。實際上，人工神經網路也是由串聯連接的多個單神經元組成。目前因電腦的評估計算能力仍然不足夠如人腦（約 1,000 億個神經細胞）可完成對複雜的神經網路學習與運算，但 ANN 的功能和潛力已為大眾所認可，並且在全球各個行業受接納使用中（如圖 21）。

圖 21 人腦（約 **1,000** 億個神經細胞）可完成許多高難度運算，這也導致發展出 ANN

我們可以將其視為映射關係（Mapping Relations）。當輸入音頻特徵時，由神經連接強度 [w1、w2、...、wn] 和啟動函數 f 的操作來計算、確認神經元是否已啟動。若是啟動它會與連接的其他神經元傳輸刺激訊號，若是相反則會傳輸抑制訊號。在多個神經元形成一個網路並會影響輸入訊號。也就是學習在某些公共輸入重複出現時會使 ANN 成為穩定的輸出，代表是它已掌握這組公共輸入，對此系列在學術上稱為聚類分析架構（Cluster Analysis）（如圖 22 所示）[31-32]。

目前人工神經網路模型已大量運用在語音的技術，但必須考慮人工神經網路的穩定性、統計特性、學習能力和非線性映射能力，將它用來解析特定人的聲音紋路訊息，搜尋並發現其獨特聲紋。

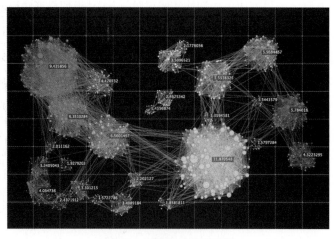

圖 22 聚類分析架構

特定人員的聲紋辨識需要搜尋該特定人員的一組聲音紋路參數，並在開放設定的條件下，文字會受到一定限制。剛開始從電視收集並記錄特定人員的音頻濾波形（Audio Filter Shape），然後存取參數。使用 240 點分幀來評估運算基本頻率及 16 階線性預估倒頻譜係數（Linear Prediction Derived Cepstral Coefficient, LPCC），接下來再繪製有效的 LPCC 參數。結果顯示在採樣期間特定人員的聲音紋路是平穩的，但必須要確認是特定人員而不是其他人，後續再執行統計與聚類。我們使用 ANN 技術，並使用 2×2 自組織特徵圖（Self Organizing Feature Map, SOFM）用神經網路來解析和搜尋聲音紋路，此模式可代表特定人員的聲紋特徵。此功能是當特定人員講話時，已經學習此功能的神經元會表現得非常活躍，在此條線紋所顯示的參數定義就是特定人員的聲音紋路，以確認某個聲音是否爲特定人員的聲紋，此聲音紋路圖形可用於進行比對 [33-34]。

根據各項不相同的需求，要存取有效研究對象的聲音紋路，要如何存取，如何精準去執行和消除無相關的干擾因素，均是聲音紋路辨識研究中需要克服的難題。此外，聲音紋路不僅是人類聲音的特徵，也可以是來自各種物體的發出聽覺訊號，例如：海豚可以從海外十幾海里外多個地方聽到並區分出魚群。故聲紋辨識在全球各公司廣大範圍的運用前景是難以預測。

（三）聲紋辨識原理

1. 聲紋特徵提取

聲紋特徵是指從聲音訊號中存取人的基本生物特徵。此功能可以有效區分不同的說話者，並可以對於同一說話者的變化有穩定性。針對特徵可以量化（Quantify）訓練樣本的數量和主要辨識特徵區域的聲音。說話者特徵大致分爲以下幾類：

(1) 音高分布（Pitch Distribution）：共振高峰頻率頻寬及軌道痕跡。從聲音器官的生理結構中存取的辨識特徵參數。

(2) 頻譜網路參數（Spectrum Network Parameters）：聲音經由濾波器（Filter）傳輸送出，用適當的速率對輸出進行採樣，作爲聲紋辨識之功能。

(3) 聽覺特徵參數（Auditory Characteristic Parameters）：類似於人耳對聲音頻率的感知，例如：感知線性預測、倒頻譜係數等。

(4) 線性預測係數（Linear Prediction Coefficient）：聲道參數與線性預測的模型相互吻合，並結合反射係數、自相關係數、線性預測係數等各種參數可以作爲辨識特徵。

2. 聲紋模式匹配

(1) 向量的量化（Vector Quantization）：將每個人的特定聲音範例編輯程式碼（Program

Code）成為密碼樣式範本，在辨識期間依照此密碼範本對測試樣本執行編輯程式碼，並且將量化所發生的失眞準度（Distortion Accuracy）標準予以判定，使準確性更高及估算速度更快。

(2) 機率統計（Probability Statistics）：考慮到聲音訊息在短時間內相對穩定，因此可以通過使用平均值（Mean）和標準差（Standard Deviation）等統計訊息對辨識方向特性（例如：音高、聲門增加和低反射係數）進行統計分析來做出決策。機率密度函數（Probability Density Function）無需在時間區域中對特徵參數進行規範最佳化，這適用於與範本無關的說話者辨識方法。

(3) 動態時間調節（Dynamic Time Adjustment）：說話者的語音訊息具有平穩的發聲與音調因素，例如：聲音器官結構、發聲習慣，又具有時間變化因素，例如：重音、語調、速度和節奏，及時將辨識模板與參考模板執行比對，並根據一定距離測量兩個模板之間的相似度。

(4) 人工神經網路（Artificial Neural Network）：此種分布是合併執行結構的網路模型在流程模擬生物感知的特徵，具有自主學習和組織能力，區分複雜分門別類的能力較強，但缺點是動態時間調節能力差、訓練培養時間較長，網路規模會依照人員數量增加用揚聲器數量來訓練，達成一定水準（如圖 23）。

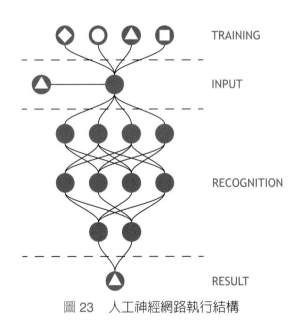

圖 23　人工神經網路執行結構

(5) 隱馬爾可夫模型（Hidden Markov Model）：對於轉移機率（Transfer Probability）和傳輸機率（Transmission Probability）的隨機模型，最初由 IBM 在美國用於語音辨識。將聲音視

為可以觀察的符號順序排列組成的隨機過程，這是發聲系統狀態順序排列的輸送發出。在辨識期間為說話者建構發出聲音的模型，並經由訓練獲得形態轉變機率矩陣（Probability Matrix of Type Transition）和符號攜帶輸出機率矩陣（Symbol Carrying Output Probability Matrix）。在特定的應用中就是計算電腦狀態轉換過程中未知聲音的最大機率。因此，不需要時間調節，可以節省計算時間和判斷儲存量。是目前在全球大量使用的技術，缺點是訓練期間計算數量較大 [35-36]。

3. 聲紋辨識技術的應用領域

聲音紋路辨識技術可以應用於下列範圍：

(1) 訊息查詢的應用（Message Query Application）：在呼叫中心系統中，須向使用者提供個性化服務並提高代理效率，在代理電腦端使用「Screen Pop」技術。撥入呼叫中心後，系統會通過辨識呼叫者的電話號碼來辨識使用者，並從數據庫中搜尋用戶的個人和歷史交易訊息，從而提升人工代理（Manual Agent）的效率並為用戶提供更多的查詢服務。若是使用電話號碼辨識，缺點是在同一系列電話中的呼叫者可能不是同一個人，並且有大量詢問訊息的使用者可能會使用不同電話來輸入。但聲紋辨識技術可以解決上述兩個問題。依據每個人的語音獨特性和較少變化的特徵，可以使用聲紋辨識技術來辨識用戶，從而提高呼叫中心的工作效率，尤其可以增加更多人性化互動的服務，在教育、醫療、投資、旅遊、票務和其他應用領域，聲紋辨識是特別重要的應用。

(2) 電話交易中的應用（Applications in Phone Transactions）：在電話執行交易系統中，例如：證券交易（Securities Trading）電話委託系統、商品電話交易系統和電話銀行系統，交易系統最重視的是安全性，同時在系統設計研發人員需要考慮關鍵因素。電話交易系統使用「使用者名稱＋密碼」控制機制來確保辨識用戶的身分並再次確認和提醒交易中的安全性。此項控制機制有包含表1的優缺點。

(3) PC 和掌上型裝置的應用：PC 和手持設備需要使用者辨識，以允許或拒絕用戶登錄電腦或進入特定使用者的用戶介面（User Interface）。必須使用一般的使用者名稱＋密碼保護程序，但會有使用者名稱和密碼外洩或遺忘等問題。

聲音紋路辨識技術已運用於 PC 和掌上型設備，可保護個人訊息而無需記住密碼，提高系統的安全性並讓使用者更簡易操作。例如：在 MacOS 9 操作系統中，添加（Voiceprint Password）聲紋密碼功能。使用者無需透過鍵盤輸入使用者名稱和密碼，僅須向電腦說一個字或句子即可登錄，在蘋果的 iPhone 上，語音輸入也是非常成熟的技術應用。

⬇ 表 1　電話交易系統使用「使用者名稱 + 密碼」控制機制優缺點比較

優點	
增強交易的安全性	降低使用者名稱和密碼被猜中或是被竊風險；對於交易系統中的使用者交易過程簡易更增加人性化；如果結合自動電話語音辨識技術，則會透過語音配合交易指令，可提升交易效率速度與減少撥號使用者的通話時間，又降低在電話交易的難度。
精準確認辨識使用者	可以為登入通行的使用者歷史交易數據庫和訊息數據庫提供貼心一對一客戶服務；降低交易系統的成本；減少人員換位時間並提升效率；可縮短使用者的時間，將降低 IVR 硬體所需要的空間數量。
減少詐騙的可能性	交易商家可依照相關的聲音紋路辨識技術來判斷此訊息的可信度，並決定是否要發出商品貨物等，從數據庫中查詢來電者的信用，可以促進電話預約訂購商品的服務與效率，提升電話商務的推展。
缺點	
需降低猜出使用者名稱和密碼可能性	需降低會猜出使用者名稱和密碼發生的可能性，使用者名稱和密碼通常很長，英文大小寫難以計算或是設定密碼英文與數字交錯等等方式，時間久了會遺忘。
有可能會發生猜中密碼	在目前使用的電話系統中，若是無專用的電腦終端加密設備，經由 DTMF 訊號輸入驗證身分之密碼會被他人輕易竊取。
經常需要輸入大量的數位資料	撥打電話人員經常需要輸入大量數位的資料來通過 ID 驗證最終端登入系統，給使用者造成不便，如果在電話交易系統中使用聲紋辨識技術來執行與確認交易者的身分，則上述問題很容易解決。使用者的聲音紋路是獨特的，好處是可以從交易系統指定簡單句子來確認驗證身分。

圖 24　手機的語音辨識是現代重要應用技術

(4) 安全系統中的應用和文件防偽：聲紋辨識系統已應用在銀行自動提款機（ATM）、信用卡、授權計算機、門禁、汽車鑰匙卡、聲紋辨識和特殊通道的 ID 卡等方面。持卡人在需要時，只要將卡片插入專用機器中即可。在卡片的插槽上，可以預先透過麥克風儲存密碼，同時機器會收取到持卡人的聲音，執行分析和比對，即完成身分驗證。還可以將包含人的聲紋特徵的晶片（Chip）嵌入到檔案中，由上述作業流程完成晶片檔案防偽動作。

(5) 結合二維條碼與快速響應矩陣圖碼（Quick Response Code, QR Code）技術的防止偽造應用：二維條碼及 QR Code 具有高密度和高訊息含量的便利攜帶式數據文件。二維條碼及 QR Code 系統的研發和運用是非常廣泛。國外已運用在交通、國防、醫療、商業、金融、工業、海關、法律警察和政府主管機關等。主要優點為二維條碼技術可以儲存約 1,000 個漢字訊息，而 QR Code 可儲存更多訊息，比普通條碼訊息高十幾倍以上。它可以對照片、簽名、文字、聲音、指紋、掌紋和其他可數位化的訊息執行程式編碼，具有強大的糾正錯誤功能，損壞區域若不超過 50%，所有訊息都可以恢復正常，並且錯誤密碼率不會超過 1,000 萬分之一，可靠度高，易於製造且成本便宜。使用現有的點矩陣、噴墨、雷射、熱敏感 / 熱轉印、列印機和其他列印技術，可以在 PVC、紙張、金屬表面上列印 PDF417 二維條碼及 QR Code。重要的文件可以防止偽造，需要攜帶者記錄聲紋訊息。如果使用晶片，則不容易實現晶片與文字檔案的結合集成，因晶片成本過高。綜合因素考慮下，執行二維條碼及 QR Code 是一種適合且實用的方法（如圖 24 所示）[37-38]。

圖 25　QR Code 是具有高密度和高訊息含量且攜帶便利的數據文件

二維條碼及 QR Code 高訊息容量可以保存特定人員的聲音紋路訊息，並可與文檔（例如：

ID 檔案）結合使用。當需要驗證證件時，經由二維條碼及 QR Code 辨識使用者的聲音紋路特徵，將其輸入至聲音紋路驗證工具裡，同一時間與持有證件人員的聲音執行比對通過身分與證件查驗。其他 3D 訊息隱藏（Information Hiding）技術更有保密效果，但是目前技術屬初期開發，實際應用仍有許多阻礙並且成本甚高，待各界持續研究努力。

（四）聲紋辨識技術的應用場景

聲音辨識的技術在國家軍事作戰中具有重要的運用價值。聲音辨識技術已運用於軍事情報、保密、通信和指揮辦公室自動化中，在高科技條件下，為日常軍事活動和戰爭情勢起了重要作用，透過軍事運作範圍下得到實務成功經驗。

(1) 軍事通信（Military Communications）：聲音辨識正轉變為高科技通信系統中人機界面（Man-machine Interface）的關鍵技術。聲音辨識技術和聲音合成（Voice Synthesis）技術的連結，使人們可以擺脫鍵盤，並通過聲音指令執行。可將聲音接到口頭通信設備，轉變為客製化（Customization）和智能化（Intelligence），並成為服務的「供給者」。例如：人們可以利用聲音指令輕鬆地從遠程資料庫（Remote Database）系統中查詢和提出取得相關訊息。簡單的人機對話已廣泛用於手機通訊服務中。例如：當撥打相關單位的電話總機時，通常可以聽到語音提示，如「請撥分機幾號」和「請撥 0 以進行專人服務」聲音辨識後自動撥號等應用。在美國街道和小巷各處的公用電話亭貼有聲音辨識系統徽章標示，使用者只需在電話上說「Connect Operator, Please」系統的關鍵字檢核測試技術就可找到「Operator」，電話就可以直接呼叫連接到客服人員，系統辨識精準度高達 99%。

(2) 軍事保密（Military Secrecy）：聲音辨識技術在軍事保密中已具有重要的應用價值。在軍用電腦系統和核心關鍵元件的封閉式管理（Closed Management）中，已利用聲音紋路辨識技術來執行身分驗證。有一些高端電腦安全產品應用聲音紋路辨識技術，此技術可對於 USB 加入密鑰（Key）。添加聲音紋路驗證的功能，並對電腦系統執行加密和保護。它符合國家安全標準（CNS），文件加密和解開密鑰操作簡單便利，有多項安全保護又可靠地防止非法駭客（Illegal Hacker）侵入，可以阻止駭客使用和竊取電腦系統重要機密。在某些軍事重要場所的核心部分，聲音辨識技術應用在執行門禁控制管理上，可有效辨識出入境。安全管理系統會依據輸入的個人自然聲音訊號執行語音指紋身分查核認證，並會自動判斷打開或關閉門禁控制設施。

(3) 指令確認（Order Confirmation）：在軍事上透過電話發布指令是常見的訊息傳送輸出方法。使用聲音紋路辨識技術，可確認發出指令的人員身分。避免出現敵人假裝成我方的指揮

官（Commander）發布虛假命令並干擾我國的軍事布局情勢。在電腦訊息運作中，記錄過程需要執行類比至數位（Analog to Digital）訊號轉換，而回放聲音過程需要數位至類比訊號替換。因此，除非小偷使用錄音設備記錄合法的語音以進行聲音紋路身分查核驗證，否則要在兩次從類比到數位的訊號轉換，然後再從數位到類比的訊號轉替之後，聲音訊號頻譜將會有顯著失真（Distortion）和衰減（Attenuation）。此失真易於發現，無法通過驗證。需嚴謹調整使用適當的聲音紋路認證的閾值（Threshold），因為聲音紋路可以協助降低「錯誤接受率」和「錯誤拒絕率」。

參考文獻

[1] Saha, A., Saha, J., & Sen, B. (2019, February). An Expert Multi-Modal Person Authentication System Based on Feature Level Fusion of Iris and Retina Recognition. In 2019 International Conference on Electrical, Computer and Communication Engineering (ECCE) (pp. 1-5). IEEE.

[2] Hájek, J., & Drahanský, M. (2019). Recognition-based on eye biometrics: Iris and retina. In Biometric-Based Physical and Cybersecurity Systems (pp. 37-102). Springer, Cham.

[3] Kalms, L., Hajduk, M., & Göhringer, D. (2019, September). Efficient Pattern Recognition Algorithm Including a Fast Retina Keypoint FPGA Implementation. In 2019 29th International Conference on Field Programmable Logic and Applications (FPL) (pp. 121-128). IEEE.

[4] Tian, C., Chang, K. C., & Chen, J. (2020). Application of hyperbolic partial differential equations in global optimal scheduling of UAV. Alexandria Engineering Journal.

[5] Chang, K. C., Zhou, Y., Shoaib, A. M., Chu, K. C., Izhar, M., Ullah, S., & Lin, Y. C. (2020, March). Shortest Distance Maze Solving Robot. In 2020 IEEE International Conference on Artificial Intelligence and Information Systems (ICAIIS) (pp. 283-286). IEEE.

[6] Cristescu, R. M. (2019). Authentication Based on Ocular Retina Recognition in e-Learning Systems. In Conference proceedings of» eLearning and Software for Education «(eLSE) (Vol. 2, No. 15, pp. 203-207). "Carol I" National Defence University Publishing House.

[7] Luo, L., Zhang, P. J., Hu, P. J., Yang, L., & Chang, K. C. (2020, October). Research Method of Blind Path Recognition Based on DCGAN. In International Conference on Advanced Intelligent Systems and Informatics (pp. 90-99). Springer, Cham.

[8] Wu, W., Elliott, S. J., Lin, S., Sun, S., & Tang, Y. (2019). Review of palm vein recognition. IET Biometrics, 9(1), 1-10.

[9] Jaswal, G., Kaul, A., & Nath, R. (2019). Multimodal biometric authentication system using hand shape, palm print, and hand geometry. In Computational Intelligence: Theories, Applications and Future Directions-Volume II (pp. 557-570). Springer, Singapore.

[10] Amesimenu, G. D. K., Chang, K. C., Sung, T. W., Wang, H. C., Shyirambere, G., Chu, K.

C., & Hsu, T. L. (2020, October). Study of Reduction of Inrush Current on a DC Series Motor with a Low-Cost Soft Start System for Advanced Process Tools. In International Conference on Advanced Intelligent Systems and Informatics (pp. 586-597). Springer, Cham.

[11] Sani, M. F., Ochoa, M. E., & Dogramadzi, S. (2019, December). Palm Reading: Using Palm Deformation for Fingers and Thumb Pose Estimation. In 2019 IEEE International Conference on Robotics and Biomimetics (ROBIO) (pp. 2964-2970). IEEE.

[12] Chu, K. C., Chang, K. C., Wang, H. C., Lin, Y. C., & Hsu, T. L. (2020). Field-Programmable Gate Array-Based Hardware Design of Optical Fiber Transducer Integrated Platform. Journal of Nanoelectronics and Optoelectronics, 15(5), 663-671.

[13] Mnookin, J. L. (2001). Scripting expertise: The history of handwriting identification evidence and the judicial construction of reliability. Virginia Law Review, 1723-1845.

[14] Wang, S., & Jia, S. (2019, April). Signature handwriting identification based on generative adversarial networks. In Journal of Physics: Conference Series (Vol. 1187, No. 4, p. 042047). IOP Publishing.

[15] Sun, F., Gu, Y., Cao, Y., Lu, Q., Bai, Y., Li, L., ... & Li, T. (2019). Novel flexible pressure sensor combining with dynamic-time-warping algorithm for handwriting identification. Sensors and Actuators A: Physical, 293, 70-76.

[16] Zhang, C., Liu, J. J., Chang, K. C., Wang, H. C., Lin, Y. C., Chu, K. C., & Hsu, T. L. (2020, October). Study of the Intelligent Algorithm of Hilbert-Huang Transform in Advanced Power System. In International Conference on Advanced Intelligent Systems and Informatics (pp. 577-585). Springer, Cham.

[17] Said, H. E., Tan, T. N., & Baker, K. D. (2000). Personal identification based on handwriting. Pattern Recognition, 33(1), 149-160.

[18] He, Z., You, X., & Tang, Y. Y. (2008). Writer identification of Chinese handwriting documents using hidden Markov tree model. Pattern Recognition, 41(4), 1295-1307.

[19] Chang, K. C., Zhou, Y. W., Wang, H. C., Lin, Y. C., Chu, K. C., Hsu, T. L., & Pan, J. S. (2020, October). Study of PSO Optimized BP Neural Network and Smith Predictor for MOCVD Temperature Control in 7 nm 5G Chip Process. In International Conference on Advanced Intelligent Systems and Informatics (pp. 568-576). Springer, Cham.

[20] Aravamudhan, B., & Madhvanath, S. (2010). U.S. Patent Application No. 12/331,458.

[21] Song, J. M., Kim, W., & Park, K. R. (2019). Finger-vein recognition based on deep DenseNet using composite image. IEEE Access, 7, 66845-66863.

[22] Zhang, Y., Li, W., Zhang, L., Ning, X., Sun, L., & Lu, Y. (2019). Adaptive learning Gabor filter for finger-vein recognition. IEEE Access, 7, 159821-159830.

[23] Turatsinze, E., Chang, K. C., Li, P. Q., Chang, C. K., Chu, K. C., Zhou, Y. W., & Omer, A. A. I. (2020, October). Study of Advanced Power Load Management Based on the Low-Cost Internet of Things and Synchronous Photovoltaic Systems. In International Conference on Advanced Intelligent Systems and Informatics (pp. 548-557). Springer, Cham.

[24] Yang, J., Wei, J., & Shi, Y. (2019). Accurate ROI localization and hierarchical hyper-sphere model for finger-vein recognition. Neurocomputing, 328, 171-181.

[25] Zhou, Y., Chang, K. C., Chu, K. C., Amesimenu, D. K., Damour, N. J., Ahmad, S., ... & Omer, A. A. I. (2020, March). Advanced 5G system chip MOCVD process parameter control and simulation based on BP neural network and Smith predictor. In 2020 IEEE International Conference on Artificial Intelligence and Information Systems (ICAIIS) (pp. 291-296). IEEE.

[26] Wu, W., Elliott, S. J., Lin, S., & Yuan, W. (2019). Low-cost biometric recognition system based on NIR palm vein image. IET Biometrics, 8(3), 206-214.

[27] Zhipeng, D., Jingcheng, W., Yumin, X., Qingmin, M., & Xiaoming, W. (2019, June). Voiceprint recognition based on BP Neural Network and CNN. In Journal of Physics: Conference Series (Vol. 1237, No. 3, p. 032032). IOP Publishing.

[28] Xiong, D. (2015). U.S. Patent No. 9,218,814. Washington, DC: U.S. Patent and Trademark Office.

[29] Han, L., Li, T., Zheng, W., Ma, T., Ma, W., Shi, S., ... & Zhou, L. (2019, June). Recognition of Voiceprint Using Deep Neural Network Combined with Support Vector Machine. In International Conference on Intelligent and Interactive Systems and Applications (pp. 3-11). Springer, Cham.

[30] Ye, Z. P., & Chang, K. C. (2020, October). Big Data Technology in Intelligent Distribution Network: Demand and Applications. In International Conference on Advanced In-

telligent Systems and Informatics (pp. 385-393). Springer, Cham.

[31] Jiang, W., Li, Z., Li, J., Zhu, Y., & Zhang, P. (2019). Study on a Fault Identification Method of the Hydraulic Pump Based on a Combination of Voiceprint Characteristics and Extreme Learning Machine. Processes, 7(12), 894.

[32] Guo, R., Zhang, H., Pei, Z., Yang, S., Ge, C., Sang, S., & Hao, R. (2020). A Voiceprint Recognition Sensor Based on a Fully 3D　Printed Triboelectric Nanogenerator via a One　Step Molding Route. Advanced Engineering Materials, 22(5), 1901560.

[33] d'Amour, N. J., Chang, K. C., Li, P. Q., Zhou, Y. W., Wang, H. C., Lin, Y. C., ... & Hsu, T. L. (2020, October). Study of Region Convolutional Neural Network Deep Learning for Fire Accident Detection. In International Conference on Advanced Intelligent Systems and Informatics (pp. 148-155). Springer, Cham.

[34] Yao, W., Xu, Y., Qian, Y., Sheng, G., & Jiang, X. (2020). A Classification System for Insulation Defect Identification of Gas-Insulated Switchgear (GIS), Based on Voiceprint Recognition Technology. Applied Sciences, 10(11), 3995.

[35] Jia, N., Zheng, C., & Sun, W. (2019, November). Children's Speaker Recognition Method Based on Multi-dimensional Features. In International Conference on Advanced Data Mining and Applications (pp. 462-473). Springer, Cham.

[36] Amesimenu, D. K., Chang, K. C., Sung, T. W., Zhou, Y., Gakiza, J., Omer, A. A. I., ... & Haque, S. M. O. (2020, March). Study of Smart Monitoring and Protection of Remote Transformers and Transmission Lines using GSM Technology. In 2020 IEEE International Conference on Artificial Intelligence and Information Systems (ICAIIS) (pp. 297-301). IEEE.

[37] Luo, K., & Fu, L. (2019, March). Research and application of voiceprint recognition based on a deep recurrent neural network. In Automatic Control, Mechatronics and Industrial Engineering: Proceedings of the International Conference on Automatic Control, Mechatronics and Industrial Engineering (ACMIE 2018), October 29-31, 2018, Suzhou, China (p. 309). CRC Press.

[38] Jessen, M., Bortlík, J., Schwarz, P., & Solewicz, Y. A. (2019). Evaluation of Phonexia automatic speaker recognition software under conditions reflecting those of a real forensic voice comparison case (forensic_eval_01). Speech Communication, 111, 22-28.

第七章　深度學習理論原理與技術

　　隨著電腦技術的不斷深化，學習各類資料中的規律將有效說明人類擴大數據採擷的範圍，深度學習（Deep Learning）在其中扮演者重要的角色。本章論述人工神經網路（Artificial Neural Network, ANN）與初始化模型（Initialization Model），探討卷積類神經網路（Convolutional Neural Network, CNN）與迴圈神經網路（Loop Neural Network, LNN），並對深度學習最佳化演算法（Optimization Algorithm）與訓練技巧進行探討。

第一節　人工神經網路與初始化模型

一、人工神經網路（Artificial Neural Network, ANN）

（一）在神經科學中對生物神經元的研究

　　神經元（Neurons）相互連接組成神經網路。每一個神經元從其他神經元處獲得輸入資訊，少部分神經元也從接收器獲得資訊；神經元處理這些輸入資訊，一旦被啟動，就會繼續發送信號至其他相連的神經元。

　　機器學習（Machine Learning）中的神經元以生物神經元（Biological Neuron）為原型，受到了其機制不少的啟發和影響；然而，為了可以順利地完成模型的實現，不可避免的，對機器學習中的神經元進行了不少抽象和簡化，甚至有些已經跳出了生物神經元的束縛（如圖1）[1-2]。

1. 神經元啟動機制

　　神經生物學家（Neurobiologist）大衛·休伯爾（David Hunter Hubel）（1926-2013年）和托斯坦·威澤爾（Torsten Nils Wiesel）（1924年—　）由於發現了「對視覺系統中視覺訊息處理的研究的貢獻」而榮獲1981年的諾貝爾生理或醫學獎（Nobelpriset I Fysiologi Eller Medicin）。1958年，他們通過實驗證實位在後腦部皮層神經元（Cortical Neurons in Hindbrain）和視覺刺激（Visual Stimulation）互相存有某種相應關係。換句話說，若視覺受到某一項刺激，後腦部皮層特有位置的神經元將會啟動。他們的實驗出現一項稱作「方向選擇性細胞」（Orientation Selective Cells）神經元，若看到眼睛前面物體之邊緣，而此邊緣指出某一方位時，此處神經元將會啟動。神經生物學家認識到，生物神經元是神經系統的重要組成單位之一。隨後的深入研究揭示了神經元的基本構造由細胞體（Cell Body）和神經突（Neurite）（包括樹突、軸突、突觸）組成（如圖2所示）。神經突呈樹狀分支，為神經元的「資訊接收區」，它將

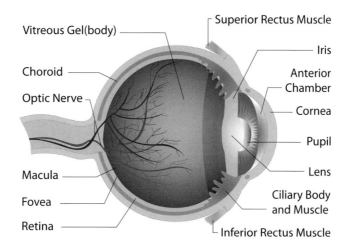

圖1　機器學習中的神經元是以生物神經元為原型

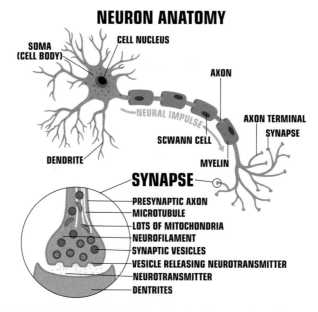

圖2　神經元的基本構造由細胞體和神經突（包括樹突、軸突、突觸）組成

受到刺激引起的電位變化（Potential Change）向胞體傳遞；然後會有一個「觸發區」（Trigger Area）負責整合電位，決定是否達到閾值，從而產生神經衝動（Nerve Impulse）；細長的軸突為「傳導區」，而其末端的突觸為「輸出區」，前述神經衝動會導致突觸釋放出神經傳遞物質（Neurotransmitter）或者電力（Electricity），從而實現將整合的資訊向下一個神經元進行傳遞的過程。機器學習中的神經元也暗合了這幾個功能區域：接收區（Receiving Area）、觸發區（Trigger Area）、傳導區（Conduction Area）、輸出區（Output Area）。其中，觸發區最重要，不同的觸發機制（Trigger Mechanism）也標誌著不同類型的神經元 [3-4]。

2. 神經元的特點

除神經元的基本啟動機制以外，科學家發現，大腦不同位置的神經元似乎專門實現各自的功能（Special Function）。儘管如此，各種神經元本身的構成卻很相似（Similar Structure）。在研究中甚至發現，早期的大腦損傷，其功能可能是以其他部位的神經元來代替實現的。當然，在生物體中，這需要在非常早期才有可能。有趣的是，在深度學習中也有類似的狀況：在一個資料集（Data Set）上訓練成型的深度神經網路（Deep Neural Network, DNN），在另一個完全不同的資料集（Data Set）上只需稍加訓練，就有可能適應和完成那個新的任務。這在機器學習中被稱為「遷移學習」（Transfer Learning）。

此外，科學家還發現，神經元具有稀疏啟動性（Sparse Startup），即儘管大腦具有多達五百兆個神經元，但真正同時被啟動的僅有 1～4%。這種稀疏啟動性也影響了機器學習中的神經元的模型設計（Model Design），比如稍後提到的整流線性單位函數（Rectified Linear Unit, ReLU）神經元，對小於 0 的輸入都進行了抑制，大大地提高了選擇性啟動的特徵。在 Dropout 及其他剪連接策略中，稀疏性也得到應用 [5-6]。

（二）神經元模型

生物神經元被以多種形式抽象和簡化，但均有一項相同的特性徵象，即由輸入、啟動函數、輸出構成（如表 1 所示）。各種神經元簡化模型的不同之處就在於啟動函數（Start Function）不一樣 [7-11]。

⬇ 表 1 生物神經元與人工神經元簡化模型的比較

功能說明	生物神經元	人工神經元
圖示比較	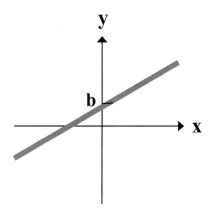	
接收輸入信號	樹突	輸入層
加工處理信號	細胞體	加權和
控制輸出	軸突	閾值函數
輸出結果	突觸	輸出層

1. 線性神經元（Linear Neuron）

　　線性神經元是指輸出與輸入呈線性關係的一種簡單模型。其運算式為 $y = wx + b$。如圖 3 所示，它實現的是輸入資訊的完全傳導（Fully Conductive）。在現實中，由於其缺乏對資訊的整合而基本不被使用，僅作為一個概念基礎[7]。

圖 3 線性神經元簡化模型

2. 線性閾值神經元（Linear Threshold Neuron）

早在 1943 年，人工神經網路（Artificial Neural Network, ANN）的提出者沃倫・麥卡洛克

（Warren Sturgis McCulloch）（1898-1969 年）和沃爾特・皮茨（Walter Pitts）（1923-1969 年）就分析了一種簡單的人工神經元模型，並且指出了它們運行簡單邏輯運算的機制。這種簡單的神經元採用線性神經元和二進制值（Binary）「開／關」相結合，稱爲線性閾值神經元，也被稱爲 McCulloch-Pitts 神經元。它具有以下特徵（如圖 4 所示）。

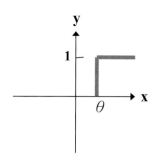

圖 4　線性閾值神經元簡化模型

(1) 輸入和輸出都是二進制值的。

(2) 每個神經元都具有一個固定的閾值 θ。

(3) 每個神經元都從帶有權重的啓動突觸接收輸入資訊。

(4) 抑制突觸對任意啓動突觸有絕對否決權（Absolute Veto）。

(5) 每次匯總帶權突觸的和，如果大於閾值 θ 而且不存在抑制突觸輸入，則輸出爲 1，否則爲 0。

假定神經元第 n 個輸入是 $x_1, x_2, x_3, \cdots, x_n$，輸出爲 y，那麼每次匯總的和爲方程式（7-1）：

$$\text{sum} = \sum_{i=1}^{n} w_i x_i$$
$$y = f(\text{sum}) = \begin{cases} 1, \text{sum} \geq \theta \text{且無抑制突出輸入} \\ 0，\text{其他} \end{cases} \qquad (7\text{-}1)$$

其中，w_i 就是權重，sum 是帶權和，θ 是閾值，f 是一個與閾值 θ 相關的線性閾值函數。抑制突觸輸入可以理解爲一個特權相關，一旦其值爲 1，則輸出必爲 0。

以函數 $y = \bar{x}_1 x_2 + \bar{x}_2 x_3$ 爲例，其中 x_2, x_2, x_3 是布林輸入，y 是眞實標注，$\hat{y}$ 是神經元的輸出。現假定權重向量 $w = [-1, 2, -1]$，閾值 θ 爲 $\frac{1}{2}$，且沒有抑制突觸輸入。由之前定義可知，$\text{sum} = \sum_{i=1}^{n} w_i x_i = -x_1 + 2x_2 - x_3$。考慮 x_1, x_2, x_3 的 8 種不同取值，可以得到表 2 所示的相關結果。從表 2 可以看出，這個神經元能完美模擬這個布林函數（Boolean Function）。

表 2 布林函數 $y = \overline{x}_1 x_2 + \overline{x}_2 x_3$「開／關」

x_1	x_2	x_3	sum	$\hat{y}$	y
0	0	0	0	0	0
0	0	1	−1	0	0
0	1	0	2	1	1
0	1	1	1	1	1
1	0	0	−1	0	0
1	0	1	−2	0	0

3. Sigmoid 神經元

Sigmoid 神經元可以使輸出平滑而連續地限制在 0～1 的範圍內，它靠近 0 的區域接近於線性，而遠離 0 的區域爲非線性。Sigmoid 神經元可以將實數「壓縮」至 0～1 的範圍內，大的負數趨向於 0，大的正數則趨向於 1（如圖 5 所示）。

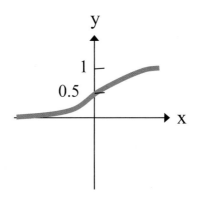

圖 5 Sigmoid 神經元簡化模型

Sigmoid 神經元的數學運算式爲方程式（7-2）：

$$y = \frac{1}{1 + e^{-x}} \qquad (7\text{-}2)$$

雖然它的啓動函數（Start Function）看起來比前面的模型要複雜不少，但是它的求導結果很漂亮（在訓練神經網路中需要計算啓動函數的導數）。具體的求導運算（Derivative Operation）如下方程式（7-3）：

$$\frac{\partial y}{\partial x} = -\frac{1}{\left(1+e^{-x}\right)^2} \cdot e^{-x} \cdot (-1)$$

$$= \frac{e^{-x}}{\left(1+e^{-x}\right)^2}$$

$$= \frac{1}{1+e^{-x}} \cdot \frac{1+e^{-x}-1}{1+e^{-x}} \qquad (7\text{-}3)$$

$$= y \cdot (1-y)$$

由此可見，Sigmoid 的導數可以直接用它的輸出值來計算，非常簡單。

Sigmoid 函數在過去被廣泛使用，除求導簡單外，還源於它很好地闡釋了一個神經元的「燃燒率」（Firing Rate）：從一個假定的完全不啓動（0）到完全飽和的燃燒（1）。

但 Sigmoid 神經元近年來變得鮮少使用。它的兩個主要缺陷如下：

(1) Sigmoid 函數進入飽和區後會造成梯度消失（Gradient Disappears）。Sigmoid 神經元的一個非常不受歡迎的屬性是在函數兩端回應趨向於飽和（接近於 0 或 1）。這些區域的梯度幾近於 0。在後向傳播中，這個（局部）梯度將以乘數的關係進入整個最佳化過程。這樣，如果局部梯度值（Local Gradient）很小，將很有效地「殺掉」梯度，使得幾乎沒有信號流過神經元到達它的權重並遞迴回資料。此外，在初始化 Sigmoid 神經元參數時也需要加倍小心，以避免函數進入飽和區（Saturation Zone）。例如：如果初始化的參數值過大，大部分神經元工作在飽和區，則網路變得很難學習。

(2) Sigmoid 函數並非以 0 為中心。這一屬性同樣不受歡迎，因為通過神經元向後傳播的網路需要處理非 0 的資料，這將對梯度下降（Gradient Descent）的過程造成影響。因為如果進入一個神經元的資料總是正的（如 $f = w^T x + b$, $x > 0$），那麼在反向傳播時參數 w 的梯度可全是正數，可全是負數（取決於整個運算式 f 的符號）。不過，當這些梯度在一個批次處理資料中先進行累加（Accumulate），最後再更新參數時，符號有時會有轉變，在此可降低影響程度。

4. Tanh 神經元

Tanh 神經元是 Sigmoid 神經元的一個繼承，它將實數「壓縮」至 −1～1 的範圍內，因此改進了 Sigmoid 變化過於平緩的問題（如圖 6 所示）。

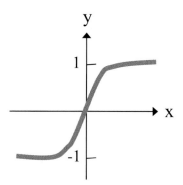

圖 6　Tanh 神經元簡化模型

Tanh 神經元的數學運算式為方程式（7-4）：

$$y = \frac{e^x - e^{-x}}{e^x + e^{-x}} \tag{7-4}$$

Tanh 的求導結果如方程式（7-5）：

$$\frac{\partial y}{\partial x} = \frac{\left(e^x + e^{-x}\right)\left(e^x + e^{-x}\right) - \left(e^x - e^{-x}\right)\left(e^x - e^{-x}\right)}{\left(e^x + e^{-x}\right)^2} = 1 - y^2 \tag{7-5}$$

5. ReLU 神經元

整流線性單元（Rectified Linear Unit, ReLU），又稱為修正線性單元，一般以其英文縮寫 ReLU 來代表（如圖 7）。其數學運算式為方程式（7-6）：

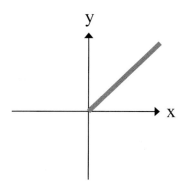

圖 7　ReLU 神經元簡化模型

$$y = \begin{cases} x, x > 0 \\ 0, 其他 \end{cases} \tag{7-6}$$

該函數等價於 $y = \max(0, x)$。它在閾值以下輸出均已切斷成「0」，閾值以上輸出則是線性不變。

ReLU 是分段可導（Derivative）的，其導數形式非常簡單如方程式（7-7）：

$$\frac{\partial y}{\partial x} = \begin{cases} 1, x > 0 \\ 0, \text{其他} \end{cases} \tag{7-7}$$

ReLU 在神經網路的實際應用中被廣泛採用，因爲其既具有非線性（Non-linear）的特點，使得資訊整合能力大大增強；在一定範圍內又具有線性的特點，使得其訓練簡單、快速。

使用 ReLU 有以下優點：

(1) 相比 Sigmoid 和 Tanh 神經元，ReLU 在隨機梯度下降（Stochastic Gradient Descent）過程中能夠明顯加快收斂速度（Speed Up Convergence）。

(2) 相比 Sigmoid 和 Tanh 神經元均包含複雜運算元（Operand），ReLU 通過簡單的閾值操作就能實現。

然而，ReLU 並不是萬能的，在訓練過程中可能是脆弱的，並且神經元也可能出現「死亡」。例如：通過 ReLU 神經元的大梯度可能導致權重更新（Weight Update）到不再被任何資料啓動位置。若是會發生此情況，那通過該神經元的梯度將永遠爲 0。也就是說，在訓練過程中，ReLU 單元會不可逆轉地死去。如果學習率（Learning Rate）設得太高，那麼在網路中甚至有高達 40% 的神經元不能被啓動。通過調整學習率，能夠限制這種情況的發生，這是設計上的重要觀念。

針對 ReLU 的相關缺點，近年來又出現了很多變種，包括 Leaky ReLU 試圖解決 ReLU「死亡」單元的問題。當 $x < 0$ 時，函數不再直接取 0，而是取 $0.01x$，即方程式（7-8）：

$$y = \begin{cases} x, x > 0 \\ 0.01x, \text{其他} \end{cases} \tag{7-8}$$

所以該函數會等價（Equivalence）於：$f(x) = \max(x, 0.01x)$。

（三）DNN

解決感知機器（Perception Machine）面臨非線性問題的方法，就是將感知機器變成多層神經網路（Multilayer Neural Network），也稱爲深度神經網路（Deep Neural Network, DNN）。多層神經網路相對於當時風頭正勁的支援向量機（Support Vector Machine, SVM）而言，其背後缺乏優美的數學理論和解決問題的堅實證明。實際上，這是神經網路一直面臨的窘境。即使在其重獲關注，並在各個領域獲得劃時代的成績後，對於其「成功」的解釋依然是一層未揭開

的面紗。不過，隨著近年來對神經網路的隱藏層（Hidden Layer）的研究，如「視覺化分析」（Visual Analysis）等，人們正逐漸了解它背後神祕的機制 [12-15]。

1. 輸入層（Input Layer）、輸出層（Output Layer）及隱藏層（Hidden Layer）

網路結構的第 1 層是輸入層，最後一層是輸出層，如果中間有其他層，則被稱爲「隱藏層」。如果隱藏層的數目多於一層，則該神經網路被稱爲「深度」神經網路（DNN）。隱藏層和輸出層一般會含有神經元，從而實現非線性。

如果放大隱藏層或輸出層的神經元，則可以將其分解爲輸入和參數的線性變換（Linear Transformation）結果 z，該變換結果經過非線性的啓動函數 $y = f(z)$ 而得到輸出的兩部分結構。不過，y 與 z 屬於同一層，只是爲了便於介紹神經網路的訓練學習。

2. 目標函數的選取

在討論神經網路的訓練之前，我們首先要明確目標函數（Objective Function）。通常，這個目標函數以損失函數（Loss Function）的形式來呈現。例如：常用的均方誤差（Mean-square Error, MSE）損失函數可以表示爲方程式（7-9）：

$$Loss = \frac{1}{2N} \sum_{i=1}^{N} \left(y_i - \hat{y}_i\right)^2 \tag{7-9}$$

其中，N 爲採樣之數目，y_i 是第 i 個樣本的實際標注值，也稱爲標籤（Label），而 $\hat{y}_i$ 爲該樣本的預測值。由此可見，損失函數值小較好，當損失函數值是 0 時，則說明網路模型（Network Model）預測的結果完全無誤。

除均方差損失函數外，還有很多不同的損失函數。損失函數的選取一般要根據模型的特點和目標的設立來進行。比如，在一個多分類（Multi-category）問題上，最合適的損失函數可能就不是均方差損失函數。

假設這個多分類問題共有 C 個類別，而輸出 z_c 也是 C 維的，每一維的輸出 z_c 值代表在該類的得分，得分最高的即爲最可能的預測類別。對於這樣的問題，通常更希望輸出是機率形式，因此在輸出層會加一個多項分布的標準連接函數的反函數（Softmax），即方程式（7-10）：

$$\hat{y}_c = \frac{\exp(z_c)}{\sum_i \exp(z_i)} \tag{7-10}$$

這樣輸出的預測值被轉化成了機率值，所有類的機率值之和爲 1。對於這樣以 Softmax 爲輸出層的網路模型，最合適的損失函數就是一種名爲交叉熵的損失函數（Cross-entropy Loss

Function, CELF），如方程式（7-11）：

$$\text{Loss} = -\sum_{i=1}^{N} y_i \log(\hat{y}_i) \qquad （7\text{-}11）$$

這是因為 $\dfrac{\partial Loss}{\partial z_i} = \sum_i \dfrac{\partial Loss}{\partial \hat{y}_i} \cdot \dfrac{\partial \hat{y}_i}{\partial z_i} = \hat{y}_i - y_i$。這個偏導數（Partial Derivative）的結果簡潔、漂亮。在網路的訓練中很重要的就是利用 Loss 對參數的梯度，而此簡潔的梯度也讓訓練更加簡單，因此對於輸出層為 Softmax 來說，最合適的損失函數為此交叉熵損失函數（CELF）。

3. 前向傳播（Forward Propagation）

為了便於說明，以一個簡單的神經網路模型為例。如圖 8 所示為要訓練的網路模型，其中輸入為 N 維，輸出為預測值 $\hat{y}_i$，目標損失函數採用均方差誤差，模型的參數為各層的 w 值，神經元的中間結果用 z 來表示，啟動函數採用 Sigmoid。

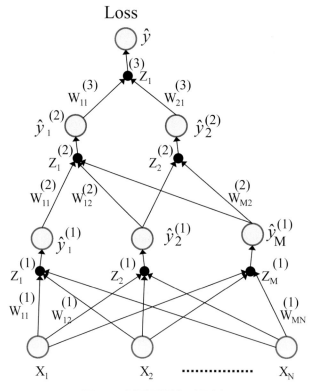

圖 8　神經網路模型示例

前向傳播，就是在當前參數值下，輸入值進入網路後，依順序計算，最終得到預測值的過

程。在圖 8 中，則是自下向上沿著箭頭方向進行計算的。其中方程式（7-12）：

$$\begin{cases} z_i^{(1)} = \sum_{j=1}^{N} w_{ji}^{(1)} x_j \\ \hat{y}_i^{(1)} = \dfrac{1}{1+e^{-z_i^{(1)}}} \end{cases} \tag{7-12}$$

方程式（7-12）為輸入層到第 1 隱藏層的前向傳播計算公式。而第 1 隱藏層至第 2 隱藏層、第 2 隱藏層至輸出層的前向傳播計算也可以類似推得。最終的損失函數計算為輸出值和真實值之間的均方誤差（MSE）或交叉誤差（Cross Error）等。

可以看出，前向傳播計算非常簡單。但是，所得到的預測值可能和真實值相差較遠，其損失函數值也比較大。

4. 後向傳播（Backward Propagation）

後向傳播，顧名思義，就是從損失值（Loss Value）開始，反過來更新網路的參數值，使得更新後網路損失值下降的過程。這一過程主要是透過「梯度下降」的方法來實現的。也就是說，基於當前的參數值（Parameter Value），能使損失值下降最大的方法可能是向著梯度的反方向（Opposite Direction）更新參數。還是以圖 8 所示的神經網路模型為例。先看相鄰層之間的梯度計算，然後再看從損失值開始至任意層任意一個參數的梯度計算方法[16-17]。

首先，損失函數對輸出層的梯度可以很容易求得如方程式（7-13）：

$$\frac{\partial Loss}{\partial \hat{y}_i} = -(y-\hat{y}) \tag{7-13}$$

那麼，輸出層 $\hat{y}$ 對啟動函數的輸入 $z_1^{(3)}$ 的梯度為何？因為選擇的啟動函數是 Sigmoid，而前面也已推得 Sigmoid 的導數結果，所以現在可以直接得到如方程式（7-14）：

$$\frac{\partial \hat{y}}{\partial z_1^{(3)}} = \hat{y} \cdot (1-\hat{y}) \tag{7-14}$$

而由於 Z_P 是其對應的輸入層在相應參數下的線性組合，因此其對參數和輸入的偏導都很簡單如方程式（7-15）：

$$\begin{cases} \dfrac{\partial z_j^{(3)}}{\partial \hat{y}_i^{(2)}} = w_{ij}^{(3)} \\ \dfrac{\partial z_j^{(3)}}{\partial w_{ij}^{(3)}} = \hat{y}_i^{(2)} \end{cases} \tag{7-15}$$

而從 $\hat{y}_i^{(2)}$ 層向下的梯度計算都是類似的如方程式（7-16）：

$$\frac{\partial \hat{y}_i^{(2)}}{\partial z_j^{(2)}} = \hat{y}_i^{(2)} \cdot \left(1 - \hat{y}_i^{(2)}\right) \tag{7-16}$$

從 $z_j^{(2)}$ 向下求梯度為方程式（7-17）：

$$\begin{cases} \dfrac{\partial z_j^{(2)}}{\partial \hat{y}_i^{(1)}} = w_{ij}^{(2)} \\[3mm] \dfrac{\partial z_j^{(2)}}{\partial w_{ij}^{(2)}} = \hat{y}_i^{(1)} \end{cases} \tag{7-17}$$

直到隱藏層向輸入層的梯度計算如方程式（7-18）：

$$\frac{\partial \hat{y}_i^{(1)}}{\partial z_i^{(1)}} = \hat{y}_i^{(1)} \cdot \left(1 - \hat{y}_i^{(1)}\right) \tag{7-18}$$

一般最後只需要求對參數的梯度（請注意，生成模型（Generative Model）有時也需要對輸入的梯度），而不再需要計算對輸入值的梯度，即方程式（7-19）：

$$\frac{\partial z_j^{(1)}}{\partial w_{ij}^{(1)}} = x_i \tag{7-19}$$

至此，得到了相鄰兩層梯度的計算結果。

而梯度下降法（Gradient Descent）需要的是任意一個參數相對於損失值的梯度，關於這個梯度的計算，只需要應用梯度的「鏈式法則」（Chain Rule），根據上面求得的結果便可以得到。比如，如果想求得損失值對參數 $w_{M2}^{(2)}$ 的梯度。則只需計算如方程式（7-20）：

$$\begin{aligned} \frac{\partial Loss}{a w_{M2}^{(2)}} &= \frac{\partial Loss}{\partial \hat{y}} \cdot \frac{\partial \hat{y}}{\partial z_1^{(3)}} \cdot \frac{\partial z_1^{(3)}}{\partial y_2^{(2)}} \cdot \frac{\partial y_2^{(2)}}{\partial z_2^{(2)}} \cdot \frac{\partial z_2^{(2)}}{a w_{M2}^{(2)}} \\ &= -\left(y - \hat{y}\right) \cdot \hat{y} \cdot \left(1 - \hat{y}\right) \cdot w_{21}^{(3)} \cdot \hat{y}_2^{(2)} \cdot \left(1 - \hat{y}_2^{(2)}\right) \cdot y_M^{(1)} \end{aligned} \tag{7-20}$$

而如果從損失值到變數有多條路徑，那麼就需要將各條路徑上的梯度求出來，然後再求取相加之和。比如，如果要求損失值對 $\hat{y}_2^{(1)}$ 的梯度，從前向傳播來看，$\hat{y}_2^{(1)}$ 的改變將會沿著兩條路徑影響到損失值，因此損失值對它的梯度計算應該是如方程式（7-21）：

$$\frac{\partial Loss}{a \hat{y}_2^{(1)}} = \frac{\partial Loss}{\partial \hat{y}} \cdot \frac{\partial \hat{y}}{\partial z_1^{(3)}} \cdot \frac{\partial z_1^{(3)}}{\partial y_1^{(2)}} \cdot \frac{\partial y_1^{(2)}}{\partial z_1^{(2)}} \cdot \frac{\partial z_1^{(2)}}{\partial y_1^{(2)}} + \frac{\partial Loss}{\partial \hat{y}} \cdot \frac{\partial \hat{y}}{\partial z_1^{(3)}} \cdot \frac{\partial z_1^{(3)}}{\partial y_2^{(2)}} \cdot \frac{\partial y_2^{(2)}}{\partial z_2^{(2)}} \cdot \frac{\partial z_2^{(2)}}{\hat{y}_2^{(1)}} \tag{7-21}$$

5. 參數更新（Parameter Update）

雖然知道了參數更新的方向，並且由後向傳播計算出了梯度值，但是沿著這個梯度的反方向更新多少仍是個重視的議題。實際神經網路的訓練中，會透過一個重要參數——學習率

（Learning Rate），來控制這個「步長」（Step Size）。也就是說，參數 w 的更新將通過以下方程式（7-22）：

$$w \Leftarrow w - \eta \cdot \frac{\partial Loss}{\partial w}$$

（7-22）

其中，「負號」代表與梯度方向相反；η 代表學習率，它作為參數來控制步長；而 $\frac{\partial Loss}{\partial w}$ 為計算的梯度值。

如圖 9 所示，當前參數值為 x_t，則下一時刻更新為 $x_{t+1} = x_t - \eta \cdot \partial y/\partial x$。具體來看，當前時刻該位置梯度的方向為 +，大小為 $\Delta y/\Delta x$，那麼參數更新的方向將為 −，更新的大小為 $\eta \cdot \Delta y/\Delta x$。所以由圖 9 可見，如果學習率選取得當，更新後對應的 y 值將變小；但是當學習率過大時，也很容易出現 y 值反而增大的現象，發生震盪，如 x'_{t+1} 對應的值；而如果學習率設置得過小，那麼雖然不易發生震盪，但收斂（Convergence）速度將會變慢，也會影響訓練效果。由此可見，學習率的設置是一個十分重要的問題。

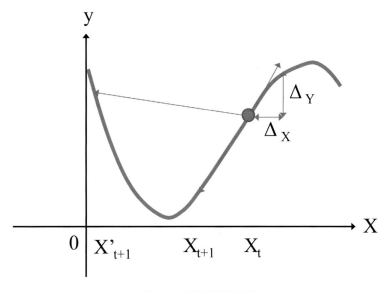

圖 9　參數更新示例

二、初始化模式（Initialization Mode）

（一）受限波茲曼機

受限波茲曼機（Restricted Boltzmann Machine, RBM）由可視層和隱藏層構成，常常用來構建深層 RBM（Deep RBM）、自動編碼器（AutoEncoder, AE）、深度信念網路（Deep Belief Network, DBN）等深度學習模型（Deep Learning Model）。RBM 屬於深度學習中的生成模型，用於建模觀察資料和輸出標籤之間的聯合機率分布 $p(v, 0)$，因而可以對 $p(0 \mid v)$ 和 $p(v \mid 0)$ 都進行評估，而判別模型僅進行估計。

而近兩年來的生成模型對抗網路（Generative Adversarial Network, GAN）大放異彩，使得大家又開始關注生成模型。RBM 是一種機率圖形式（Probability Graph）的神經網路模型，它是波茲曼機（Boltzmann Machines, BM）的一種特殊形式，而波茲曼機本身又是一種特殊的馬爾可夫網路（Markov Nets），馬爾可夫網路又是一種特殊的機率無向圖模型（Undirected Graphical Model, UGM），後者本身又是一種機率圖模型 [18-20]。

1. 能量模型（Energy-based Model, EBM）

基於能量的模型，顧名思義，是描述一些感興趣特徵與能量之間關係的模型。一般來說，世間萬物皆具備如此特性，即當一系統雜亂無序時，其機率分布會接近於均勻分布（Evenly Distributed），系統對應的能源量較大；反之系統較有秩序或是機率分布較集中者，系統對應的能源量較少；而當能量函數取最小值時，對應系統最穩定的狀態 [21-22]。

基於能量的機率模型可以定義如下方程式（7-23）：

$$p(x) = \frac{e^{-E(x)}}{Z} \tag{7-23}$$

其中 Z 正規化因數如方程式（7-24）：

$$Z = \sum_x e^{-E(x)} \tag{7-24}$$

這個定義初看不好理解，但如果假設 $-E(x) = -wx$ 就不難看出此時的 EBM 其實就是 Softmax 模型，可以說 Softmax 是能量模型的一種特殊形式。

與邏輯回歸（Logistic Regression）和 Softmax 類似，EBM 對應的對數似然（Log-likelihood）如下方程式（7-25）：

$$\mathcal{L}(\theta, \mathcal{D}) = \frac{1}{N} \sum_{x^{(i)} \in \mathcal{D}} \log p(x^{(i)}) \tag{7-25}$$

其中 θ 為參數，$\mathscr{D}$ 是大小為 N 的資料集，為資料集中的第 i 個樣本，一般 EBM 的損失函式定義為負的對數似然如方程式（7-26）：

$$l\left(\theta,\mathscr{D}\right)=-\mathscr{L}\left(\theta,\mathscr{D}\right)=-\frac{1}{N}\sum_{x^{(i)}\in\mathscr{D}}\log p\left(x^{(i)}\right) \quad (7\text{-}26)$$

對單個樣本 x_j 來說，對應的 loss 為：$-\log p\left(x^{(i)}\right)$。

那麼模型中參數 θ 對應的梯度為方程式（7-27）所示：

$$g_\theta=-\frac{\partial\log p\left(x^{(i)}\right)}{\partial\theta} \tag{7-27}$$

2. 帶隱藏單元的能量模型

在很多情況下，並不能直接觀測到所有的 x 值，這時候往往需要引入隱藏變數（Hidden Variables）。假設給定輸入 x 以及對應的隱藏變數 h，$p(x)$ 可以重寫為方程式（7-28）：

$$p\left(x\right)=\sum_h p\left(x,h\right)=\sum_h\frac{e^{-E(x,h)}}{Z} \tag{7-28}$$

假設 $\mathscr{F}$ 為自由能量（Free Energy），定義如下方程式（7-29）：

$$\mathscr{F}\left(x\right)=-\log\sum_h e^{-E(x,h)} \tag{7-29}$$

那麼 $p(x)$ 則可改寫為方程式（7-30）：

$$p\left(x\right)=\frac{e^{-E(x,h)}}{Z} \tag{7-30}$$

其中正規化（Normalized）項 Z 為方程式（7-31）：

$$Z=\sum_{\bar{x}}e^{-\mathscr{F}\left(\bar{x}\right)} \tag{7-31}$$

單個樣本 x 的梯度為方程式（7-32）：

$$g_\theta=-\frac{\partial\log p\left(x\right)}{\partial\theta} \tag{7-32}$$

有了上面的公式，就可以藉助馬可夫鍵蒙地卡羅（Markov Chain Monte Carlo, MCMC）之類的採樣方法（Sampling Method）學習得到一個 EBM 模型。

（二）自動編碼器

自動編碼器（AE）是一種無監督學習的演算法（Unsupervised Learning Algorithm）。普通的監督學習方法如圖 10 所示，每個輸入都有對應的標籤（Label），即標注的期望值（Expected

Value），模型的預測值與期望值進行相關比較（比如標準差或平方差等）就可以得到對應的損失值（Loss），而相關比較對應的函數就是機器學習中常說的損失函數。如圖 11 所示則是一種無監督學習方法（注：並不是所有的無監督學習方法都是這樣的，比如聚類、PCA 降維等），標籤直接用輸入代替。自動編碼器一般由編碼器（Encoder）網路和解碼器（Decoder）網路兩部分組成，其中編碼器網路在訓練和線上部署時都被使用，而解碼器網路只在訓練時被使用。如果將圖 10 中的模型替換爲與自動編碼器相關的編碼器和解碼器，如圖 12 所顯示自動編碼器學習方法 [23-24]。

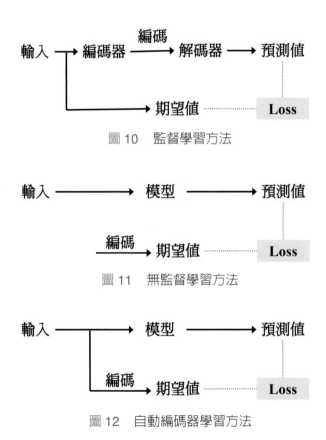

圖 10　監督學習方法

圖 11　無監督學習方法

圖 12　自動編碼器學習方法

　　如圖 13 所示是一個 5 輸入的自動編碼器，輸入爲 $\{x_1, x_2, x_3, x_4, x_5\}$，其中 $x_i \in R$，目標是學到函數 $h(x) \approx x$。自動編碼器實質是以輸入作爲標籤進行訓練的，從模型的結構來看，輸入向量（在圖 13 中維度爲 5）被編碼爲隱藏層向量（在圖 13 中維度爲 3），隱藏層向量又被解碼爲輸出向量（與輸入向量維度相同）。這個例子中的每一層都是普通的全連接層（Fully

Connected Layer），當然，自動編碼器的層面也可以是卷積層（Convolutional Layer）之類（如圖 14），若是卷積層，就是卷積自動編碼器（Convolutional AE）。

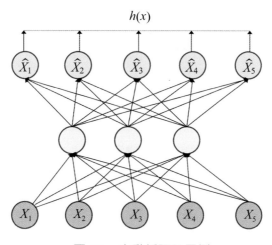

圖 13　自動編碼器示例

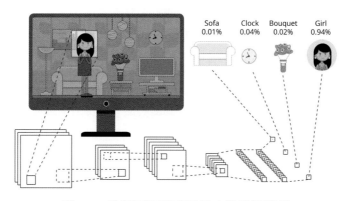

圖 14　卷積層網路應用於人臉辨識範例

　　一般來說，隱藏層向量的維度要小於輸入向量的維度，而因為隱藏層向量能基本還原出輸入向量，說明隱藏層向量保留了輸入的絕大部分資訊，從而達到對輸入進行降維（Dimension Reduction）的效果，這有點類似於傳統機器學習中的主成分分析（Principal Component Analysis, PCA）等降維技術[25]。

1. 稀疏自動編碼器（Sparse AE）

如果對編碼加入 L1 正則化約束，就可以使得部分編碼 0，從而達到編碼稀疏（Sparse Coding）的效果，對應的自動編碼器則為稀疏自動編碼器（Sparse AE）。

2. 降雜訊自動編碼器（Denoising AE）

降雜訊自動編碼器（Denoising AE）是自動編碼器一項變種，唯一的區別在於編碼器的輸入是包含雜訊（Noise）的，而用作解碼目標的輸入是去除了雜訊的。這樣的編碼器模型能夠將有雜訊資料還原為乾淨的原始資料，有較佳抵抗雜訊能力。

由於雜訊資料與原始資料標注成本往往是非常高的，所以通常的做法是透過對原始資料人為添加雜訊參與訓練，這些方法包括：

(1) 添加高斯雜訊（Gaussian Noise）。

(2) 添加二維遮罩雜訊（2D mask Noise），類似於 Dropout，將部分輸入神經元直接置為 0。

還有一些自動編碼器的變種與降雜訊自動編碼器的動機一樣，都是增加學習的穩健性（Robustness），比如通過修改損失函數的收縮自動編碼器（Contractive AE）。

3. 堆疊自動編碼器（Stacked AE）

既然單層的編碼能夠盡量保留輸入層的資訊，如果在第 1 層編碼的基礎上繼續建構一層自動編碼器，那麼新的編碼能夠盡量保留第 1 層編碼的資訊，也就能保留輸入的絕大部分資訊，這種疊加的自動編碼器稱為堆疊自動編碼器（Stacked AE）。

利用堆疊自動編碼器進行逐層的貪婪訓練（Greedy Training）方式非常適合深度學習模型的權重初始化（Weight Initialization）。普通的 4 層 DNN 網路，可以採用如下堆疊自動編碼器的方式進行參數的初始化。

(1) 利用輸入層和第 1 個隱藏層構建一個自動編碼器，使得第 1 個隱藏層 $<h_{11}, h_{12}, h_{13}, h_{14}>$ 被解碼後的輸出盡量與輸入資訊接近。如此得到的第 1 個隱藏層 $<h_{11}, h_{12}, h_{13}, h_{14}>$ 充分保留了原始輸入的資訊。

(2) 以第 1 個隱藏層 $<h_{11}, h_{12}, h_{13}, h_{14}>$ 為輸入，第 2 個隱藏層 $<h_{21}, h_{22}, h_{23}>$ 作為編碼建構第 2 個自動編碼器，類似地，最終學到的第 2 個隱藏層會最大程度地保留第 1 個隱藏層的資訊，也是在程度上保有輸入之資訊。

依此類推，最終得到的第 3 個隱藏層 $<h_{31}, h_{32}, h_{33}>$ 也會最大程度地保留輸入資訊，也就是得到了足夠有效的特徵。

將第 3 個隱藏層與 Softmax 層相組合，就可以訓練一個簡單的分類模型。

將以上所有層組合在一起就可以得到一個已經初始化的 DNN 模型。

有監督微調（Supervised Fine-tuning）：使用了初始化參數的 DNN 模型可以進一步利用梯度下降之類的最佳化演算法微調所有參數，從而使得模型達到更好的效果。

（三）深度信念網路（Deep Belief Network, DBN）

信念網路（Belief Network），又稱為貝葉斯網路（Bayesian Network）或貝葉斯信念網路（Bayesian Belief Network），是一種有向無環圖（Directed Acyclic Graph, DAG）模型。深度信念網路是透過不斷累積 RBM 形成的深層網路結構。每當一個 RBM 被訓練完成時，其隱藏單元又可以作為後一層 RBM 的輸入。DBN 的基本思想是允許每一層 RBM 模型接收資料的不同表示。DBN 根據應用需求不同，可作自動編碼器，又能作分類器[26-28]。

如圖 15 所示為多層 RBM 逐層訓練得到的 DBN，其中輸入作為最底層，逐層進行 RBM 的無監督訓練，下一層 RBM 的隱藏層輸出作為上一層 RBM 的輸入，當訓練停止時，就擁有了 DBN 所有隱藏層權重的初始值，最後一個 RBM 的隱藏層輸出就是最終的自動編碼器的輸出向量。

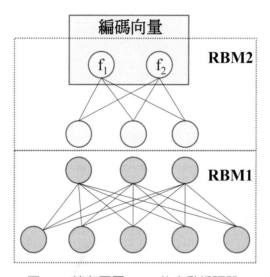

圖 15　擁有兩層 RBM 的自動編碼器 DBN

DBN 也可以用作分類器，如圖 16 所示，逐層預訓練完之後，採用後向傳播技術針對分類目標進行參數的微調。

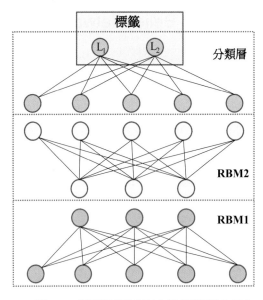

圖 16　擁有兩層 RBM 的分類器 DBN

第二節　卷積類神經網路與迴圈神經網路

一、卷積類神經網路（Convolutional Neural Network, CNN）

卷積神經網路已不是個新概念，甚至在 90 年代已被廣泛運用，對於深度學習的重要功臣就是卷積類神經網路，最適合電腦影像辨識模型應用 [29-33]。

（一）卷積運算元

卷積工程與數理學有許多運用於統計學上，加權之移動平均（Weighted Moving Average）是種卷積；對於機率理論，2 個統計獨立的變數 x 和 y 求和之機率密度函數（Probability Density Function）是 x 和 y 的機率密度函數之卷積（Convolution）；在聲音學，回聲可運用原聲音和一項反應各反射回應的函數相卷積來顯示；在電子工程和信號處理時，任一種線性系統之輸出均可經由輸入訊號和系統函數（系統的刺激回應（Stimulus Response））做成卷積取得；在物理學（Physics），任一種線性系統（符合疊加原則）均會存有卷積。

假設我們用雷射感測器（Laser Sensor）來追蹤太空梭（Space Shuttle）的位置。雷射感測器能夠提供一個輸出 $x(t)$（表示 t 時刻太空梭的方位），其中 x 和 t 均爲實數，也就是說，可以在任意假設雷射感測器受到一定的雜訊影響（Noise Impact），爲了獲取包含較少雜訊的太空梭位置的估計，我們期望對多個測量值進行平均（Average）。由於時間越接近的測量值越相關，因此期望以一種加權平均（Weighted Average）的方式對較近的讀數提供更大的權重。通過一個權重函數 $\omega(a)$ 來實現，a 表示測量值產生時間的間隔。如果將這樣的加權平均操作應用在每個時刻上，就得到了一個新的函數 s，提供一種關於太空梭位置的平滑估計（Smooth Estimate）如方程式（7-33）：

$$s(t) = \int x(a)\omega(t-a)\,da \tag{7-33}$$

這種操作稱作「卷積」。卷積演算（Convolution Calculus）是以星號來標記如方程式（7-34）：

$$s(t) = (x * \omega)(t) \tag{7-34}$$

其中，ω 具備有效的機率密度函數（Probability Density Function, PDF）才能使得函數輸出爲加權平均。並且，ω 在引數爲負的區間取值爲 0，否則將會使用未來的讀數對當前值進行加權，這種情況是超越了現實系統能力的。當然，此限制係針對前述的範例。卷積類已定義爲對任意函數進行如方程式（7-33）的積分，並可能被應用於除加權平均之外的用途。

卷積類網路的專業術語部分，其中卷積類的第 1 參數通常表示輸入（Input），第 2 參數表示核（Kernel）（卷積核又稱爲 Filters、Features Detectors）。輸出有時也被稱作特徵映射（Feature Map）。

通常，用電腦處理資料時，時間是離散的（Dispersed），且感測器以固定的間隔提供讀數。在太空梭這個例子中，要求雷射感測器在每個時刻都提供測量結果並不現實，比較現實的方案是感測器每秒（Per Second）提供一個測量結果且時間指數 t 採用正數值。若假設 x 與 ω 只能定義爲正數值 t，可取到離散卷積（Discrete Convolution）如方程式（7-35）：

$$s(t) = (x * \omega)(t) = \sum_{a=-\infty}^{\infty} x(a)\omega(t-a) \tag{7-35}$$

在機器學習的運用，輸入資料是多維陣列（Multidimensional Array），核通常是一個通過學習演算法（Learning Algorithm）獲得的多維的參數陣列。可以將這些多維陣列稱爲張量（Tensor）。在實際中，張量的維度都是有限的，換句話說，在實踐中方程式（7-35）的無窮加和往往退化爲有限數量的元素之和。

卷積也可以是多維的。例如：如果將一個二維圖片（Two-Dimensional Picture）I 輸入，同

樣希望執行一項二維卷積核 K 如方程式（7-36）：

$$S(i,j) = (I*K)(i,j) = \sum_m \sum_n I(m,n)K(i-m,j-n)$$

（7-36）

通常因爲在 m 和 n 的有效值範圍內變化更小，所以在機器學習庫裡會更直接地使用方程式（7-36）的公式形式。

卷積滿足交換律（Commutative Law）是因爲相對於輸入其翻轉了核函數（Kernel Function），這樣當 m 增加時，輸入函數的下標增加，而核函數的下標則相應減小。對核進行轉變原因是爲了獲得轉換性。交換律於書寫證明有益處，但是神經網路的運用較爲非重要之屬性。

取而代之的是，在許多神經網路庫的實現中採用一種稱爲（Cross-Correlation）互相的關聯函數，它除不翻轉核函數之外跟卷積一樣。

（二）卷積的特徵

卷積類提供可加強機器學習有效的 3 種重要手法：稀疏交互（Sparse Interaction）或稀疏連接（Sparse Connectivity）、參數共用（Parameter Sharing）以及等價表示（Equivariant Representation）。因此，卷積提出一項輸入尺寸可轉變之工作方法。

傳統神經網路利用參數矩陣的乘法，每個輸入單元和輸出單元之間由單獨的參數進行描述。這意味著輸出單元會和每個輸入單元進行交互，即連接是稠密的（Dense）。而卷積網路因爲核函數尺寸一般小於輸入大小，其連接是稀疏的（Sparse）。例如：當處理一張圖片時，輸入圖像可能包含上百萬個像素（Pixel），但是我們可以檢測小的、有意義的特徵，使用只占幾十個或幾百個像素的邊緣卷積核（Edge Convolution Kernel）。這種空間上的連接範圍（作爲神經元的超參數）稱爲「特徵接受域」（Receptive Field）（與卷積核尺寸相同）。越高層的卷積層「特徵接受域」對應到原始輸入圖像上的區域越大，也爲提取到更高層的語義資訊提供了可能。如果將神經網路和腦科學進行類比，這樣的局部連接類似於人類大腦視覺皮層不同位置只對局部區域有回應的生理機制。

我們以對比全連接（Fully Connected）和稀疏連接（Sparsely Connected）的區別舉例。假設有 m 路輸入與 n 路輸出，對於全連接的矩陣相乘必須 m*n 參數，演算法複雜度爲 $O(m*n)$。如果限制到每個輸出單元的連接數爲 k，以稀疏之連接方式需要 k*n 參數和 $O(k*n)$ 執行時間。對於許多現實應用，在保持 k 比 m 小幾個數量級（Magnitude）的情況下，機器學習任務仍然能夠獲得一個好的表現。這種稀疏連接特性使得網路能夠通過構建簡單的連接結構來高效地描述變數間的複雜關係。如圖 17 所示，圖 (a) 和圖 (c) 爲卷積網路，核函數大小爲 3，圖 (b) 和圖 (d) 爲普通的全連接神經網路。其中圖 (a) 表示從輸入 I3 來看，在卷積網路中與其互連的輸

出單元只有 O2、O3 和 O4；而在全連接網路（圖(b)）中，則與所有輸出單元都相連。類似地，從輸出 O3 來看，圖(c) 表示與其互連的輸入單元只有 I2、I3 和 I4，圖(d) 則表示與所有輸入單元相連。雖然卷積網路單層只能看到局部資訊，但是深層的卷積網路其感受域還是可以涉及全圖像，如圖 18 所顯示。

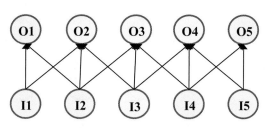

(a) 從輸入 I3 看稀疏連接

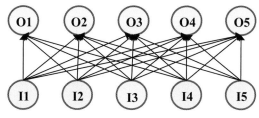

(b) 從輸入 I3 看全連接

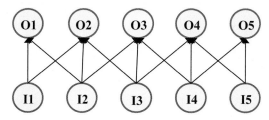

(c) 從輸出 O3 看稀疏連接

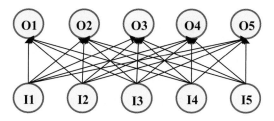

(d) 從輸出 O3 看全連接

圖 17 稀疏連接與全連接

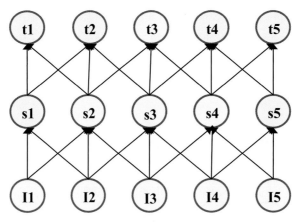

圖 18　多層卷積的特徵接受域示例

　　這意味著只需要儲存更少的參數，在減少模型所需要的記憶體空間的同時提高模型的統計速率，同樣計算輸出只需較少的參數，在效率方面的提升是顯著的。

　　參數共用（Parameter Sharing）指的是對模型中的多函數取用一樣之參數。傳統的神經網路，估算輸出權重矩陣之每個元素將會使用 1 次。對於共用參數，應用於一個輸入位置的參數值也會被應用於其他輸入位置。在卷積網路中，一個卷積核（Kernel）內的參數會被應用於輸入的所有位置。

　　在卷積網路中，參數共用的特殊形式使得卷積層具有變換等價性（Transformation Equivalence）。這意味著如果輸入發生變化，輸出也會隨之發生同樣的變化。若是 $f(g(x)) = g(f(x))$，則函數 f 與函數 g 是等價的。在卷積網路中，用 g 表示對輸入的一種變換，那麼卷積函數 f 與函數 g 是等價的。例如：I 表示一幅圖像，$I' = g(I)$ 表示圖片函數 $I'(x, y) = I(x - 1, y)$，即 $g(I)$ 變換將圖像的每個像素朝右移動 1 單元。若是預先在圖片 I 施以轉變，再執行卷積 f，結果等同於對圖片 I 的卷積施以變換。也就是說，如果圖片中的目標發生一定的位移，那麼卷積輸出的表達也會發生同等的位移。這一屬性對於作用在一個相對小區域的運算元（Operand）來說是很有用的。前述的技術對於網路安全的訊息隱藏（Information Hiding）也是十分重要的應用知識。

　　以下以 CIFAR-1O 資料集為例說明卷積的優勢。CIFAR-1O 是一個由 10 個分類（包括：飛機、汽車、鳥、貓、鹿、狗、青蛙、馬、船、卡車）、60,000 張彩色圖片構成的分類任務資料集（如圖 19 所示）。輸入圖片尺寸為 32×32×3（長 32、寬 32 及 3 個顏色通道），這樣第 1 隱藏層的 1 個全連接神經元包含 32×32×3=3,072 個權重（Weight）。此數量級似乎並沒有超出計算機處理能力，但是當圖片尺寸增加時，全連接結構顯然無法控制網路規模。例如：

輸入尺寸 200×200×3 的圖片，一個神經元就需要包括 200×200×3=120,000 個權重。而且每個隱藏層通常需要多個神經元，進而參數數量將快速上升。根據上面的分析可知，全連接結構對儲存和運算資源消耗（Consume）巨大，且數量龐大的參數會造成網路快速進入過擬合狀態（Overfitting）[34-35]。

圖 19　CIFAR-1O 資料集示例

　　卷積網路的另一個優勢在於以一種更符合邏輯的方式，利用並保持輸入圖像資料的三維結構（3D Structure）：寬度（Width）、高度（Height）、深度（Depth）。注意這裡的深度是指神經元的第 3 維度，並非是整個網路之隱藏層數量。仍用 CIFAR-10 為例，輸入圖像是一個尺寸為 32×32×3 的三維資料。卷積層（Convolutional Layer）只與前層特徵圖的一個小區域相連。在卷積網路結構的末端，整張圖像將被縮減為表示各個類別對應分數的向量。CIFAR-IO 最後的輸出層維度為 1×1×10，從這裡可見，整體運算量大幅降低，對於大系統與即時演算有重要貢獻。

（三）卷積網路典型結構

1. 基本網路結構

　　網路接收一個輸入（Input，通常是一個一維向量），並由一系列的隱藏層（Hidden Layer）和輸出層構成，每種神經元和上層整體神經元輸出相聯。隱藏層的各個神經元完全單獨，且無共用任一參數。網路中最後一個全連接層稱為輸出層（Output Layer），在輸出層中是透過輸入特徵，經過隱藏層的運算所得到的預測值，我們藉由縮小預測值與實際標註值（Label），更新我們隱藏層的參數，最終訓練出一組權重（Weights）。

同樣，共用參數（Shared Parameters）的卷積神經網路也具有類似的結構，這些不同的層（Layer）相互組合就可以形成不同的網路結構。在深度學習的發展歷程中，積累了很多非常經典的網路結構，比如 LeNet5、AlexNet、GoogLeNet、VGGNetl6、ResNet 等，這些經典的網路結構往往代表了當時神經網路最強大的辨識能力。

2. 構成卷積類神經網路層

卷積類網路透過系列層次構成，每一層會在上一層之一類組隱藏層輸出通過可微函數（Differentiable Function）產出新的隱藏層輸出。典型的卷積網路可由 3 項類別之層次構成：卷積層（Convolutional Layer, CONV）配套 ReLU（Rectified Linear Unit, ReLU(x) =max(O, x)）、池化層（Pooling Layer, POOL）和全連接層（Fully-connected Layer, FC，和普通神經網路一致）[36-37]。

像堆積木一樣反覆堆疊（Stacked）這些層便能構成一個卷積神經網路。這些層的具體作用如下說明。

(1) INPUT：圖像的像素值（Pixel Values）作為輸入。

(2) CONV：卷積層連接輸入的一個小區域，並計算卷積核（Kernel）與對應的輸入小區域之間的點乘作為輸出。

(3) ReLU：將 CONV 層之線性啟動其輸出的每個元素通過一個非線性啟動函數，ReLU 存在很多變種，後面的章節還將對非線性啟動函數的選擇做進一步討論。

(4) POOL：池化層將在空間維度（Width 與 Height）上執行一個降階採樣（Down Sampling）操作。

(5) FC：全連接層，在分類任務中將計算每個類別對應的分數，和普通神經網路一樣，FC層的每個神經元都將與其前一層的所有輸出相連。

通過此方式，卷積網路能夠將原始圖像轉化為最終的多類別分數。在卷積網路中，有的層是有參數，而有的層沒有參數。具體來說，CONV 和 FC 層不僅是關於輸入的一個啟動函數，同時也具有參數：各神經元之權重（Weight）與誤差（Bias）。這些參數通常採用梯度下降（Gradient Descent）的方式學獲得。而 ReLU 和 POOL 則僅執行一個固定操作，不具有參數。

3. 網路結構模式

事實上，很多卷積網路都能夠被概括為相對固定（Relatively Fixed）的模式。最常見的網路結構模式是若干「CONV-ReLU」堆疊，之後跟隨一個 POOL 層。多次重複此一結構，可讓圖片於運算與儲存空間轉變成較小之尺寸。此後通常會轉化為全連接的形式，最後一個全連接

層將作爲輸出層，這是讀者未來建立網路模型的重要參考觀念。

卷積類神經網路構造可以概括爲以下規則運算式（7-37）：

INPUT → [[C0NV → RELU]*N → P00L?]*M → [FC → RELU]*K → FC　　　（7-37）

與普通規則運算式類似，其中？表示 0 或 1 次，* 表示重複，後面的 N/M/K 表示對應重複的次數，取值範圍一般爲：$0 \leq N \leq 3$，$M \geq 0$，$0<K \leq 3$。

以下網路結構都符合上面的模式：

(1) INPUT → FC

(2) INPUT → CONV → RELU → FC

(3) INPUT → [CONV → RELU → POOL]*2 → FC → RELU → FC

(4) INPUT → [CONV → RELU → CONV → RELU → POOL]*3 → [FC → RELU]*2 → FC

（四）卷積類網路層

1. 卷積層

卷積層是卷積類網路之主要關鍵，包括繁瑣的估計運算作業。

(1) 卷積層實現：卷積層之參數是透過 1 組可學習之卷積核（Kernel or Filter）構成。每一卷積核空間均爲較小尺寸（沿寬和高），將穿過輸入集之深度。例如：卷積網路第 1 層之卷積核尺寸是 5×5×3（寬、高各 5 像素，深度爲彩色圖像 3 個通道）或 3×3×3（寬、高各 3 像素，深度爲彩色圖像 3 個通道）。

前向傳播歷程，在輸入圖像上沿寬和高之方位滑動各個卷積核，使全部方位分類估計運算卷積核和輸入之中的向量內積（點乘）。沿著整體輸入寬與高方位滑動卷積核時，將取得二維之啓動映射（Activation Mapping），也稱作特徵圖或特徵映射（Feature Mapping），顯示在每一空間方位輸入對卷積核之回應。

網路將學習卷積核參數，在相遇某一種視覺特性徵象（例如：第 1 層某方位的邊緣或某一色彩之斑點，或者網路高層之整體蜂巢窩狀及輪廓狀圖案）時啓動。卷積層之每一卷積核（例如：CIFAR-10 中 12 個卷積核）都會產生 1 個二維的啓動映射，沿深度方向可啓動映射之排列，並可變作卷積層之輸出。如圖 20 顯示爲 5×5×3 之卷積核 32×32×3 的圖像上沿空間維度（寬、高）滑動，遍歷空間中之整體點後演變生成一新尺寸爲 28×28×1 特徵圖。如圖 21 顯示爲 5×5×3 之卷積核 32×32×3 圖像上沿空間維度（寬、高）滑動，遍歷空間中的整體點後演變成 2 個新尺寸爲 28×28×1 的特徵圖。如圖 22 顯示 6 個卷積核在輸入圖像上沿空間維度（寬、高）滑動，遍歷空間中的整體點後演變成 6 個尺寸爲 28×28×1 的特徵圖，最後輸出的特徵圖維度爲 28×28×6。

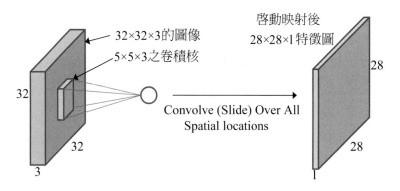

圖 20　卷積層一個卷積核示例

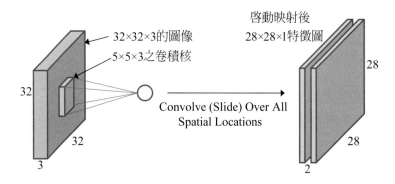

圖 21　卷積層兩個卷積核示例

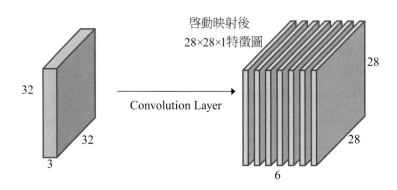

圖 22　卷積層多個卷積核示例

網路堆疊 CONV-ReLU 構造。需關注的是，卷積核之深度和輸入之特徵圖深度相同。

如圖 23 顯示，第 1 卷積層之卷積核尺寸為 5×5×3，其深度與輸入圖像（32×32×3）深度

相同；第 2 個卷積層之卷積核尺寸為 5×5×6，深度需和第 1 個 CONV-ReLU 輸出之特徵圖
（28×28×6）深度相同。

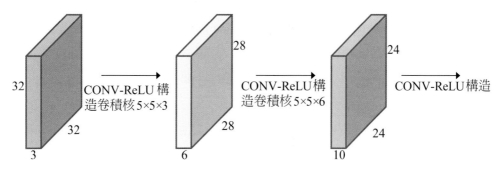

圖 23　後一個卷積層之卷積核與前一個卷積層輸出之維度一致

　　透過視覺化各種卷積層輸出之特徵圖，可看見卷積網路會持續加入深度，特徵圖之回應顯
示出的語義層依然持續加入深度。最初之卷積層對圖像的邊緣或色斑產生較強的回應，此部分
抽取是低層特徵（Low-Level Feature）。此後之卷積層在低層特徵基礎下產出特徵圖會顯示有
小部分語義之圖形或紋理。最後之卷積層傾向於對有確定語義之目標發生強烈回應，可確認此
時有抽取高層特徵（High-Level Feature）之能力。

　　(2) 空間排布：輸出特徵圖的尺寸由 3 個超參數（Hyperparamters）控制：深度（Depth）、
步長（Stride）和零值補充（Zero Padding）。首先，輸出特徵圖的深度是一個超參數。對於希
望使用卷積核之數量，每個卷積核將訓練為從圖像中提取一些不相同的資訊。

　　例如：第 1 個卷積層讓原始圖像作為輸入，不同的卷積核可能對不同方向的邊緣或帶顏
色的斑點產生回應。因此，對於同一個輸入區域，為了提取不同的特徵，需要使用不同的卷積
核，並回應的特徵圖排列起來作為輸出。

　　其次，需要為滑動的卷積核指定步長。當步長是 1 時，卷積核將每次移動一個像素。當步
長為 2（或取 3 或更多，儘管這在實際設計時比較少見）時，卷積核將每次移動兩個像素（亦
稱圖元），這將會產生空間尺寸比較小的輸出資料。

　　最後，有時為了使用更深的卷積網路，不希望特徵圖在卷積過程中尺寸下降得太快，便會
在輸入的邊緣填充零值。零值填充的大小同樣是一個超參數。

　　(3) 公式表達：卷層積層操作的公式表達如方程式（7-38）：

$$x_j^l = f\left(\sum_{i \in M_j} x_j^{l-1} * w_{ij}^l + b_j^l\right)$$
（7-38）

上述公式中，上標 l 表示對應網路中的第 l 層。同理，上標 $l-1$ 表示對應網路中的第 $l-1$ 層。這裡第 l 層是卷積層，通過對第 $l-1$ 層輸出之特徵圖 x^{l-1} 進行卷積運算而獲得本層的特徵圖輸出 x_j^l，其中 i,j 分別表示第 l 層和第 $l-1$ 層中特徵圖之序號。M_j 表示與第 l 層第 j 個特徵圖相連接之第 $l-1$ 層中特徵圖的融合特徵集（Fusion Feature set）。兩層間採用全連接，所以 M_j 包含第 $l-1$ 層的所有特徵圖。w_{ij}^l 表示第 l 層第 j 個特徵圖對應第 $l-1$ 層第 i 個特徵圖輸入的卷積核參數，b^l 表示偏差，$w^l b^l$ 爲該卷積層之參數。* 顯示卷積操作。

2. 池化層（Pooling Layer）

(1) 池化層實現：連續之卷積層之中常常會定期插入池化。池化層能夠逐漸減小表達空間的尺寸，從而降低網路參數數量與估計運算消耗；同時池化層也能起到控制過擬合（Overfitting）的作用。池化層運算元獨立作用在特徵圖的每個深度維度上，並改變其空間中的尺寸。

輸入特徵圖的深度爲 64，空間尺寸爲 224×224。分別在每個深度上進行尺寸爲 2×2、步長爲 2 池化操作，對應得到 64 個空間尺寸爲 112×112 的輸出特徵圖。

最常見的池化操作是最大池化（Max Pooling），即取視野範圍內的最大值。通常超參數有兩種選擇：F = 3，S = 2 或 F = 2，S = 2。即步長爲 2，池化視窗尺寸爲 3 或 2。更大的池化視窗在實際中比較少見，因爲過大的尺寸會給特徵圖資訊帶來嚴重的破壞。

除了最大池化，一般的池化運算元還有平均池化（Average Pooling），甚至 L2-Norm 池化（L2-Norm Pooling）。平均池化在過去一段時間比較常見，但近來由於最大池化被普遍證明有更好的效果而被取代。

(2) 後向傳播（Backward Propagation, BP）：最大池化操作的反向傳播具有簡單的形式，即只需要將梯度沿正向傳播過程中最大值的路徑向下傳遞即可。池化層的正向傳遞通常會保留最大啓動單元的下標，作爲反向傳播時梯度的傳遞路徑。

二、迴圈神經網路（Recurrent Neural Network, RNN）

卷積神經網路適合處理單個目標類型的資料，在圖像分類等領域獲得廣泛應用；而迴圈神經網路（Recurrent Neural Network, RNN）則適合處理序列類型（Sequence Type）的資料，在看圖說話、語音辨識（Speech Recognition）、機器翻譯（Machine Translation）等方面大放異彩（如圖 24）。

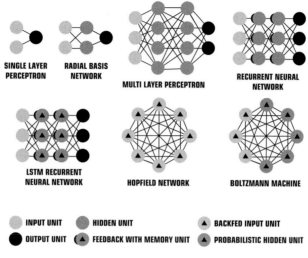

圖 24　RNN 及各種神經網路結構

（一）迴圈神經網路簡介

　　腦神經（Cranial Nerve）連接方式縱橫交錯，運行機制更是錯綜複雜，人們對其做了最大程度的簡化，發明人工神經網路用來類比腦神經。輸入的數值可以看作生物電信號（Bioelectric Signal），每個神經元接收的電信號只有滿足一定條件（可以看作啓動函數）才會發射信號到下一個神經元，最後一個神經元告訴我們輸入的數值具體是什麼東西，這對應於圖片分類場景。但是大腦不僅可以處理分類場景，還能處理一連串的輸入。比如看電視，傳入大腦的是一幀幀連續的圖片，我們可以理解電視裡發生的事情；別人說出的一個個字，傳入大腦後，我們可以理解意圖，進而也回饋一句話，這句話中的每個字也是有連繫的。大腦可以處理這些連續的輸入，是因爲腦神經元之間的連接允許環（Neural Circuit）的存在，神經元的輸入可以是之前任何一個神經元的輸出，而傳統前饋神經網路是個有向無環圖（Directed Acyclic Graph, DAG），神經元的輸入僅僅是上一層神經元的輸出，於是人們根據腦神經的這種連接方式發明 RNN [38-40]。

　　RNN 的輸入是一個長度爲 T 的序列 $\{x_1, ..., x_T\}$，其中 x_t 表示一個向量，內部使用函數 $h_t = f_\theta(h_{t-1}, x_t)$，輸出也是一個序列 $\{h_1, ..., h_T\}$，對於序列的每一個輸入 x_t 都用相同的 θ 進行計算，輸出一個向量 h_t，可以把 h_t 看作從 x_1 到 x_t 的一個概括表示。給定 h_0 和 x_1，得到

$h_1 = f_\theta(h_0, x_1)$ 然後輸出 h_1，並把 h_1 作為第 2 步的輸入，得到 $h_2 = f_\theta(h_0, x_2)$，輸出 h_2，並且同樣把 h_2 作為第 3 步的輸入。輸入序列是從 x_1 開始的，h_0 通常設置為全 0 向量，或者把 h_0 作為一種參數，在訓練過程中學習。

一般來說，RNN 多用於自然語言處理中的序列和樹結構學習（Tree Structure Learning），是一種結構上遞迴（Recursive）的神經網路，而 RNN 則是時間上線性遞迴的一種網路。但也有觀點認為，RNN 分為結構遞迴神經網路（Structure RNN）和時間遞迴神經網路（Time RNN），時間遞迴神經網路就是迴圈神經網路。這種說法認為遞迴神經網路是包括迴圈神經網路。

（二）RNN、長短期記憶（Long Short-term Memory, LSTM）及門基循環單元（Gated Recurrent Unit, GRU）

普通的深度神經網路是由若干隱藏層「垂直」層疊而成的，而 RNN 只有一個自連接的隱藏層，這個隱藏層的輸出作為下一時刻它的輸入，如果將 RNN 展開，就可以看作若干隱藏層「水平」連接，這些隱藏層共用同一套參數。

每一時刻都有一個新的輸入 x_i，同時考慮之前所有的輸入 x_1 到 x_{i-1}，預測當前時刻的輸出 h_i。

RNN 的前向過程是按照時刻序列展開的，如果僅看某一時刻的前向過程，就是前一時刻輸出一個向量，用其和當前時刻的輸入向量進行拼接形成一個大向量，這個大向量經過一個隱藏層的輸出，再經過啓動函數，最終的輸出向量作為當前時刻的輸出；依次展開，當前時刻的輸出向量再和下一時刻的輸入向量拼接，拼接向量經過一個隱藏層和啓動函數的輸出作為下一時刻的輸入。上述過程用公式表示相當簡潔，其中 x_t 表示 t 時刻的輸入，h_t 表示 t 時刻的輸出如方程式（7-39）：

$$h_t = \tanh\left(W\begin{pmatrix} x_t \\ h_{t-1} \end{pmatrix}\right) \tag{7-39}$$

其中，x_t 是長度為 I 的向量，h_t 是長度為 H 的向量，拼接成 $I + H$ 的向量，W 的維度是 $H\times(I + H)$。通常需要對 h_t 做一次映射，$h_t = W_{ho}h_t$，W_{ho} 的維度是 $K\times H$，然後再接入 Softmax 進行 t 時刻的預測，即 $y'_t = \mathrm{soft\,max}(W_{ho}h_t)$。為了下面表述方便，可以把上式寫成：$h_t = \tanh(W_{xh}x_t + W_{hh}h_{t-1})$。通過方程式（7-39）可以看出，僅需要學習 $H(1 + H) + HK$ 個參數，從理論上就可以處理任意長度的序列。

然而，在了解 RNN 的後向過程，就會發現 RNN 在處理較長序列時，往往存在「梯度消

失」（Vanishing Gradient）和「梯度爆炸」（Gradient Explosion）的情況。

RNN 的訓練演算法通常有多種選擇，比如即時學習演算法（Real Time Recurrent Learning, RTRL）、反向傳播演算法（Back Propagation Through Time, BPTT）等，這裡主要介紹 BPTT，因為 BPTT 更容易理解，並且計算效率更高。

就像普通的後向傳播演算法一樣，BPTT 也是重複地使用鏈鎖定則（Chain Rule）。區別在於，對於 RNN 而言，損失函數不僅依賴於當前時刻的輸出層，也依賴於下一時刻。除了輸出層的參數 W_{ho}，W_{xh} 和 W_{hh} 在計算更新梯度時都需要考慮當前時刻的梯度和下一時刻的梯度。對 W_{ho} 求導如方程式（7-40），其中 $z_t = W_{ho}h_t$：

$$\frac{\partial E_t}{\partial W_{ho}} = \frac{\partial E_t}{\partial y_t'} \cdot \frac{\partial y_t'}{\partial W_{ho}} = \frac{\partial E_t}{\partial y_t'} \cdot \frac{\partial y_t'}{\partial z_t} \cdot \frac{\partial z_t}{\partial W_{ho}} \tag{7-40}$$

在對 W_{xh} 和 W_{hh} 求導之前，再定義兩個變數 $a_t = W_{xh}x_t + W_{hh}h_{t-1}$，$\delta_t$ 表示在 t 時刻 a_t 接收到的梯度如方程式（7-41）。

$$\delta_t = \frac{\partial E_t}{\partial y_t'} \cdot \frac{\partial y_t'}{\partial h_t} \cdot \frac{\partial h_t}{\partial a_t} + \delta_{t+1} \cdot \frac{\partial a_{t+1}}{\partial h_t} \cdot \frac{\partial h_t}{\partial a_t} \tag{7-41}$$

E_t 表示當前時刻在給定模型時預測 y_t' 和實際標注 y_t 的損失函數，$E_t = E(y_t', y_t)$。前半方程式表示當前時刻 t 的損失函數傳下來的梯度，後半方程式表示從 $t+1$ 時刻傳過來的梯度。

需要注意的是，$\delta_{t+1=0}$，這是因為在最後一個時刻沒有從下一時刻傳過來的梯度。求出 δ_t 後，就可以很容易求當前時刻 W_{xh} 和 W_{hh} 的導數。

最開始的時刻 1 得到時刻 t 損失函數 E_t 傳來的導數是方程式（7-42）：

$$\frac{\partial E_t}{\partial y_t'} \cdot \frac{\partial y_t'}{\partial h_t} \cdot \left(\frac{\partial h_t}{\partial h_{t-1}} \cdot \frac{\partial h_{t-1}}{\partial h_{t-2}} \cdots \frac{\partial h_2}{\partial h_t} \right) \cdot \frac{\partial h_t}{\partial a_t} \tag{7-42}$$

其中

$$\frac{\partial h_t}{\partial h_{t-1}} = W_{hh}^T \cdot \left(1 - \tanh\left(a_t\right)^2 \right)$$

$\tanh(a_t)$ 的導數是 $1 - \tanh(a_t)^2$，範圍是 $[0，1]$，$\frac{\partial h_t}{\partial h_{t-1}}$ 通常是小於 1 的數，所以上式括弧中很多導數連乘的結果會非常接近於 0，這就是「梯度消失」（Vanishing Gradient）。如果忽略啟動函數 Tanh 的導數，上面時刻 1 獲得時刻 t 傳來的導數就是 $(W_{hh}^T)^t$，即參數矩陣（Parameter Matrix）W_{hh}^T 的 t 次冪（Exponentiation），設 W_{hh}^T 的特徵值對角矩陣是 $\wedge$，W_{hh}^T 就和 $\wedge'$ 相關，如果某個特徵值大於 1，$(W_{hh}^T)^t$ 就會很大，可能出現「梯度爆炸」。如果某個特徵值小於 1，$(W_{hh}^T)^t$ 就會很小，也可能會出現「梯度消失」（Gradient Explosion）。

梯度爆炸相比梯度消失更容易出現，從訓練過程紀錄中如果發現很多數值出現 nan，就說明很可能出現了梯度爆炸，通常可以通過將梯度控制在一定範圍內防止爆炸。除此之外，在 RNN 的前向過程中，開始時刻的輸入對後面時刻的影響越來越小。這種前向和後向出現的問題稱之為長距離依賴（Long Distance Dependence）。對於上述情況，可以用 ReLU 替換 Tanh 來解決，但是更好的解決方案是用長短時記憶（Long Short-term Memory, LSTM）網路替換 RNN。

LSTM 解決了 RNN 訓練過程中的長距離依賴問題。LSTM 主要靠引入「閘」機制，具體來說，就是引入了「輸入閘」、「遺忘閘」和「輸出閘」以及相關的變數，具體公式如方程式（7-43 至 7-48）：

(1) 輸入閘（Input Gate）：

$$i_t = \sigma\left(W_{xh}^i x_t + W_{hh}^i h_{t-1}\right) \tag{7-43}$$

(2) 遺忘閘（Forget Gate）：

$$f_t = \sigma\left(W_{xh}^f x_t + W_{hh}^f h_{t-1}\right) \tag{7-44}$$

(3) 輸出閘（Output Gate）：

$$o_t = \sigma\left(W_{xh}^o x_t + W_{hh}^o h_{t-1}\right) \tag{7-45}$$

(4) 輸入閘相關狀態值：

$$g_t = \sigma\left(W_{xh}^g x_t + W_{hh}^g h_{t-1}\right) \tag{7-46}$$

(5) 單元狀態值（Cell State）：

$$c_t = c_{t-1} \circ f_t + f_t \circ i_t \tag{7-47}$$

(6) 當前隱藏狀態（Hidden State）的輸出：

$$h_t = \tanh\left(c_t\right) \circ o_t \tag{7-48}$$

其中，$\circ$ 表示按元素的乘積。

從公式上看非常複雜，但是了解清楚之後就會發現，就是在 RNN 的基礎上套了 3 個閘並引入了一個狀態值。輸入和 RNN 相比，除了目前時刻之輸入與前一時刻之輸出，就多了一個前一時刻的狀態值。同樣，輸出也多了一個當前時刻的狀態值。公式中的 $g_t = \sigma\left(W_{xh}^g x_t + W_{hh}^g h_{t-1}\right)$ 就是基本的 RNN 邏輯。

i, f, o 分別是輸入閘、遺忘閘和輸出閘，它們有形式一樣的公式、共同的輸入，只是參數（Parameter）不一樣。它們最外面的函數是 Sigmoid，輸出值的範圍是 [0，1]，用一個向量和它們進行元素相乘，就可以看作有個閘來控制這個向量「通過」的程度。通過當前輸入和前一時刻的輸出計算出當前時刻的狀態值，而輸入閘控制了新狀態值通過的程度，遺忘閘控

制了前狀態遺忘的程度，輸出閘決定了當前狀態值可以被輸出的程度。每個閘的維度（Dimension）、狀態值的維度和隱藏層輸出的維度都是一樣的。

g 是通過當前輸入和前一時刻的輸出計算的候選狀態值。在 RNN 中就直接拿 g 作為輸出，但是在 LSTM 中需要輸入閘來控制 g 的值。

c 是狀態值，它是遺忘閘乘以前狀態值和輸入閘乘以候選狀態值 g 兩個乘積的和。直觀上理解就是，我們選擇前狀態的一些值和候選狀態的一些值組成了目前的狀態。當前狀態值乘以輸出閘就是當前時刻的輸出 h_t。

RNN 可以認為是 LSTM 的一種特殊形式，將 LSTM 的輸入閘都設為 1，遺忘閘都設為 0，輸出閘都設為 1，就幾乎變成 RNN 了。LSTM 正是通過這些閘解決了長距離依賴問題，通過訓練這些閘的參數，LSTM 就可以自主決定當前時刻的輸出是依賴於前面的較早時刻，還是前面的較晚時刻，抑或是當前時刻的輸入。

圖 25 和圖 26 可以清楚顯示 LSTM 與 RNN 相比的優勢。在圖 25 中，節點陰影的深淺程度表明節點時刻 1 對其他時刻的影響程度，顏色越深，影響越大。所以從圖中可以看出，後面節點受時刻 1 的影響越來越小，時刻 6 和 7 已經忘記了時刻 1 的輸入，利用圖示明顯看出 RNN 中的長距離資訊消失問題。

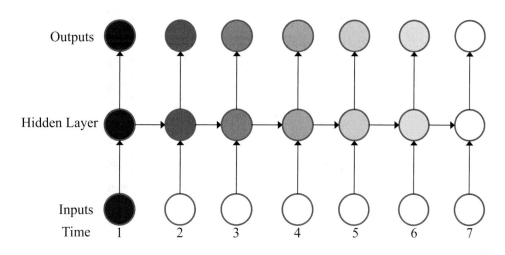

圖 25　RNN 中的長距離資訊消失問題

在圖 26 中，輸入閘、遺忘閘和輸出閘分別在隱藏節點的下面、左面和上面。空心小圓圈「。」表示閘是打開的，「-」表示閘是關閉的。可以看到，如果時刻 2 到時刻 6 的輸入閘都是關閉的，那麼時刻 1 對時刻 6 的影響並沒有減弱。

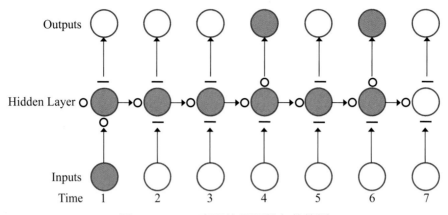

圖 26　LSTM 實現的長距離有效傳播

Alex Graves 在 LSTM 基礎上提出了 Peephole 的概念，圖 27 中的虛線就是 Peephole，直觀上看，就是 3 個閘都加了一個窺探上一個狀態值的機會。

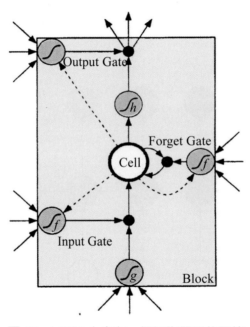

圖 27　LSTM 中含有一個細胞單元的區塊

就是在 3 個閘的計算中加入上一時刻的狀態值如方程式（7-49）：

$$i_t = \sigma\left(W_{xh}^i x_t + W_{hh}^i s_{t-1} + W_{ch}^i c_{t-1}\right)$$
$$f_t = \sigma\left(W_{xh}^f x_t + W_{hh}^f s_{t-1} + W_{ch}^f c_{t-1}\right) \qquad (7\text{-}49)$$
$$o_t = \sigma\left(W_{xh}^o x_t + W_{hh}^o s_{t-1} + W_{ch}^o c_{t-1}\right)$$

其他部分不變。加入 Peephole 之後，由於增強了前一時刻狀態值的影響，所以效果也會得到提升。

第三節　深度學習最佳化演算法與訓練技巧

一、深度學習最佳化演算法（Optimization Algorithm）

在傳統機器學習演算法（Machine Learning Algorithm）的實踐中，最佳化總是重頭戲，也是最考驗功力底子的部分。深度學習得益於後向傳播（BP）的有效方式，往往普通的隨機梯度下降最佳化方法就能取得不錯的訓練效果，最佳化的重要性相比傳統機器學習要弱一些，大部分從業者主要聚焦於應用或模型創新（Model Innovation），而最佳化部分更多的工作只是調整參數。

實際上，深度學習最佳化方面的研究非常多，很多方法也非常有效，尤其在資料量較大的時候。所以有必要掌握一些常見的最佳化演算法，本節將帶領大家一起學習這些方法。

（一）隨機梯度下降（Stochastic Gradient Descent, SGD）

SGD 係每次從訓練樣本中隨機抽取一個樣本計算 Loss 和梯度並對參數進行更新，由於每次不需要所有資料都運算，所以反覆運算速度快；但是這種最佳化演算法比較弱，往往容易走偏，反而會增加很多輪反覆運算可能。隨機梯度下降有時可以用於線上學習系統，可使系統快速學到新的變化 [41]。

與隨機梯度下降相對應的還有批量梯度下降（Batch Gradient Descent, BGD），每次使用整個訓練集合來計算梯度，這樣計算的梯度比較穩定，相比隨機梯度下降不那麼容易震盪；但是因為每次都需要更新整個資料集（Data Set），所以 BGD 演算法非常慢而且無法放在記憶體中計算，更無法應用於線上學習系統，這是缺陷。

介於隨機梯度下降和批量梯度下降之間的是小批量梯度下降（Mini-batch Gradient Descent,

MBGD），即每次隨機抽取 m 個樣本，以它們的梯度均值作為梯度的近似估計。在深度學習中常說的隨機梯度下降通常是指 MBGD。

為了使隨機梯度下降獲得較好的性能，學習率 η 需要取值合理並根據訓練過程動態調整。如果學習率過大，模型就會收斂過快，最終離最佳值較遠；如果學習率過小，反覆運算次數就會很多，導致模型長時間不能收斂，讀者自行設計與模擬時必須注意此情況，以免浪費數周時間結果未獲得結果情況。

（二）動量（Momentum）

動量是來自中學物理力學中的一個概念，是力的時間積累效應的度量。動量 m 的方法在隨機梯度下降的基礎土，加上了上一步的梯度如方程式（7-50）及（7-51）：

$$m_t = \gamma m_{t-1} + g(\theta) \qquad (7\text{-}50)$$

$$\theta = \theta - \eta m_t \qquad (7\text{-}51)$$

其中 r 是動量參數且 $\gamma \in [0,1]$。動量的最佳化方法也可以寫為如方程式（7-52）及（7-53）形式：

$$v_t = \gamma v_{t-1} + \eta \times g(\theta) \qquad (7\text{-}52)$$

$$\theta = \theta - v_t \qquad (7\text{-}53)$$

主要區別在於學習率的位置。如果對公式進行展開，不難發現兩者是完全等價的，為了保持一致，本節採用第一種寫法。相比隨機梯度下降，動量會使相同方向的梯度不斷累加，而不同方向的梯度則相互抵消，因而可以在一定程度上克服 Z 字形的震盪，更快到達最佳點。

（三）Nesterov 加速梯度（Nesterov Accelerated Gradient, NAG）

NAG 與動量類似，也是考慮最近的梯度情況，但是 NAG 相對超前一點，它先使用動量 m_t 計算參數 θ 下一個位置的近似值 $\theta = \eta m_t$，然後在近似位置上計算梯度如方程式（7-54）及（7-55）[42-43]：

$$m_t = \gamma m_{t-1} + g(\theta_t - \eta\gamma m_{t-1}) \qquad (7\text{-}54)$$

$$\theta_{t+1} = \theta_t - \eta m_t \qquad (7\text{-}55)$$

NAG 與動量法的具體區別如圖 28 所示，NAG 演算法會計算本輪反覆運算時動量到達位置的梯度，可以說它計算的是「未來」的梯度。如果未來的梯度存在一定的規律，那麼這些梯度就會有更好的利用價值。如果採用這種計算方式，梯度計算採用的是點 A，前向計算採用的是原始的點 0，這種不統一帶來了額外的計算能力消耗。

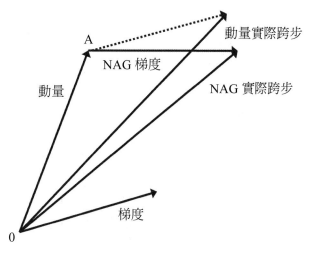

圖 28　NAG 與動量法的區別

當然，在實際計算過程中，比如開放式軟體（Open Source Software, OSS）Caffe，為了前向、後向計算統一，引入了以下變數如方程式（7-56）及（7-57）：

$$\hat{\theta}_t = \theta t - \eta\gamma m_{t-1} \tag{7-56}$$

$$\hat{\theta}_{t+1} = \hat{\theta}_{t+1} - \eta\gamma m_t \tag{7-57}$$

將上面兩個公式代入，就可以得到方程式（7-58）及（7-59）：

$$mt = \gamma m_{t-1} + g(\hat{\theta}_t) \tag{7-58}$$

$$\hat{\theta}_{t+1} + \eta\gamma m_t = \hat{\theta}_t + \eta\gamma m_{t-1} - \eta m_t \tag{7-59}$$

將上面的方程式（7-58）代入方程式（7-59），就可以得到方程式（7-60）：

$$\hat{\theta}_{t+1} + \eta\gamma m_t = \hat{\theta}_t + \eta(m_t - g(\hat{\theta}_t)) \tag{7-60}$$

經整理得到方程式（7-61）及（7-62）：

$$\hat{\theta}_{t+1} = \hat{\theta}_t + \eta m_t - \eta g(\hat{\theta}_t) - \eta m_t - \eta\gamma m_t \tag{7-61}$$

$$\hat{\theta}_{t+1} = \hat{\theta}_t - \eta g(\hat{\theta}_t) - \eta\gamma m_t \tag{7-62}$$

經由前述運算修正，這樣梯度計算和前向計算不一致的問題就得到解決。

（四）Adagrad

Adagrad 是一種自我調整的梯度下降演算法，它能夠針對參數更新的頻率調整它們的更新幅度，即對於更新量大且頻繁的參數，適當減小它們的步長；對於更新不頻繁的參數，適當增大它們的步長。這種方法想法很適合一些資料分布不均勻的任務情況，比如對於一些自然語言

處理（Natural Language Processing）問題，有些頻繁出現的單詞會給予更頻繁的更新，有些不頻繁出現的單詞則更難進行參數更新。對於這樣的問題，使用 Adagrad 可以更好地平衡（Balance）參數更新的量，使模型（Model）的表現更好。

它的具體更新方法對於之前梯度下降方法之基礎下增加一個梯度之積累項作為分母，之前梯度下降法的參數更新公式為方程式（7-63）：

$$\theta_{t+1} = \theta_t - \eta g_t \tag{7-63}$$

而 Adagrad 變成方程式（7-64）：

$$\theta_{t+1} = \theta_t - \frac{\eta}{\sqrt{G_t + \varepsilon}} \odot g_t \tag{7-64}$$

其中 $\odot$ 表示兩個向量元素級（Element-Wise）的乘法，G_t 就是 Adagrad 增加的內容。它是所有輪反覆運算的梯度平方和如方程式（7-65）：

$$G_t = \sum_{k=1}^{t} g_k^2 \tag{7-65}$$

從公式可以看出，加入這一項之後，參數的更新確實得到了一定的控制。對於經常更新的參數，G_t 項的數值會比較大，因而它的參數更新量會得到控制；對於不常更新的參數，由於 ^ 項的數值比較小，它的參數更新量會變大。

Adagmd 方法存在一點缺陷（Defect）。如果模型的參數數值保持穩定，那麼參數的梯度值總體不會有太大的波動，而分母上的梯度積累項一直在增加累積，因此分母會不斷變大，因此從梯度的趨勢上分析，梯度總體上會不斷變小。雖然在實際訓練中一般也會將學習率調小，但兩者變小的程度不同，因此 Adagrad 可能會出現更新量太小而不易最佳化的情況。

（五）RMSProp

RMSProp 利用滑動平均（Moving Average）的方法來解決 Adagrad 演算法中的問題。它的想法是讓梯度積累值 G 不要一直變大，而是按照一定的比率衰減，如此 G 就不再是梯度的積累項，而是梯度的平均值如方程式（7-66）及（7-67）：

$$G_{t+1} = \gamma G_t + (1-\gamma) g_t^2 \tag{7-66}$$

$$\theta_{t+1} = \theta_t - \frac{\eta}{\sqrt{G_t + \varepsilon}} \odot g_t \tag{7-67}$$

因為此時的 G 更像是梯度的平均值，因此在很多文獻中會將 G 寫成 $E[g^2]$。

（六）Adadelta

演算法 Adadelta 的思維和 RMSProp 演算法比較接近，不過 Adadelta 考慮了一些更新量「單位」的問題。對比 Adagrad 演算法和梯度下降法的更新公式，見表 3 的對比結果。

⬇ 表 3　Adagrad 演算法和梯度下降法的更新公式對比

方法	更新公式
梯度下降	$\theta_{t+1} = \theta_t + \Delta\theta_t$
Adagrad	$\theta_{t+1} = \theta_t - \dfrac{\eta}{\sqrt{G_t + \varepsilon}} \odot g_t$

可以看出 Adagrad 演算法和梯度下降法相比多出來一個運算項，這樣更新量的「單位」就和之前不同了。為了讓「單位」匹配，Adaddta 選擇在分子上再增加一個運算向，於是方法的概念公式變成方程式（7-68）及（7-69）：

$$\theta_{t+1} = \theta_t + \Delta\theta_t \tag{7-68}$$

$$\Delta\theta_t = -\frac{RMS[\Delta\theta]_{t-1}}{RMS[g]_t} \odot g_t \tag{7-69}$$

其中 RMS 表示 Root Mean Square，也就是「均方根」的意思。分母中的 RMS[g]，展開與 RMSProp 相同如方程式（7-70）：

$$RMS[g]_t = \sqrt{\gamma E\left[g^2\right]_{t-1} + (1-\gamma)g_t^2 + \varepsilon} \tag{7-70}$$

（七）Adam

Adam 演算法的全稱為 Adaptive Moment Estimation，這種方法結合前述提到的兩類演算法：基於動量的演算法和基於自我調整學習率的演算法。基於動量的演算法有動量法和 NAG 法，這兩種方法都基於歷史的梯度資訊進行參數更新。基於自我調整學習率的演算法有 Adadelta、RMSProp、Adadelta 等，它們通過計算梯度的積累量來調整不同參數的更新量。Adam 演算法記錄梯度之一階動差（First Moment）（梯度的期望值）與二階動差（梯度平方之期望值）如方程式（7-71）及（7-72）：

$$m_t = \beta_1 m_{t-1} + (1-\beta_1)g_t \tag{7-71}$$

$$v_t = \beta_2 v_{t-2} + (1-\beta_2)g_t^2 \tag{7-72}$$

為了確保兩個梯度積累量能夠良好地估計梯度之一階動差與二階動差，兩個積累量還需要乘以一個偏差調整係數如方程式（7-73）及（7-74）：

$$\hat{m}_t = \frac{m_t}{1 - \beta_1^t} \tag{7-73}$$

$$v_t = \frac{v_t}{1 - \beta_t^2} \tag{7-74}$$

然後再使用兩個積累量進行參數更新如方程式（7-75）：

$$\theta_{t+1} = \theta_t - \frac{\eta}{\sqrt{\hat{v}_t} + \varepsilon} \odot \hat{m}_t \tag{7-75}$$

（八）AdaMax

演算法 AdaMaxm 主要針對 Adam 演算法進行了修改，而修改的位置在二階動差 q 這裡。AdaMax 將二階動差修改為無窮動差，這樣在數值上更加穩定如方程式（7-76）及（7-77）：

$$u_t = \beta_2^{\infty} v_{t-1} + (1 - \beta_2^{\infty}) |g_t|^{\infty} \tag{7-76}$$

$$= \max(\beta_2 \cdot v_{t-1}, |g_t|) \tag{7-77}$$

將 v_t 替換為 u_t 後，最終的更新變為方程式（7-78）：

$$\theta_{t+1} = \theta_t - \frac{\eta}{u_t} \odot \hat{m}_t \tag{7-78}$$

此時的無窮動差估計不再是有偏差的，因此也不需要再做糾正或調整。

（九）Nadam

AdaMax 演算法修改了二階動差的估計值，此處的演算法則修改了一階動差的估計值，將 Nesterov 演算法和 Adam 演算法結合起來，形成了 Nadam（Nesterov-accelerated Adaptive Moment Estimation）演算法如方程式（7-78）及（7-79）：

$$m_t = \gamma m_{t-1} + \eta g_t \tag{7-78}$$

$$\theta_{t+1} = \theta_t - (\gamma m_t + \eta g_t) \tag{7-79}$$

而 Adam 演算法的更新公式可以展開為方程式（7-80）至（7-83）：

$$\theta_{t+1} = \theta_t - \frac{\eta}{\sqrt{\hat{v}_t} + \varepsilon} \odot \hat{m}_t \tag{7-80}$$

$$= \theta_t - \frac{\eta}{\sqrt{\hat{v}_t} + \varepsilon} \odot (\frac{\beta_1 m_{t-1} + (1 - \beta_1) g_t}{1 - \beta_1^t}) \tag{7-81}$$

$$= \theta_t - \frac{\eta}{\sqrt{\hat{v}_t} + \varepsilon} \odot (\beta_1 \hat{m}_{t-1} + \frac{(1-\beta_1)g_t}{1-\beta_1^t}) \tag{7-82}$$

$$= \theta_t - (\frac{\eta \beta_1}{\sqrt{\hat{v}} + \varepsilon} \odot m_{t-1} + \frac{\eta}{\sqrt{\hat{v}_t} + \varepsilon} \odot \left[\frac{(1-\beta_1)}{1-\beta_1^t} g_t \right]) \tag{7-83}$$

關於最佳化演算法的使用主要因為最佳化演算法分為兩類，其中一類是以動量為核心的演算法；另一類是以自我調整為核心的演算法。當然，這兩類演算法之間也存在著一定的重疊。以動量為核心的演算法更容易在山谷型的最佳化曲面中找到最佳解，如果最佳化曲面在某個方向震盪嚴重，而在另外一些方向趨勢明顯，那麼基於動量的演算法能夠把握這種趨勢，讓有趨勢的方向積累能量，同時讓震盪的方向相互抵消。基於動量的演算法也可能遇到這樣的問題，如果趨勢不夠明顯，那麼最佳化參數的路徑必然會存在一些繞彎的情況。

以自我調整為核心的演算法容易在各種場景下找到平衡，對於梯度較大的一些場景，它會適當地減少更新量；而對於梯度較小的一些場景，它又會適當增加更新量，所以實際上是對最佳化做了一定的折中。當然，對於一些複雜且難以最佳化的場景來說，這樣的方法確實提高了最佳化效果，但是對於一些場景不是很複雜的最佳化問題來說，這樣的限制實際上阻礙了最佳化的快速進行。雖然這一類演算法很優秀，但是在很多論文中依然使用經典的梯度下降法，也和這個原因有關。

當然，理論上結合兩者的演算法效果應該更好，因此 Adam 和它的一些改進演算法的效果通常不錯，但是其計算量也會相應地增加一些，這一點在使用時同樣要權衡考慮。

二、深度學習訓練技巧

深度學習有時被大家調侃為中醫，即實驗科學（Experimental Science），因為原理本身並不特別複雜，而效果好壞更多依賴於各種訓練技巧（Training Skills）。如果要做大的創新，比如設計一套比 Tensor Flow 之類的更完美的深度學習平臺（Deep Learning Platform）或者提出一套新的有效模型（Effective Model），都需要很深的理論功底和實踐技術，並不是掌握簡單的技巧就可以達到的；如果是簡單的實驗或者業界比較普通的應用，也許理解基本原理後的調整參數就能做到差強人意。

（一）數據預處理（Data Preprocessing）

資料預處理在傳統機器學習中非常重要，在深度學習的應用中同樣重要，事實上，將資料進行常態化（Mean Normalization）或者白化（Whitening）處理後，演算法效果往往可以得到

明顯提升。

　　實際中，預處理往往和所採用的具體模型以及面對的具體資料相關，採用哪種預處理方法需要結合實際進行考慮。

　　以下列舉一些常用的常態化方法 [44-46]：

1. 減去均值（Subtract the Mean）

　　這是最簡單的資料常態化方法，就是所有樣本都減去總體資料的平均值。這種初始化方法（Initialization Method）適合那些各維度分布相同的資料，比如資料的各維度都服從高斯分布（Gaussian Distribution），減去各維度均值後就都變為 0 均值了。

2. 大小縮放（Size Scaling）

　　統一在 [-1，1] 或者 [0，1] 區間內，如此資料更利於模型的處理，如果不同維度的取值差異較大，則可以通過大小縮放的預處理方法達到統一尺度。比如灰度圖像的像素取值範圍為 [0，255]，通過各像素除以 255 就可以縮放到 [0，1] 區間。

3. 正規化（Normalization）

　　資料正規化一般是指各維度減去均值除變異數（Variance），這是最常用的常態化方法。各維度之間的共變異數（Covariance）矩陣由於是半正定的，因此可以利用矩陣分解的方法將共變異數之矩陣分解得到特徵向量和對應的特徵值，使特徵值由大至小排序，忽略特徵值較小的維度，從而達到降維的效果。如果利用特徵值進一步對特徵空間的資料進行縮放，就是進行白化操作。

（二）權重初始化

　　由於深度學習的最佳化是非凸優化（Non-convex Optimization）問題，不同的初始化往往導致完全不同的收斂速度和效果，所以在開始模型訓練之前，尋找最合適的權重初始化方法也是非常重要的。比較常見的權重初始化方法有 3 種 [47-48]。

1. 全零初始化（All Zero Initialization）

　　即所有變數均被初始化為 0，這應該是最省事的隨機化（Randomization）方法了。然而這種較為偷懶的初始化方法非常不適合深度學習，因為這種初始化方法沒有打破神經元之間的對稱性（Symmetry），將導致收斂速度很慢甚至訓練失敗。

2. 隨機初始化（Random Initialization）

　　初始化為 0 附近的隨機值。這種方法輕鬆打破了神經元之間的對稱性，但比較難把握權重的大小與相關神經元數量的關係。比如輸入神經元由 100 增加到 10,000 時，如果初始化的值

大小範圍不變，則對應的輸出值變異數就會出現較大的差異，經驗發現，這將導致收斂速度較慢甚至失敗。

　　3.為了避免隨機初始化變異數不穩定的問題，可以利用資料量的大小來調節初始化的數值範圍，方法是每個初始化值都除以$\sqrt{n}$，其中 n 是輸入的維數，類似的校準方法還可以將初始化範圍修改為方程式（7-84）：

$$w \sim U\left[-\frac{\sqrt{6}}{\sqrt{n_j + n_{j+1}}}, \frac{\sqrt{6}}{\sqrt{n_j + n_{j+1}}} \right]$$
（7-84）

　　有學者提出了一種專門針對 ReLU 神經元的初始化方法，他們認為在 ReLU 神經元系統中初始化參數都應該除以$\sqrt{n/2}$。

　　Bias 因為占比不大，初始化一般直接採用全 0 或很小的數位，或者和權重向量同等對待。

　　最近，批量規範化（Batch Normalization）發現已緩解初始化問題。前向傳播時，針對啟動函數輸出，利用 Mini-batch 的資料均值和變異數進行常態化，從而使資料在每一層的均值和分布都相對穩定。

（三）正規化（Normalization）

1. 提前終止（Early Termination）

　　是機器學習領域非常通用的簡單正規化方法，在決策樹（Decision Tree）等模型中得到廣泛應用。提前終止在深度學習領域中的應用也大同小異，在訓練過程中隨時關注模型的效果，當驗證集上的誤差（Error）不再減小甚至增大時停止訓練。

　　在深度學習中採用提前終止防止過擬合（Overfitting）的具體做法是在每一輪訓練結束時，計算驗證集（Validation Set）上的損失函數，如果損失函數不再下降或者下降較少時停止訓練。當然，為了避免只看一輪反覆運算帶來較大誤差的問題，也可以多看幾輪（Epoch）訓練，如果連續幾個 Epoch 損失函數都比之前高的話就可以停止訓練了。

2. 資料增強（Data Enhancement）

　　在深度學習應用中訓練資料往往不夠，可以通過添加雜訊（Noise）、裁剪（Crop）等方法獲取更多的資料。另外，考慮到雜訊多種多樣，可以通過添加不同的雜訊獲取更多類型的資料。例如：圖片可以在不同的位置裁剪出小一些的圖片，也可以通過旋轉（Rotate）、扭曲（Twist）、拉伸（Stretch）等不同方法生成不同的資料。

3. L2/L1 參數正規化（Parameter Regularization）

深度學習的 L2/L1 正規化完全沿襲傳統機器學習。從形式上看，L2 指的是二範數（Norm），一般寫作平方和的形式。下面以分類的損失函數（負的最大似然（Likelihood））為例進行說明。L2 相當於在原來損失函數的基礎上多了一項 $\frac{\lambda}{2n}\Sigma_w w^2$ 即方程式（7-85）：

$$Loss_{reg} = Loss + \frac{\lambda}{2n}\sum_w w^2 = -\sum_{i=l}^{N} y_i \log(\hat{y}_i) + \frac{\lambda}{2n}\sum_w w^2 \tag{7-85}$$

其中 n 為訓練樣本總數，分母多一個係數 2 只是為了方便求導，因為平方求導後會多一個常數係數 2。λ 為正規化超參數，λ 越小，則正規化所起的作用越小，模型主要在最佳化原來的損失函數；λ 越大，則正規化越重要，參數趨向於 0 附近。

上面的損失函數對參數 w；和 Bias(b) 求偏導如方程式（7-86）及（7-87）：

$$\frac{\partial Loss_{reg}}{\partial w} = \frac{\partial Loss_{reg}}{\partial w} + \frac{\lambda}{n} w \tag{7-86}$$

$$\frac{\partial Loss_{reg}}{\partial w} = \frac{\partial Loss}{\partial w} \tag{7-87}$$

其中對 w 的偏導多了一項 $\frac{\lambda}{n} w$，而對 Bias 的偏導不變。依此類推，隨機梯度下降時 w 的更新也會進行類似變化。

類似地，L1 指的是一範數（Norm），一般寫作絕對值和的形式。下面同樣以分類的損失函數（負的最大似然（Likelihood））為例進行說明。L1 相當於在原來損失函數的基礎上多了一項 $\frac{\lambda}{n}\Sigma_w |w|$ 即方程式（7-88）：

$$Loss_{reg} = Loss + \frac{\lambda}{n}\sum_w |w| = -\sum_{i=l}^{N} y_i \log(\hat{y}_i) + \frac{\lambda}{n}\sum_w |w| \tag{7-88}$$

其中 n 為訓練樣本總數，λ 為正規化超參數，λ 越小，則正規化所起的作用越小，模型主要在最佳化原來的損失函數；λ 越大，則正則化越重要，參數趨向於 0 附近。

上面的損失函數對參數 w 和 Bias(b) 求偏導如方程式（7-89）及（7-90）：

$$\frac{\partial Loss_{reg}}{\partial w} = \frac{\partial Loss}{\partial w} + \frac{\lambda}{n} sign(w) \tag{7-89}$$

$$\frac{\partial Loss_{reg}}{\partial b} = \frac{\partial Loss}{\partial b} \tag{7-90}$$

類似地，對 w 的偏導多了一項 $\frac{\lambda}{n} sign(w)$，其中 $sign(w)$ 表示 w 的符號，為正時取 1，w 為負時取 −1，w 為 0 時一般取 0。而對 Bias 的偏導不變。依此類推，隨機梯度下降時如的更新

也會進行類似變化。

　　關於 L2/L1 正規化原理，一般存在兩種解釋方法。

　　第一，L2/L1 是添加一個參數 a：取 0 附近的先驗，如圖 29 所示，灰色部分表示相應的先驗，左側為 L2 正規，右側為 L1 正規，同心圓的圓心表示資料上的最佳點，等高線表示到最佳點距離相同的點。可以看出，先驗希望參數保持在零點附近，當然，L2 的平方和形式決定了其函數圖像在二維情況下是圓形，在三維情況下為球面，更多維可以理解為超球面（Hypersphere）；而 L1 的絕對值形式則決定了在二維情況下為菱形（Diamond），在三維情況下為正八面體，更多維可以理解為正多面體（Regular Polyhedron）。

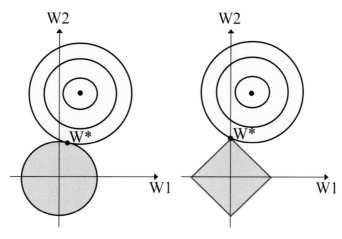

圖 29　L2 正規化與 L1 正規化圖示

　　第二，L2 正規相當於為參數 w 增加了共異變數為 $\frac{1}{\lambda}$ 之零均值高斯分布先驗（Gaussian Distribution Prior）；L1 正規相當於為參數 w 增加了拉普拉斯先驗（Laplace Prior）。

（四）整合（Integrated）

　　整合即多個模型進行融合。生成多個模型的方法有 4 種：

1. 對資料進行放回重採樣的 Bagging（Bootstrap Aggregating）

　　從數量為 n 的原始資料 D 中分別獨立隨機抽取 n 次，由於是放回重採樣，每次抽取的候選集都是同樣的 n 個資料，這樣得到的新資料集用於訓練模型。重複這個過程，就會得到多個模型。

2. Boosting

先針對原始資料訓練一個比隨機分類器（Random Classifier）性能要好一點的模型，然後用該分類器對訓練資料進行預測，對預測錯誤的資料進行加權（Weighted），從而組成一個新的訓練集，更新訓練即可取得新 Model。

3 不同的訓練資料

比如要對視頻進行分類，部分模型用語音資料，部分模型用字幕圖像資料等。

4. 不同的模型結構

比如有的卷積模型用 3 層卷積，有的用 5 層卷積，同樣的訓練資料也可以出來不同的模型。

合併多個模型的方法有 3 種：

1. 選擇驗證集（Validation Set）上效果最好的模型。

2. 對多個模型進行投票（Vote）或取平均值。

3. 對多個模型的預測結果進行加權平均（Weighted Average）。

（五）Dropout

Dropout 是深度學習領域比較常用的正規化方法。Dropout 的概念非常簡單，就是在每一輪訓練過程中都以一定機率去掉一些節點（實際操作可能是通過啓動函數輸出乘以一個二進位遮罩矩陣（Mask Matrix）實現的），由於每一輪去掉的節點並不一樣，Dropout 的效果類似於多個不同網路進行集成。

Dropout 直接放棄節點還是有點簡單、粗暴，更細微性的是可以選擇只去掉一些邊而不是整個節點，這就是 Drop Connect，是一種隨機放棄連接邊的正規化方法。除了前面所提及的正規化方法，遷移學習（Transfer Learning）（含多工學習）、利用無監督模型初始化（Unsupervised Model Initialization）、二值化網路（Binary Network）、模型壓縮（Model Compression）等都可以看作防止過擬合（Overfitting）的方法。

>>>>>>>>>>>>>>>>>>>>> 參考文獻 <<<<<<<<<<<<<<<<<<<<<

[1] Géron, A. (2019). Hands-on machine learning with Scikit-Learn, Keras, and Tensor-Flow: Concepts, tools, and techniques to build intelligent systems. O'Reilly Media.

[2] Mehta, P., Bukov, M., Wang, C. H., Day, A. G., Richardson, C., Fisher, C. K., & Schwab, D. J. (2019). A high-bias, low-variance introduction to machine learning for physicists. Physics reports, 810, 1-124.

[3] Walczak, S. (2019). Artificial neural networks. In Advanced Methodologies and Technologies in Artificial Intelligence, Computer Simulation, and Human-Computer Interaction (pp. 40-53). IGI Global.

[4] Janet, J. P., Chan, L., & Kulik, H. J. (2018). Accelerating chemical discovery with machine learning: simulated evolution of spin crossover complexes with an artificial neural network. The Journal of Physical Chemistry Letters, 9(5), 1064-1071.

[5] Abiodun, O. I., Jantan, A., Omolara, A. E., Dada, K. V., Mohamed, N. A., & Arshad, H. (2018). State-of-the-art in artificial neural network applications: A survey. Heliyon, 4(11), e00938.

[6] Maksimenko, V. A., Kurkin, S. A., Pitsik, E. N., Musatov, V. Y., Runnova, A. E., Efremova, T. Y., ... & Pisarchik, A. N. (2018). Artificial neural network classification of motor-related eeg: An increase in classification accuracy by reducing signal complexity. Complexity, 2018.

[7] Siregar, S. P., & Wanto, A. (2017). Analysis of Artificial Neural Network Accuracy Using Backpropagation Algorithm In Predicting Process (Forecasting). IJISTECH (International Journal of Information System & Technology), 1(1), 34-42.

[8] Park, D. C., El-Sharkawi, M. A., Marks, R. J., Atlas, L. E., & Damborg, M. J. (1991). Electric load forecasting using an artificial neural network. IEEE transactions on Power Systems, 6(2), 442-449.

[9] Hsu, K. L., Gupta, H. V., & Sorooshian, S. (1995). Artificial neural network modeling of the rainfall runoff process. Water resources research, 31(10), 2517-2530.

[10] Dreiseitl, S., & Ohno-Machado, L. (2002). Logistic regression and artificial neural net-

work classification models: a methodology review. Journal of biomedical informatics, 35(5-6), 352-359.

[11] Elzamly, A., Hussin, B., Abu-Naser, S. S., Shibutani, T., & Doheir, M. (2017). Predicting critical cloud computing security issues using Artificial Neural Network (ANNs) algorithms in banking organizations.

[12] Cimino, A., De Mattei, L., & Dell'Orletta, F. (2018). Multi-task learning in deep neural networks at evalita 2018. Proceedings of the 6th evaluation campaign of Natural Language Processing and Speech tools for Italian (EVALITA'18), 86-95.

[13] Komar, M., Yakobchuk, P., Golovko, V., Dorosh, V., & Sachenko, A. (2018, August). Deep neural network for image recognition based on the caffe framework. In 2018 IEEE Second International Conference on Data Stream Mining & Processing (DSMP) (pp. 102-106). IEEE.

[14] Scholkopf, B., & Smola, A. J. (2018). Learning with kernels: support vector machines, regularization, optimization, and beyond. Adaptive Computation and Machine Learning series.

[15] Miikkulainen, R., Liang, J., Meyerson, E., Rawal, A., Fink, D., Francon, O., ... & Hodjat, B. (2019). Evolving deep neural networks. In Artificial Intelligence in the Age of Neural Networks and Brain Computing (pp. 293-312). Academic Press.

[16] Chen, W. R., Midtgaard, J., & Shepherd, G. M. (1997). Forward and backward propagation of dendritic impulses and their synaptic control in mitral cells. Science, 278(5337), 463-467.

[17] Zhang, Y., Zhou, Z., Huang, P., Fan, M., Han, R., Shen, W., ... & Qian, H. (2019). An Improved RRAM-Based Binarized Neural Network With High Variation-Tolerated Forward/ Backward Propagation Module. IEEE Transactions on Electron Devices, 67(2), 469-473.

[18] Nasrin, S., Drobitch, J. L., Bandyopadhyay, S., & Trivedi, A. R. (2019). Low power restricted Boltzmann machine using mixed-mode magneto-tunneling junctions. IEEE Electron Device Letters, 40(2), 345-348.

[19] van Beest, F. M., Mews, S., Elkenkamp, S., Schuhmann, P., Tsolak, D., Wobbe, T., ... & Galatius, A. (2019). Classifying grey seal behaviour in relation to environmental vari-

ability and commercial fishing activity-a multivariate hidden Markov model. Scientific reports, 9(1), 1-14.

[20] Chen, Z., Bao, Y., Chen, J., & Li, H. (2019). Modelling the spatial distribution of heavy vehicle loads on long-span bridges based on undirected graphical model. Structure and Infrastructure Engineering, 15(11), 1485-1499.

[21] Han, T., Nijkamp, E., Fang, X., Hill, M., Zhu, S. C., & Wu, Y. N. (2019). Divergence triangle for joint training of generator model, energy-based model, and inferential model. In Proceedings of the IEEE Conference on Computer Vision and Pattern Recognition (pp. 8670-8679).

[22] Du, Y., & Mordatch, I. (2019). Implicit generation and modeling with energy based models. In Advances in Neural Information Processing Systems (pp. 3608-3618).

[23] Eraslan, G., Simon, L. M., Mircea, M., Mueller, N. S., & Theis, F. J. (2019). Single-cell RNA-seq denoising using a deep count autoencoder. Nature communications, 10(1), 1-14.

[24] Schonfeld, E., Ebrahimi, S., Sinha, S., Darrell, T., & Akata, Z. (2019). Generalized zero- and few-shot learning via aligned variational autoencoders. In Proceedings of the IEEE Conference on Computer Vision and Pattern Recognition (pp. 8247-8255).

[25] Aït-Sahalia, Y., & Xiu, D. (2019). Principal component analysis of high-frequency data. Journal of the American Statistical Association, 114(525), 287-303.

[26] Hassan, M. M., Alam, M. G. R., Uddin, M. Z., Huda, S., Almogren, A., & Fortino, G. (2019). Human emotion recognition using deep belief network architecture. Information Fusion, 51, 10-18.

[27] Li, L., Qin, L., Qu, X., Zhang, J., Wang, Y., & Ran, B. (2019). Day-ahead traffic flow forecasting based on a deep belief network optimized by the multi-objective particle swarm algorithm. Knowledge-Based Systems, 172, 1-14.

[28] Ouyang, T., He, Y., Li, H., Sun, Z., & Baek, S. (2019). Modeling and forecasting short-term power load with copula model and deep belief network. IEEE Transactions on Emerging Topics in Computational Intelligence, 3(2), 127-136.

[29] Kassem, M. A., Hosny, K. M., & Fouad, M. M. (2020). Skin lesions classification into eight classes for ISIC 2019 using deep convolutional neural network and transfer

learning. IEEE Access, 8, 114822-114832.

[30] Kavasidis, I., Pino, C., Palazzo, S., Rundo, F., Giordano, D., Messina, P., & Spampinato, C. (2019, September). A saliency-based convolutional neural network for table and chart detection in digitized documents. In International Conference on Image Analysis and Processing (pp. 292-302). Springer, Cham.

[31] Zhang, Y. D., Dong, Z., Chen, X., Jia, W., Du, S., Muhammad, K., & Wang, S. H. (2019). Image based fruit category classification by 13-layer deep convolutional neural network and data augmentation. Multimedia Tools and Applications, 78(3), 3613-3632.

[32] Wu, X., Liang, L., Shi, Y., & Fomel, S. (2019). FaultSeg3D: Using synthetic data sets to train an end-to-end convolutional neural network for 3D seismic fault segmentation. Geophysics, 84(3), IM35-IM45.

[33] Raghu, S., Sriraam, N., Temel, Y., Rao, S. V., & Kubben, P. L. (2020). EEG based multi-class seizure type classification using convolutional neural network and transfer learning. Neural Networks, 124, 202-212.

[34] Raghu, S., Sriraam, N., Temel, Y., Rao, S. V., & Kubben, P. L. (2020). EEG based multi-class seizure type classification using convolutional neural network and transfer learning. Neural Networks, 124, 202-212.

[35] Gopalakrishnan, S., Singh, P. R., Yazici, Y., Foo, C. S., Chandrasekhar, V., & Ambikapathi, A. (2020). Classification Representations Can be Reused for Downstream Generations. arXiv preprint arXiv:2004.07543.

[36] Zhou, D. X. (2020). Universality of deep convolutional neural networks. Applied and computational harmonic analysis, 48(2), 787-794.

[37] Roy, D., Panda, P., & Roy, K. (2020). Tree-CNN: a hierarchical deep convolutional neural network for incremental learning. Neural Networks, 121, 148-160.

[38] Sherstinsky, A. (2020). Fundamentals of recurrent neural network (rnn) and long short-term memory (lstm) network. Physica D: Nonlinear Phenomena, 404, 132306.

[39] Su, H., Hu, Y., Karimi, H. R., Knoll, A., Ferrigno, G., & De Momi, E. (2020). Improved recurrent neural network-based manipulator control with remote center of motion constraints: Experimental results. Neural Networks, 131, 291-299.

[40] Banerjee, S., Ghannay, S., Rosset, S., Vilnat, A., & Rosso, P. (2020). LIMSI_UPV at

SemEval-2020 Task 9: Recurrent Convolutional Neural Network for Code-mixed Sentiment Analysis. arXiv preprint arXiv:2008.13173.

[41] Amiri, M. M., & Gündüz, D. (2020). Machine learning at the wireless edge: Distributed stochastic gradient descent over-the-air. IEEE Transactions on Signal Processing, 68, 2155-2169.

[42] Lin, J., Song, C., He, K., Wang, L., & Hopcroft, J. E. (2019, September). Nesterov Accelerated Gradient and Scale Invariance for Adversarial Attacks. In International Conference on Learning Representations.

[43] Lin, J., Song, C., He, K., Wang, L., & Hopcroft, J. E. (2019). Nesterov accelerated gradient and scale invariance for improving transferability of adversarial examples. arXiv preprint arXiv:1908.06281.

[44] Mishra, P., Biancolillo, A., Roger, J. M., Marini, F., & Rutledge, D. N. (2020). New data preprocessing trends based on ensemble of multiple preprocessing techniques. TrAC Trends in Analytical Chemistry, 116045.

[45] Heydarian, H., Rouast, P. V., Adam, M. T., Burrows, T., Collins, C. E., & Rollo, M. E. (2020). Deep Learning for Intake Gesture Detection From Wrist-Worn Inertial Sensors: The Effects of Data Preprocessing, Sensor Modalities, and Sensor Positions. IEEE Access, 8, 164936-164949.

[46] Hsu, L. L., & Culhane, A. C. (2020). Impact of Data Preprocessing on Integrative Matrix Factorization of Single Cell Data. Frontiers in Oncology, 10, 973.

[47] Xu, P., Roosta, F., & Mahoney, M. W. (2020). Newton-type methods for non-convex optimization under inexact hessian information. Mathematical Programming, 184(1), 35-70.

[48] Xin, R., Khan, U. A., & Kar, S. (2020). An improved convergence analysis for decentralized online stochastic non-convex optimization. arXiv preprint arXiv:2008.04195.

第八章 深度學習（Deep Learning）在生物 辨識系統中的應用研究──以人臉辨 識演算法為例

人臉圖像具有較大的資料量，其維度普遍較高。本章圍繞深度學習在生物辨識系統中的應用研究──以人臉辨識演算法為例，論述基於主成分分析（Principal Component Analysis, PCA）的人臉特徵提取、基於 PCA 和遺傳算法（Genetic Algorithm, GA）改進的誤差反向傳播（Back Propagation, BP）神經網路（Neural Network）的人臉辨識、基於 PCA 和 GA 改進的深度信念網路（Deep Belief Networks, DBNs）的人臉辨識、基於 PCA 和模擬退火基因演算法（Simulated Annealing-genetic Algorithm, SAGA）改進的 DBNs 網路的人臉辨識等重要主題，本章提及的演算法範例也是人臉辨識重要的發展技術之一。

第一節　以 PCA 演算法執行人臉特徵提取

一、PCA 演算法原理

主成分分析（Principal Component Analysis, PCA）是一種基於機率統計（Probability Statistics）的特徵提取演算法（Feature Extraction Algorithm），它可以從眾多參數中解析出問題的主要影響因素，通過提取主要因素使複雜問題簡單化。在實際應用中它通過正交變換將一組相關資料變換為一組各維度線性無關的表示，提取資料的主要特徵分量，實現高維資料的降維（Dimensionality Reduction of High-dimensional Data）。PCA 演算法與其他降維演算法相比，其主要特徵是它不但可以實現高維資料的降維，還能最大程度的保留該高維資料的原有資訊 [1-2]。

由線性代數（Linear Algebra）的知識可得知，向量在較小維度基下的變換即可得到與基維度相同的向量表示，而實現向量降維。PCA 演算法的降維原理與其類似，也是通過基變換來實現的。為了使高維資料在降維之後最大程度的保留原始資料的主要資訊，對於基變換中基的選取至關重要。

基向量（Basis Vector）的選擇其實為質是高維原始資料投影方向的選擇，當原始資料的投影值越分散，則原始資料的降維效果越好。為了使資料在降維後最大程度的保留資料的原始資訊，則需要盡可能的做到每個投影向量之間不存在相關性。由線性代數的知識可知：投影資料的分散程度（Degree of Dispersion）主要由原始資料的變異數（Variation）來決定，投影向量（Projection Vector）的相關性主要由原始資料的共變異數（Covariance）來決定。

PCA 演算法的最佳化目標可表示為將一組 N 維向量降為 K 維，其目標是選擇 K 個單位正

交基（Orthonormal Basis），使得原始資料變換到該組基後，各個向量之間共變異數為 0，而向量的變異數最大。

設有矩陣 X（如方程式 8-1），且該矩陣的橫向量相互獨立 [3-4]：

$$X = \begin{pmatrix} a_1 & a_2 \cdots a_m \\ b_1 & b_2 \cdots b_m \end{pmatrix} \qquad (8\text{-}1)$$

將 X 與 X 的轉置相乘，並求其結果的平均值為方程式（8-2）：

$$C = \frac{1}{m}XX^T = \begin{pmatrix} \dfrac{1}{m}\sum_{i=l}^{m}a_i^2 & \dfrac{1}{m}\sum_{i=l}^{m}a_ib_i \\ \dfrac{1}{m}\sum_{i=l}^{m}a_ib_i & \dfrac{1}{m}\sum_{i=l}^{m}b_i^2 \end{pmatrix} \qquad (8\text{-}2)$$

由方程式（8-2）可得，該矩陣為對稱矩陣（Symmetric Matrix），且主對角線元素為矩陣各橫向量的變異數，副對角線元素為橫向量的共變異數，因此，PCA 演算法的最佳化目標可簡化為：將原始資料的共變異數矩陣對角化，將主對角線上的元素按從大到小的順序排列，其他元素化為 O。

設原矩陣 X 對應的共變異數矩陣為 C，而 P 是一組基向量，設 Y = PX，則 Y 的共變異數矩陣 D 可表示為方程式（8-3）：

$$D = \frac{1}{m}YY^T \qquad (8\text{-}3)$$

將 Y=PX 和方程式（8-2）帶入方程式（8-3）並對其進行化簡，即可將 Y 的共變異數矩陣 D 表示為方程式（8-4）：

$$D = PCP^T \qquad (8\text{-}4)$$

根據方程式（8-2）和方程式（8-4）可得，利用 PCA 演算法將 N 維矩陣降到 K 維的實質是：利用矩陣 P 將共變異數矩陣轉化為對角矩陣，同時使對角線元素按從大到小的順序進行排列。其中矩陣 P 的前 K 行即為轉換矩陣的基，將高維資料在該組基上投影，即可將資料降到 K 維，且最大程度的保留資料的原始資訊。

由於待降維資料的共變異數矩陣為對稱 N 維矩陣，將其特徵向量作為變換矩陣，對共變異數矩陣進行變換，可得方程式（8-5）：

$$P^TCP = \Lambda = \begin{pmatrix} \lambda_1 & & & \\ & \lambda_2 & & \\ & & \ddots & \\ & & & \lambda_n \end{pmatrix} \qquad (8\text{-}5)$$

其中，P 為特徵向量（Feature Vector），即為各特徵向量對應的特徵值（Eigenvalues）。

所以，完成 PCA 降維目標所需的矩陣 P 即為：共變異數矩陣的特徵向量單位化後按行排列出的矩陣，其中每一行都是 C 的一個特徵向量。

高維資料利用 PCA 演算法將資料降到 K 維，K 的取值需要通過原始資訊保留的百分比來確定。設 $\lambda_1, \lambda_2..., \lambda_n$ 為共變異數矩陣的特徵值且由大到小排列，當保留前 K 個主成分時，其標準差百分比可表示為方程式（8-6）：

$$K = Min\left\{\frac{\sum_{j=1}^{k}\lambda_j}{\sum_{j=1}^{n}\lambda_j} \geq 0.80\right\} \qquad (8\text{-}6)$$

又綜合前述，PCA 演算法的主要步驟有 5 項：(1) 對高維矩陣 X 逐行進行均值化（Averaging）處理；(2) 求高維矩陣 X 均值化後的共變異數矩陣 C；(3) 求矩陣 C 的特徵值和特徵向量；(4) 將特徵向量按對應特徵值由大到小的順利進行排列，取前 K 行構成矩陣 P；(5) 將高維向量 X 向矩陣 P 進行投影，投影結果即為矩陣 X 降到 K 維的主成分。彙整如圖 1 所示。

對高維矩陣X逐行進行均值化（Averaging）處理

求高維矩陣X均值化後的共變異數矩陣C

求矩陣C的特徵值和特徵向量

將特徵向量按對應特徵值由大到小的順利進行排列，取前K行構成矩陣P

將高維向量X向矩陣P進行投影，投影結果即為矩陣X降到K維的主成分

圖 1　PCA 演算法 5 項主要步驟

二、PCA 人臉特徵提取

通常人臉圖像具有較大的資料量，其維度普遍較高。為了克服 BP 神經網路（Back Propagation Neural Network, BPNN）在人臉識別過程中由於人臉圖像資料量大，造成網路收斂（Convergence）緩慢的問題，在人臉辨識之前需要對圖像進行處理。PCA 演算法是一種經典的資料降維演算法，它可以針對資料的主要資訊實現資料降維，同時提取的主要資訊包含了原始資料的主要特徵（Main Features），並非只適合人臉圖像的處理。因此，本章利用 PCA 演算法對人臉圖像進行處理，最後用一組向量來表徵人臉，並將該向量作為 BPNN 的輸入。

由前述可知，利用 PCA 演算法來處理人臉圖像，首先需要尋找其投影空間之特徵臉。將訓練樣本（Training Samples）的第一幅人臉圖像用一維向量來表示，記為 Xi 則該向量的共變異數矩陣 C 表示如方程式（8-7）所示[5-6]：

$$C = \frac{1}{N} \sum_{i=1}^{n} (X_i - \overline{X})(X_i - \overline{X})^T \qquad (8\text{-}7)$$
$$= \frac{1}{N} DD^T$$

其中，X 為訓練樣本的均值向量（Mean Vector），N 為訓練樣本的總個數。

由於人臉圖像資料量較大，其共變異數矩陣 C 的維度較高，其特徵值、特徵向量求解計算量太大難以進行。所以為了減小計算量，利用奇異值分解（Singular Value Decomposition）的相關知識，將共變異數矩陣 C 轉化為對角矩陣（Diagonal Matrix），降低計算量。經過變換，共變異數矩陣 C 的特徵向量可表示為方程式（8-8）所示：

$$P_i = \frac{1}{\sqrt{\lambda_i}} X q_i \quad i = 1, 2, \cdots, N \qquad (8\text{-}8)$$

根據線性代數的知識可知，對任意實矩陣將其特徵值按照 $\lambda_1 \geq \lambda_2 \geq ... \geq \lambda_k > 0$ 的順序排列，得到的對角矩陣是唯一的。因此，人臉圖像 X 在 $\lambda_1 \geq \lambda_2 \geq ... \geq \lambda_k > 0$ 的情況下得到的特徵向量也是唯一的，並且特徵值越大，該特徵值對應的特徵向量包含的資料能量也就越大，其所保留的人臉資訊也就越多。根據方程式（8-6）選取前 K 個特徵值所對應的特徵向量構成投影空間，即特徵臉空間 W。

人臉圖像在特徵空間上的投影即可提取出該圖像的主要資訊。特徵空間是由所有訓練樣本的特徵向量構造而成，包含了人臉圖像的主要特徵。將需要降維的人臉圖像向特徵臉空間 W 進行投影，利用公式 Q = WTX 將得到的係數向量作為 BPNN 的輸入資料。

從英國劍橋大學 Olivetti 實驗室分享的 ORL 資料庫中隨機抽取 200 幅人臉圖像作為 PCA

演算法構造特徵臉空間的實驗物件（Experimental Object）。根據前述 PCA 演算法的介紹，將人臉圖像轉化爲矩陣，並求該矩陣的共變異數矩陣，按照式提取人臉圖像 80% 的主要資訊，需要選取前 30 個貢獻率最大的特徵值所對應的特徵向量來構成特徵臉空間，其結果如圖 2 所示。

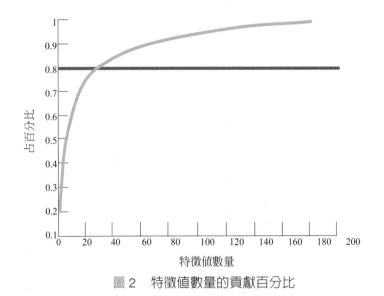

圖 2　特徵值數量的貢獻百分比

　　由圖 2 可知，將共變異數矩陣的前 30 個特徵向量正交正規化後構成特徵臉空間，該空間包含了人臉圖像的主要特徵。將人臉圖像向該空間投影得到一組一維向量，該組向量的實質是圖像在特徵臉空間中的位置，由於不同圖像在特徵臉空間的位置是不同的，因此可以利用投影向量來表徵該人臉。

第二節　依據 PCA 和遺傳演算法（Genetic Algorithm, GA）改進的 BP 神經網路的人臉辨識

　　深度學習是在神經網路的基礎上提出來的，它是神經網路的重要組成部分，被稱爲下一代神經網路。爲了找出人臉辨識過程的具體缺陷，從而克服這些缺陷，進一步提高人臉辨識精度，此處首先選用性價比（Cost Performance）最高的 BPNN 來進行人臉辨識探討。

　　針對 BPNN 在人臉辨識過程中，人臉圖像資料量大和易陷入局部最優的缺陷（Local Optimal Defect），提出利用 PCA 演算法和 GA 演算法對其進行最佳化，構成 PCA-GA-BPNN。該網路利用 PCA 演算法對人臉圖像進行預處理，以減少人臉圖像資料量和網路計算量，提高網路的收斂速度（Convergence Speed），再利用 GA 演算法對網路權值進行最佳化，使網路達到最優狀態，最後利用 AR 資料庫和 ORL 資料庫對該演算法進行驗證。

一、遺傳演算法（Genetic Algorithm, GA）

　　GA 是根據自然界物競天擇、優勝劣汰的原理構造的一種進化演算法（Evolutionary Algorithm）。該演算法是一種有效的全域機率搜索（Global Probability Search）演算法，具有很強的自我調整性（Self-regulation）和隱含並行性（Implicit Parallelism），現階段已經廣泛應用於模式辨識（Pattern Recognition）、神經網路（Neural Network）、控制理論（Control Theory）等領域。

　　GA 是一種經典的隨機演算法（Random Algorithm），它根據機率規則對解空間進行搜索，通過對解的評估來選擇最佳解。演算法在運行過程中，通過參數編碼來指令引數，使其更加靈活，同時通過適應度函數（Fitness Function）值來選擇新個體，由於適應度函數幾乎不受任何函數規則的限制，這使得遺傳演算法幾乎可以應用於任何尋求最佳化的問題。

　　遺傳演算法將適者生存這種思想引入到尋求最佳化問題中，透過模擬生物進化過程來搜索最佳化解法。GA 的執行過程如下所示（如圖 3）[7-8]：

　　(1) 產生初始種群（Generate Initial Population）：隨機產生初始個體構成初始群體，並進行編碼。

　　(2) 適應度函數（Fitness Function）：適應度函數主要是對種群中每個個體的生存情況進行分析，如果種群中個體的適應度函數值越大，則表明該個體越接近目標函數（Objective Function）的最佳解，反之亦然。

　　(3) 選擇（Selection）：利用選擇運算元從種群中選出兩個個體，通常適應度函數值越高越容易被選出。

　　(4) 交叉（Cross）（複製）：將選出的個體按照交叉運算元（Cross Operand）進行交叉，產生新個體，由於新個體遺傳了父代的優點，具有更強的適應能力。

　　(5) 變異（Variation）：變異是以一個小機率對個體中的基因串進行隨機改變，使其產生新個體。

(6) 結果判斷（Result Decision）：判斷得到的搜索結果是否滿足條件，當滿足條件時輸出搜索結果並解碼，當不滿足條件時，返回到步驟 3 重新計算。

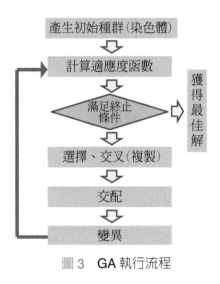

圖 3　GA 執行流程

二、BP 神經網路（BP Neural Network）

誤差反向傳播神經網路（Back Propagation Neural Network, BPNN）是於 1986 年提出的一種 BP 的多層前饋網路（Multilayer Feedforward Network）。它的構造類似於人腦，由大量的神經元（Neurons）按照一定的規則相互連接而成，具有很強的學習能力和非線性映射能力，它的訓練通常是採用最速下降法（Steepest Descent Method）來進行的，能夠很好的解決多層網路權值（Multi-layer Network Weighting）難以最佳化的問題[9-11]。

其中，m 為輸入層（Input Layer）神經元數量，n 為輸出層（Output Layer）神經元數量，q 為隱含層（Hidden Layer）神經元數量。

$\{x_1 , x_2 , \cdots x_m\}$ 為輸入，$\{y_1 , y_2 , \cdots y_n\}$ 為輸出，t_k（k=1，2，$\cdots$n）為標籤（Label），e_k（k=1，2，$\cdots$n）為輸出誤差（Output Error）。

BPNN 通過梯度（Gradient）最速下降法將誤差反向傳播調整網路權值，使網路誤差始終保持在允許範圍內。由於誤差在神經網路的各神經元之間通過非線性映射函數（Nonlinear Mapping Function）反向傳播，因此，BPNN 具有很強的非線性映射能力，能夠解決複雜非線性問題。

　　BPNN 在應用過程中，其資料的傳播主要包括正、反二個方面。樣本資料登錄網路後沿著由下向上的順序傳播，經過層層訓練之後得到網路輸出，若其輸出與標籤誤差不在允許範圍內，則誤差沿著由高到低的順序傳播，逐層修改網路權值，直到誤差在允許範圍內。

　　由於 BPNN 在訓練過程中採用的是有監督的學習方式（Supervised Learning），因此其訓練樣本需要採用有標籤樣本（Label Sample）。設有訓練樣本 T={x_i，y_j}，其中 x={x_1，x_2，…x_n} 為樣本輸入，y={y_1，y_2，…y_n} 為樣本標籤。利用該樣本對網路進行訓練，其隱含層任意神經元 j 的輸入可表示為方程式（8-9）：

$$n_j = \sum_{i=1}^{N} w_{ij} x_i - k_j \qquad (8\text{-}9)$$

　　其中，x_i 為輸入層神經元 i 的輸入，w_{ij} 為輸入層神經元，與隱含層神經元 j 的網路權值，k_j 為隱含層神經元 j 的閾值，N 為輸入層的神經元數量。

　　輸入樣本經過隱含層學習後，隱含層任意神經元 j 的輸出可表示為方程式（8-10）：

$$Q_j = S(n_j) \qquad (8\text{-}10)$$

　　隱含層神經元輸出與權值運算後將結果傳送到輸出層，則輸出層神經元 t 的輸入可表示為方程式（8-11）：

$$n_t = \sum_{j=1}^{M} w_{tj} o_j^P - k_t \qquad (8\text{-}11)$$

　　其中，w_{tj} 為隱含層神經元 j 與輸出層神經元 t 的網路權值，k_t 為輸出層神經元 t 的閾值，M 為隱含層的節點數。

　　輸出層透過對輸入資料的學習後，輸出層任意神經元 t 的輸出可表示為方程式（8-12）：

$$o_t = S(n_t) \qquad (8\text{-}12)$$

　　求解網路輸出與訓練樣本的樣本標籤之間的誤差，若誤差不在允許範圍內，則利用最速下降法將誤差反向傳播，通過修改網路權值來減小誤差，改善網路性能。反覆執行這一過程直到誤差在允許範圍內。

　　根據前面推導，網路輸出與樣本標籤的誤差函數可表示為方程式（8-13）：

$$\Delta y = \frac{1}{2} \sum_{t=1}^{P} \left(y_t - o_t \right)^2 \qquad (8\text{-}13)$$

　　其中，P 為輸出層神經元數量。

　　根據 BP 學習理論（BP Learning Theory），網路在訓練過程中其權值的修正方向是由誤差反向傳播的函數梯度（Function Gradient）的變化方向來確定的，其輸出層神經元的權值修正公式可表示為方程式（8-14）：

$$\Delta w_{tj} = -\eta \frac{\partial \Delta y}{\partial w_{tj}} = -\eta \frac{\partial \Delta y}{\partial n_t} \cdot \frac{\partial n_t}{\partial w_{tj}} \tag{8-14}$$

將方程式（8-6）進行簡化，可得方程式（8-15）：

$$\Delta w_{tj} = -\eta \frac{\partial \Delta y}{\partial n_t} \cdot o_j \tag{8-15}$$

其中，η 為學習速率。

又由於

$$-\frac{\partial \Delta y}{\partial n_t} = -\frac{\partial \Delta y}{\partial o_t} \cdot \frac{\partial o_t}{\partial n_t} = (y_t - o_t) \cdot S^{'}(n_t) = (y_t - o_t) o_t (1 - o_t) \tag{8-16}$$

故，輸出層任意神經元的更新權值公式可簡化為方程式（8-17）：

$$\Delta w_{tj} = \eta o_t (1 - o_t)(y_t - o_t) o_j \tag{8-17}$$

其中，o_t 為輸出層神經元 t 的網路輸出，o_j 為隱含層神經元 j 的輸出，y_t 為相應訓練樣本所對應的期望輸出。

因此，輸出層神經元 t 的權值增量可表示為方程式（8-18）：

$$w_{tj}(t+1) = w_{tj}(t) + \Delta w_{tj} \tag{8-18}$$

同理，隱含層神經元權值更新公式可表示為方程式（8-19）：

$$\Delta w_{ij} = -\eta \frac{\partial \Delta y}{\partial w_{ij}} = -\eta \frac{\partial \Delta y}{\partial n_j} \cdot \frac{\partial n_j}{\partial w_{ij}} \tag{8-19}$$

將方程式（8-11）簡化，可得方程式（8-20）：

$$\Delta w_{ij} = -\eta \frac{\partial \Delta y}{\partial n_j} \cdot o_j \tag{8-20}$$

又由於

$$-\frac{\partial \Delta y}{\partial n_j} = -\frac{\partial \Delta y}{\partial o_j} \cdot \frac{\partial o_j}{\partial n_j} = -\frac{\partial \Delta y}{\partial o_j} \cdot S^{'}(n_j) = -\frac{\partial \Delta y}{\partial o_j} \cdot o_j (1 - o_j) \tag{8-21}$$

將方程式（8-13）帶入方程式（8-12）中，可得隱含層神經元 j 的權值更新公式為方程式（8-22）：

$$\Delta w_{ij} = \eta \left[\sum_{t=1}^{M} (y_t - o_t) o_t (1 - o_t) w_{tj} \right] o_j (1 - o_j) o_i \tag{8-22}$$

其中，o_j 為隱含層神經元 j 的輸出，o_i 為輸入層神經元 i 的輸出。

因此，輸出層神經元 t 的網路權值增量可表示為方程式（8-23）：

$$w_{ij}(t+1) = w_{ij}(t) + \Delta w_{ij} \tag{8-23}$$

經過以上的推導，得到的公式（8-18）和公式（8-23）便是 BPNN 在反向誤差傳遞過程中，輸出層網路權值和隱含層網路權值的更新公式。

BP 網路訓練的主要步驟彙整如表 1 所示。

⬇ 表 1　BP 網路訓練主要步驟彙整

主要步驟	步驟說明
步驟一	提供訓練集，利用完整的有標籤資料作為訓練樣本，對網路進行訓練。
步驟二	計算網路輸出，按方程式（8-10）和方程式（8-12）計算隱含層和輸出層所有神經元的輸出。
步驟三	按方程式（8-18）和方程式（8-23）分別更新輸出層和隱含層的網路權值。
步驟四	若誤差不在允許範圍內，返回到第 2 步，直到誤差在允許範圍內為止。

BPNN 路具有很強的非線性映射能力（Non-linear Mapping Capability），它不依賴於具體模型，理論上它可以逼近任意的非線性映射關係。BPNN 通過網路訓練即可學得輸入、輸出的映射關係，並將學習到的關聯資訊儲存到分散的網路權值中，實現目標函數的全域逼近（Global Approximation），具有很強的穩健性（Robustness）、容錯能力（Fault Tolerance）和較好的泛化能力（Generalization）。但是 BPNN 在訓練過程中，當權值取值不當時容易陷入局部最優（Easy to Fall into Local Optimum）情況，影響最終結果。

BPNN 具有很強的學習能力和非線性映射能力，非常適合人臉識別過程，因此本節採用 BP 神經網路來進行人臉辨識。又由於 BP 神經網路對網路權值的取值非常敏感，因此使用 GA 的全域搜索能力來最佳化網路權值，減少其陷入局部最優的機率，提高人臉辨識效果。

三、以 PCA-GA-BP 進行應用的人臉辨識演算法

（一）BPNN 最佳化的可行性分析

BPNN 是神經網路的經典演算法，具有很強的自我學習能力，它可以在不清楚具體函數關係的情況下，通過學習輸入資料即可獲得輸入與輸出之間的映射關係（Mapping Relations），非常適合人臉辨識此種複雜問題的求解。

BPNN 在實際應用過程中具有收斂速度緩慢和易陷入局部最優的缺陷，該缺陷對 BPNN 的應用效果影響很大，因此對於 BPNN 的最佳化成為該網路的研究重點。針對 BPNN 人臉辨

識收斂緩慢的問題，本節從演算法內外 2 個方面進行最佳化，一方面對人臉圖像進行 PCA 處理，並將處理結果作為網路輸入，從而減少輸入層神經元個數、簡化網路結構、減少計算量，提高網路的收斂速度。另一方面在演算法內部引入慣性因數（Inertia Factor），即在網路權值最佳化項中增加一個慣性因數，使權值最佳化過程穩定進行，進一步提高網路的收斂速度。針對 BPNN 在網路訓練時易陷入局部最佳的問題，本節利用 GA 演算法超強的搜索能力來最佳化其網路權值，減小其陷入局部最佳的機率。

PCA 演算法具有很強的特徵提取能力，且可以最大程度的保留資料的原始資訊。GA 演算法的整體搜索策略不受連續、可微的要求，適用條件非常寬泛，同時具有並行性（Parallelism），使得它非常適合處理複雜的非線性最佳化（Non-linear Optimization）問題。BPNN 具有很強的學習能力和泛化能力（Generalization），將 PCA 演算法、GA 演算法和 BPNN 的優勢相結合，構成 PCA-GA-BPNN 來進行人臉識別，該網路不但能夠克服 BPNN 的缺陷，還能進一步提高人臉辨識的精度和辨識的速度[12-13]。

（二）網路參數設定

本節利用 PCA-GA-BPNN 來進行人臉辨識，其關鍵步驟是以 GA 演算法為基礎的 BP 網路訓練，使其網路權值達到最佳狀態，從而減小 BPNN 陷入局部最佳化的機率，使其成為一個最佳的人臉辨識系統。網路在訓練之前，首先需要對網路參數（Network Parameters）進行設定。

1. GA 演算法的參數

GA 的參數主要包括編碼方式、種群數目、進化代數、交叉機率、變異機率等，彙整如表 2 所示。

▼ 表 2　GA 參數彙整

參數項目	參數說明
編碼方式 （Coding Method）	由於 GA 直接操作的是參數編碼而不是參數本身，因此，需要對參數進行編碼。編碼的方式有很多種，為了簡化 GA 的操作步驟，本節採用實數編碼。
種群數目 （Population Number）	通常設定一個較大的種群數量，就可以得到更多的新解，增加產生最佳解的機率，但是種群數量過大就會導致搜索時間（Search Time）加長、計算量增大。根據實驗將種群數量設定為 50。
進化代數（Evolutionary Algebra）	進化代數是作為 GA 的結束條件而設定的，根據本節的實驗將其設定為 150。

（接續下表）

參數項目	參數說明
交叉（複製）、變異機率（Crossover and Mutation Probability）	交叉（複製）、變異操作主要是爲了產生新物種，一般發生的機率較小。在實際應用中變異操作可以增強 GA 的局部搜索能力同時防止早熟收斂現象。根據介紹，將交叉機率、變異機率分別設定爲 0.35。

2. BP 神經網路的參數

BPNN 的參數主要包括：神經網路的層數（The Number of Layers of the Neural Network）、輸入層神經元數量（The Number of Neurons in the Input Layer）、隱含層神經元數量（The Mumber of Meurons in the Hidden Layer）、輸出層神經元數量（The Number of Neurons in the Output Layer）、啓動函數（Startup Function）、學習率（Learning Rate）、慣性因數（Inertia Factor）、訓練步長（Training Step Size）、目標誤差（Target Error）。

(1) 網路層數：根據 BPNN 理論，3 層 BPNN 具有很強的學習能力和非線性映射能力，可以實現任意非線性映射問題的無限逼近，因此本文選用 3 層的 BPNN。

(2) 輸入、輸出層神經元數量：BP 神經網路的網路輸入是人臉圖像 PCA 處理後的結果，根據在保留人臉圖像 80% 的主要資訊的情況下，將人臉圖像化爲一個 M 維向量，因此將 BPNN 的輸入層神經元數量設定爲 M。由於是對 25 個人進行測試，故將輸出層神經元數量設定爲 25。

(3) 隱含層神經元數量：隱含層神經元數量的設定需要根據實際問題來確定。一般來說神經元數量越多，網路的學習能力就越強，但也會導致學習過程的計算量增大，收斂緩慢。結合先驗公式和實驗，本節將隱含層神經元設定爲 17。先驗方程式如（8-16）所示得方程式（8-24）：

$$m = \sqrt{l+n} + \alpha \qquad (8\text{-}24)$$

其中，m、n、l 分別爲隱含層、輸入層、輸出層的神經元數目，α 爲 1～10 的調節常數。

(4) 啓動函數：由於人臉辨識過程是一個複雜的非線性映射過程，對於非線性映射一般都要採用非線性啓動函數。

(5) 學習率：學習速率 η 的選擇非常重要。若學習率設置過大，網路收斂速度很快，但得不到資料的主要特徵。若學習率過小，網路可以充分學習，但收斂很慢。因此學習速率的設定需要根據訓練樣本的實際情況來確定。此處設定爲 0.7。

(6) 慣性因數：網路在學習過程中容易陷入局部最佳化，引入慣性因數（Inertia Factor）α，可以減小網路陷入局部最佳化的機率，使網路權值變化更加平穩，提高收斂速度。

引入慣性因數後輸出層任意神經元 t 在訓練過程中的權值增量方程式為（8-25）：

$$w_{tj}(k+1) = w_{tj}(k) + \Delta w_{tj} + \alpha \left[w_{tj}(k) - w_{tj}(k-1) \right] \tag{8-25}$$

引入慣性因數後隱含層任意神經元 j 在訓練過程中的權值增量方程式為（8-26）：

$$w_{ij}(k+1) = w_{ij}(k) + \Delta w_{ij} + \alpha \left[w_{ij}(k) - w_{ij}(k-1) \right] \tag{8-26}$$

其中，α 為慣性因數，$0 < \alpha < 1$。

(7) 訓練步長、目標誤差：這兩個值均是 BPNN 的結束條件，需要根據訓練樣本的數量來設定，本節將其分別設置為 1,000 和 0.001。

（三）網路訓練（Network Training）

在 BPNN 中，各神經元之間連接權值和閾值的取值至關重要，它決定著神經網路的性能，不同的網路權值會對網路收斂速度和最後的輸出結果產生巨大影響。本節利用 PCA 演算法、GA 演算法來改進 BPNN。在進行人臉辨識之前，首先利用 PCA 演算法來處理人臉圖像，並將處理結果作為網路輸入，然後利用 GA 演算法對網路進行訓練。

網路最佳化的主要步驟如下所示：

(1) 初始化種群：將 BPNN 的所有權值和閾值構成種群，並對該種群中的個體進行實數編碼（Real Number Encoding）。

(2) 建構適應度函數：適應度函數決定 GA 的搜索方向，是判斷是否接受新解的重要依據。由於 BPNN 是利用誤差反向傳播來修正網路權值的，因此將適應度函數 F 定義為網路訓練的絕對誤差和（如方程式（8-27））。

$$F = \frac{1}{2} \sum_{p=1}^{T} \sum_{t=1}^{M} \left(y_t^p - o_t^p \right)^2 \tag{8-27}$$

其中，y_t^p 為樣本標籤，o_t^p 為網路輸出，M 為輸出層神經元數目，T 為樣本數目。

(3) 選擇操作：採用輪盤賭法（Roulette Law）從種群中選出適應度函數值較高的個體，使其「交配（或稱複製）」產生新個體，個體 i 被選擇的機率 P_i 為方程式（8-28）：

$$P_i = \frac{F_i}{\sum_{i=1}^{N} F_i} \tag{8-28}$$

其中，N 為種群數量，F_i 為個體 i 的適應度函數值。

(4) 交叉（複製）操作：按照交叉機率將配對個體的部分基因進行交叉，形成新個體，其過程按照實數交叉法進行（如方程式（8-29））：

$$\begin{cases} g_j^p = g_j^p \beta + g_j^q (1-\beta) \\[3mm] g_j^q = g_j^q \beta + g_j^p (1-\beta) \end{cases} \qquad (8\text{-}29)$$

其中：g_j^p，g_j^q 分別為 p 和 q 個體在第 j 位的基因，β 為 $\{0，1\}$ 的亂數。

(5) 變異操作：變異操作使得遺傳演算法的搜索範圍擴大到種群之外，增加產生新解的機率，是增強演算法能力的重要步驟，其操作方法為方程式（8-30）：

$$g_i = \begin{cases} g_i \beta_2 + (g_i \text{-} g_{max}) \beta_1 \left(1 - \dfrac{t}{T}\right), \beta_2 \geq 0.5 \\[5mm] g_i \beta_2 + (g_{min} \text{-} g_i) \beta_1 \left(1 - \dfrac{t}{T}\right), \beta_2 < 0.5 \end{cases} \qquad (8\text{-}30)$$

其中：g_{max}，g_{min} 為基因 g_i 的取值範圍，t 為反覆運算次數，T 為最大進化代數，β_1，β_2 為 $\{0，1\}$ 的亂數。

(6) 計算當前解的適應度函數值，判斷其是否滿足演算法結束條件，如果滿足，輸出最佳權值和閾值，如果不滿足則返回到第 (3) 步。

(7) 將第 (6) 步求解的最佳權值和閾值輸入 BP 網路，並進行網路訓練。

(8) 訓練完成後，將待辨識人臉圖像輸入網路進行人臉辨識。

本節利用 PCA 演算法和 GA 演算法改進 BP 神經網路，構成 PCA-GA-BP 網路。該網路首先利用 PCA 演算法對人臉圖像進行處理，減少網路輸入資料量，再透過 GA 演算法對 BP 網路進行訓練，使網路權值和閾值達到最佳化，最後利用該網路進行人臉辨識，整體步驟流程彙整如圖 4。

圖 4　整體網路最佳化步驟流程

四、實驗結果及分析

（一）人臉圖像資料庫

　　爲了促進人臉辨識領域的發展，國際上眾多組織建立了多個人臉圖像資料庫。常見的人臉資料庫有 AR、FERET Database、ORL、Yale Database、AT&T Database 等（請讀者參見第四章表 1 網站彙整）。本文主要是爲了驗證改進演算法的有效性（Effectiveness），選取常用人臉辨識資料庫 AR 和 ORL 中的圖像作爲實驗物件。

　　AR 人臉資料庫是由巴賽隆納電腦視覺中心構建的，其中共有 126 人，每人 26 幅，共 3,276 幅，該資料庫中的圖像是在嚴格控制光線、距離等條件下，在規定的時間內拍攝的，其中的圖像具有一定的表情變化。本文隨機選取 100 人，每人 26 幅，共 2,600 幅圖像作爲實驗資料（Experimental Data）。

　　ORL 資料庫是由劍橋大學 AT&T 實驗室構建的，其中共有 40 人，每人 10 幅，共 400 幅。該資料庫中的圖像表情、面部飾物都有微小的改變，比較適合人臉辨識的演算法驗證，本文選取全部圖像作爲實驗物件[14-15]（圖 5）。

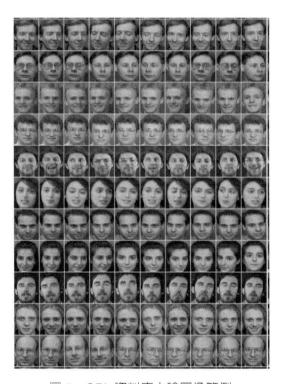

圖 5　ORL 資料庫人臉圖像範例

將選取的 AR 資料庫的 2,600 幅人臉圖像和 ORL 資料庫的 400 幅人臉圖像共 3,000 幅人臉圖像構成本文的資料庫，並將其分為訓練集（Training Set）和測試總集（Test Collection）兩個部分，其中隨機抽取 100 幅圖像作為測試總集，剩餘的 2,900 幅圖像作為訓練集。為了方便測試，將測試總集隨機分為 4 組，每組 25 幅人臉圖像，並將測試集依次稱為：測試集 1、測試集 2、測試集 3、測試集 4。

（二）實驗方案設定

本節共設計 2 個實驗：(1) 為了驗證本節改進演算法的有效性，將本節演算法和 BP 神經網路在相同的條件下進行人臉識別，並比較其辨識結果；(2) 為了說明訓練樣本數量對人臉辨識結果的影響，逐漸增大訓練樣本觀察這兩種演算法的人臉辨識情況。

針對實驗一：首先從訓練集中隨機選取 2,000 幅人臉圖像作為 PCA-GA-BPNN 和 BP 神經網路的訓練樣本，並依次將測試集 1、測試集 2、測試集 3、測試集 4 作為實驗對象，將 15 次實驗的平均結果作為最終結果。其辨識結果見表 3。

⬇ 表 3　兩種對比演算法的辨識結果

對比演算法	測試集 1		測試集 2		測試集 3		測試集 4		平均	
	誤差(%)	時間(s)	誤差(%)	時間(s)	誤差(%)	時間(s)	誤差(%)	時間(s)	誤差(%)	時間(s)
PCA-GA-BPNN	7.52	4.33	7.38	5.49	8.21	4.55	7.54	4.32	7.70	4.67
BP	12.36	8.41	11.79	9.03	13.47	8.76	12.71	8.54	12.58	8.69

在表 3 可見，對於所有的測試集，PCA-GA-BPNN 的人臉辨識誤差均明顯小於 BP 神經網路，其平均辨識誤差比 BP 神經網路低 4.88%，並且辨識速度明顯提高。很容易看出 PCA-GA-BPNN 的辨識結果優於 BP 神經網路，且具有較好的穩定性。從而說明 BP 網路經過最佳化之後，人臉辨識效果明顯提升。

進一步分析可知，BP 網路在訓練過程中，網路的初始參數（Initial Parameters）均為隨機值（Random Value），具有初始誤差（Initial Error），經過訓練誤差逐漸積累，增大了網路陷入局部最佳化的機率。而 PCA-GA-BPNN 利用 PCA 演算法處理人臉圖像減少其資料量，加快了網路的收斂速度，再利用 GA 演算法最佳化網路權值和閾值，克服其初始誤差，提高網路性能使其成為一個最佳的人臉辨識系統。該方法不但能夠克服 BP 網路的缺陷，還能進一步提高人臉辨識效果。

針對實驗二：為了說明訓練樣本數量對人臉辨識結果的影響，將 PCA-GA-BPNN 和 BP 神經網路的訓練樣本設置為：使訓練樣本從 1,000 幅人臉圖像開始，以 100 幅圖像為基數逐漸增加，並將測試總集加入訓練樣本進行網路訓練。同時將測試集 1 作為測試樣本進行實驗，可以發現在訓練樣本數目逐漸增大的情況下，PCA-GA-BPNN 和 BP 神經網路的辨識精度總體呈上升趨勢，這正好說明訓練樣本越多神經網路的識別效果就越好，但當訓練樣本增大到一定程度後，兩種演算法的辨識精度均出現了小範圍的下降。

分析其原因可知，在較多樣本的情況下，神經網路可以充分學習人臉圖像的資料特徵，反覆修改網路的權值和閾值使其取得最佳值，使網路成為一個最佳的人臉辨識系統，得到了較好的辨識結果。當訓練樣本增大到一定程度時，由於 BP 神經網路是一個前向回饋 3 層神經網路，參數和計算單元有限，學習能力和非線性映射能力有限，在較多訓練樣本的情況下，網路無法提取訓練資料的全部特徵，從而導致辨識效果下降。

第三節　以 PCA 和 GA 進行改進的 DBNs 網路的人臉辨識

PCA-GA-BPNN 在訓練樣本逐漸增大的情況下，該人臉辨識精度逐漸提高，但當訓練樣本增加到一定程度後，人臉辨識精度出現小範圍下降。通過分析得到其原因：PCA-GA-BPNN 只有 3 層神經元結構，其學習能力和非線性映射能力有限，在較大訓練樣本情況下，其有限的學習能力很難得到輸入資料的內在結構，從而使網路得不到充分訓練，影響最終的人臉辨識結果。

為了克服 PCA-GA-BPNN 的人臉辨識缺陷，本節在 PCA-GA-BPNN 的基礎上，利用學習能力（Learning Ability）和非線性映射能力（Nonlinear Mapping Ability）超強的深度信念網路（Domain Name System, DBNs）網路來替換 BP 網路，構成 PCA-GA-DBNs 網路。該網路首先利用 PCA 演算法對人臉圖像進行降維處理，減少人臉圖像資料量，簡化網路結構，再利用 GA 演算法結合吉布斯採樣（Gibbs Sampling）逐層訓練網路，訓練完成後利用 BP 網路進行微調使其成為一個最佳的人臉辨識系統，然後利用 AR 資料庫和 ORL 資料庫進行實驗。最後對不同分類器的人臉辨識情況進行了研究。

一、受限玻爾茲曼機（**Restricted Boltzmann Machine, RBM**）

　　受限玻爾茲曼機（Restricted Boltzmann Machine, RBM）是玻爾茲曼機的一種簡化模式，它是一種典型的對稱神經網路（Symmetric Neural Network），主要包括可見層和隱含層兩層神經元，在該網路中不同層神經元由權值相互連接，但同層神經元（Same Layer Neurons）互不相連。RBM 也被認為是一種無向圖（Undirected Graph），其神經元的取值具有很好的任意性（Arbitrary），但在實際應用中為了方便計算，普遍將可見層神經元和隱含層神經元設置為二值化（Binarization），即對於任意的可見層單元 v，隱含層單元 h 均有 $\{v, h\} \in \{0,1\}$。RBM 具有很強的無監督學習能力（Unsupervised Learning Ability），在較多神經元的情況下，可以實現對任意離散分布（Discrete Distribution）的函數擬合 [16-17]。

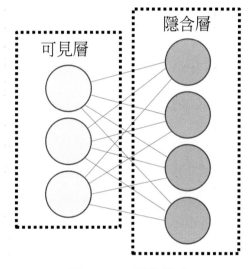

圖 6　RBM 簡化模式

　　對於一個給定狀態 $\{v, h\}$ 的 RBM，其能量函數（Energy Function）可表示為方程式（8-31）：

$$E(v, h | \theta) = -\sum_{i=1}^{n} b_i v_i - \sum_{j=1}^{m} c_j h_j - \sum_{i=1}^{n} \sum_{j=1}^{m} v_i w_{ij} h_j \qquad (8\text{-}31)$$

　　其中，v_i 為可見層神經元 i，h_j 為隱含層神經元 j，b_i 為可見層神經元 i 的偏置量（Offset），c_j 為隱含層神經元 j 的偏置量，w_{ij} 為可見層神經元 i 和隱含層神經元 j 的網路權值。

　　在給定參數集合 $\theta \in \{w, b, c\}$ 的條件下，$\{v, h\}$ 的聯合機率分布可表示為方程式（8-32）：

$$p(v,h|\theta) = \frac{1}{Z(\theta)}\exp\{-E(v,h|\theta)\} \tag{8-32}$$

其中：$Z(\theta)$ 為配分函數（Partition Function），即所有參數情況下的能量和（如方程式（8-33）。

$$Z(\theta) = \sum_{v}\sum_{h}\exp\{-E(v,h|\theta)\} \tag{8-33}$$

由方程式（8-24）和方程式（8-25）可得，RBM 可見層輸入資料和隱含層輸入資料的機率分布可表示為方程式（8-34）和方程式（8-35）：

$$p(v|\theta) = \frac{1}{Z(\theta)}\sum_{h}\exp\{-E(v,h|\theta)\} \tag{8-34}$$

$$p(h|\theta) = \frac{1}{Z(\theta)}\sum_{v}\exp\{-E(v,h|\theta)\} \tag{8-35}$$

由於 RBM 同層神經元之間互不相連，且各層神經元之間相互獨立。故有方程式（8-36）和方程式（8-37）的關係：

$$p(h|v) = \prod_{j}p(h_j|v) \tag{8-36}$$

$$p(v|h) = \prod_{i}p(v_i|h) \tag{8-37}$$

RBM 是一個對稱網路，且可見層和隱含層都是二值狀態，在已知可見層神經元狀態或隱含層神經元狀態時，即可推出隱含層神經元或可見層神經元的啟動機率（Probability of Start-up）為方程式（8-38）和方程式（8-39）的關係：

$$P(h_j = 1|v,\theta) = S(b_j + \sum_{i}v_i w_{ij}) \tag{8-38}$$

$$P(v_i = 1|h,\theta) = S(a_i + \sum_{j}w_{ij}h_j) \tag{8-39}$$

其中：i 為可見層神經元，j 為隱含層神經元，S 為 Sigmoid 啟動函數。

RBM 在實際應用前，需要對 RBM 網路參數進行訓練，確保其取到最佳化解法使網路學習能力最強。通常 RBM 的訓練採用的是隨機梯度上升法（Gradient Ascent Algorithm），即將 θ 的最佳值求解轉化為 θ 的最大似然函數（Maximum Likelihood Function）的求解，當其取得最大值時，對應的參數值即為所求。其似然函數可表示為方程式（8-40）和方程式（8-41）：

$$\Phi = \arg\max_{\theta}\delta(\theta) \tag{8-40}$$

$$\delta(\theta) = \sum_{t=1}^{T}\log p(v_t|\theta) \tag{8-41}$$

二、深度信念網路（Deep Belief Networks, DBNs）

2006 年多倫多大學教授辛頓（Hinton）等人提出了深度信念網路（Deep Belief Networks, DBNs），該演算法是由多個 RBM 相互疊加構成的，具有極強的學習能力和非線性映射能力。隨著 DBNs 網路的提出，機器學習（Machine Learning）進入到一個新的研究領域——深度學習（Deep Learning）。從此掀起了深度學習的研究高潮，極大的推進了人工智慧的發展和工業應用 [18-19]。

DBNs 是一種基於統計學習的非線性回饋神經網路（Non-linear Feedback Neural Network），它的基本構成單元是受限玻爾茲曼機，該網路是一個多層網路，主要由一個可見層和多個隱含層構成，可見層與隱含層的神經元由網路權值相互連接，但可見層和隱含層內部的神經元互不相連，通常可見層作為網路資料的輸入單元，隱含層通過訓練即可得到輸入資料的結構特徵。

根據深度學習理論，DBNs 的網路訓練是透過無監督學習演算法逐層訓練完成的，利用可見層的輸入資料訓練第 1 個 RBM 單元，並利用其輸出訓練第 2 個 RBM 單元，以此類推，直至所有的 RBM 單元訓練完成，最後通過有監督學習演算法（Supervised Learning Algorithm）對整個網路進行微調，使其成為一個性能最佳的學習系統。

DBNs 的網路訓練的實質是對 DBNs 中各個 RBM 權值進行最佳化。RBM 的網路權值最佳化等價於其網路參數的最大似然函數求解，為了減少計算量可以採用 Gibbs 採用來重構 RBM 的隨機樣本分布，實現最大似然函數關於未知梯度的近似，在 RBM 中進行 Gibbs 採樣的過程為：從可見層輸入訓練樣本 v_0，通過 $p(h|v_0)$ 得到隱含層向量 h_0，隱藏層 h_0 通過 $p(v|h_0)$ 重構可見層 v_1，可見層 v_1 通過 $p(h|v_1)$ 重構隱含層 h_2，如此反覆，經過多次 Gibbs 採樣之後，最終得到 RBM 所定義的分布樣本（Distribution Sample），同時也可得到最大似然函數的近似值。

由 RBM 的推導可知，RBM 的網路訓練主要是為了調節網路參數使網路達到最佳狀態，而參數的調節可等價於其最大似然函數的求解。為了簡化計算，本節將無監督學習演算法和 Gibbs 採樣相結合，用於 RBM 的網路訓練。由於這種訓練方式只需要一步採樣即可接近最大似然學習，大大節約了訓練時間。利用這種方法對多層深度學習網路（Multi-layer Deep Learning Network）進行訓練，隨著訓練層數的增加，訓練資料的特徵被逐層提取，越來越接近能量的真實表達。因此，這種訓練方式是非常有效的，通常 DBNs 網路的訓練是通過無監督學習演算法來實現的（圖 7）。

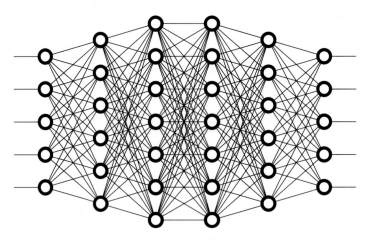

圖 7　多層深度學習網路架構

　　DBNs 網路在逐層訓練完成之後，各個 RBM 的權值對該層特徵向量的映射達到最佳化狀態，但整體 DBNs 網路的特徵向量映射並未達到最佳。為了使 DBNs 形成一個高效的非線性映射系統，需要對其進行微調。利用有監督學習演算法（通常採用 BP 神經網路）通過有標籤訓練樣本來對整個網路進行微調，使整個網路性能最佳。由於這種微調方式只需要對權值參數空間進行局部的搜索，即可達到效果，因此效率很高。

三、以 PCA-GA-DBNs 進行的人臉辨識演算法

（一）網路參數設定

　　DBNs 網路訓練的實質就是逐層訓練 RBM，而其訓練結果的好壞與其參數的設定密切相關。已有部分研究表明，對於 DBNs 的網路訓練，如果網路參數設置不當，DBNs 就很難得到真正的資料分布，因此網路參數的設置對於網路學習能力的訓練至關重要。

　　遺傳演算法的參數設定：本節利用遺傳演算法結合 Gibbs 採樣來逐層修正深度信念網路，也就是逐個修正 RBM 的網路參數，對於本節遺傳演算法的參數設定方式與上一節保持一致。將 RBM 網路中的所有網路權值構成種群，並利用實數編碼（Real Number Encoding）方式進行編碼。將 Gibbs 採樣重構的可見層與實際可見層之間的誤差設定為適應度函數。

　　DBNs 網路的參數設定主要包括：DBNs 網路的層數（The Number of Layers of the DBNs Network）、隱含層神經元數量（The Number of Hidden Layer Neurons）、輸入層神經元數

量（The Number of Input Layer Neurons）、輸出層神經元數量（The Number of Output Layer Neurons）、權值和偏置的初始值（The Initial Values of Weights and Biases）、動量學習率（The Momentum Learning Rate）、RBM 反覆運算次數（The Number of RBM Iterations）、分類回饋次數（The Number of Classification Feedback）、微調次數（The Number of Fine-Tuning）、學習率（Learning Rate）、目標誤差（Target Error）等。

隱含層之層數和隱含層神經元數量：根據深度學習理論，隱含層之層數和隱含層神經元個數越多，DBNs 網路的學習能力就越強，但相應的計算複雜度就會急劇上升。因此，隱含層之層數和隱含層神經元數量的確定需要與計算複雜度保持一種平衡。通常隱含層之層數確定為 3 層，隱含層神經元數量會利用先驗公式來確定。先驗公式為方程式（8-42）：

$$n = 2m + 1 \tag{8-42}$$

其中，m、n 分別為可見層和隱含層神經元的數量。

輸入層神經元數量和輸出層神經元數量：由於 PCA 處理過的人臉圖像結果將作為 DBNs 的網路輸入，並且網路依舊是對 25 人進行辨識，因此，DBNs 網路的輸入層神經元數量和輸出層神經元數量均與上一節 BP 神經網路的設定保持一致。

權重和偏置的初始值：通常將網路權值 w_{ij} 設置為隨機值，隱含層的偏置 c_j 設置為 0，可見層偏置 b_i 設置為 $\log[p_i / (1 - p_i)]$，其中 p_i 為可見層神經元 i 被啟動的機率。

學習率：對於多層學習網路學習率 η 的設定非常重要。如果學習率過大，網路學習速度會加快，從而導致重構誤差（Reconstruction Error）增大，影響網路權值最佳化。如果學習率過小，網路學習速率較慢，網路收斂緩慢。通常學習率的設置要根據訓練樣本來定，訓練樣本越多設置的越大，一般設定為 0.45。

動量學習率：動量學習率主要是為了使網路在學習過程中平穩收斂，避免網路過早收斂，陷入局部最佳化。它一般作為參數更新公式的添加項，避免網路參數修正的方向完全由似然函數梯度方向決定，加入動量學習率後的網路參數修正公式可表示為方程式（8-43）：

$$\theta = k\theta + \eta \frac{\partial \ln \delta(\theta)}{\partial \theta} \tag{8-43}$$

其中，k 為動量學習率。當重構誤差平穩增大時，k 設置為 0.9，其餘時間 k 設置為 0.5，η 為學習率。

其他參數：RBM 反覆運算次數、分類回饋次數、微調次數、目標誤差等參數的目的是使得 DBNs 網路在訓練、微調結束後，成為一個性能良好的非線性映射系統，但是這些參數的設定隨意性很大，與要解決的實際問題密切相關，通常由實驗來確定。本節將其依次設定為：100，100，50，0.06。

（二）網路訓練及微調

1. 網路訓練

DBNs 網路是多層網路，具有眾多參數需要大量樣本進行訓練，其訓練的實質是對網路參數進行最佳化，使網路達到最佳化狀態。在訓練過程中，如果將訓練集全部輸入網路進行訓練，往往會因計算量過大而使網路收斂緩慢。爲了提高網路訓練的速度，通常將訓練集分成多個小集和，利用 Matlab 矩陣運算的優勢提高計算效率。

在訓練樣本逐漸增多的情況下，由於 BP 神經網路的學習能力和非線性映射能力不足，導致人臉辨識效果出現小範圍下降。爲此，本節採用學習能力和非線性映射能力更強的 DBNs 網路來代替 BP 神經網路，構成 PCA-GA-DBNs 網路。

DBNs 網路逐層訓練的實質是對每個 RBM 進行訓練。由於 RBM 的結構對稱，且各個神經元之間相互獨立，通過 Gibbs 採樣即可得到 RBM 的隨機樣本分布。本節利用 GA 演算法結合 Gibbs 採樣來訓練 DBNs 網路，其具體過程爲：將訓練樣本輸入到第一個 RBM 的可見層 v，通過條件機率 $p(h_j = 1|v)$ 得到隱含層 h_1，然後利用 $p(v_i = 1|h)$ 對可見層進行重構得到 v_1，求解 v 與 v_1 的誤差，若誤差不在允許範圍內，利用 GA 演算法的全域搜索能力（Global Search Capabilities）調整網路權值，使重構可見層和實際可見層盡可能的接近，直到誤差在允許範圍內。利用同樣的方法對 DBNs 網路的所有 RBM 進行訓練。

根據前述對 DBNs 網路原理的介紹和 RBM 網路訓練的推導，可將 RBM 的網路參數：RBM 權值（RBM Weight）、可見層偏置（Visible Layer Bias）、隱含層偏置（Hidden Layer Bias）的更新公式表示爲方程式（8-44）、方程式（8-45）及方程式（8-46）：

$$\Delta w = w + \eta \left[p(h_j = 1|v_i)v_i^T - p(h_{j+1} = 1|v_{i+1}^T) \right] \tag{8-44}$$

$$\Delta b = b + \eta(v_i - v_{i+1}) \tag{8-45}$$

$$\Delta c = c + \eta \left[p(h_j = 1|v_i) - p(h_{j+1} = 1|v_{i+1}^T) \right] \tag{8-46}$$

其中：η 爲學習率，Δw 爲更新權值矩陣（Update Weight Matrix），Δb，Δc 爲可見層和隱含層更新偏置向量（Update Bias Vector），在初始化階段 w，b，c 爲隨機值。

PCA-GA-DBNs 網路訓練的主要步驟說明如下（如圖 8 所示）：

(1) 初始化種群（Initial Population）：將 RBM 的全部網路權值構成種群，並對其進行編碼（Coding）。

(2) 建構適應度函數（Construct Fitness Function）：由於 Gibbs 採樣可以重構 RBM 的可見

層分布，因此，將眞實可見層與重構可見層的絕對誤差（Absolute Error）和作爲種群個體的評價函數（Evaluation Function）—適應度函數（Fitness Function）（如方程式（8-47））。

$$F = \sum_{i=1}^{n} \sqrt{\sum_{j=1}^{m} (v_i^j - y_i^j)^2} \qquad (8\text{-}47)$$

其中，v_i^j 爲眞實可見（Real Visible Layer）層，y_i^j 爲重構可見層（Rebuild Visible Layer），m 爲可見層神經元數量，n 爲訓練樣本數量。

(3) 選擇操作（Select Operation）：利用輪盤賭法（Roulette Law）選出兩個適應度函數值較高的個體並將重要資訊遺傳到下一代。

(4) 交叉（複製）操作（Cross Operation）：按照交叉機率使種群中的兩個個體的部分基因進行交叉，產生具有新基因組合（New Gene Combination）的新個體。

(5) 變異操作（Mutation Operation）：按照變異機率對種群中個體的部分基因進行變異，產生新個體。

(6) 計算適應度函數值（Calculate Fitness Function Value），若滿足結束條件，則根據式（8-44）至式（8-46）來求解網路權值和偏置向量（Bias Vector）的更新值。若不滿足則返回到步驟 3。

(7) 從 DBNs 網路的第一個 RBM 開始進行訓練，直到所有的 RBM 訓練完成。

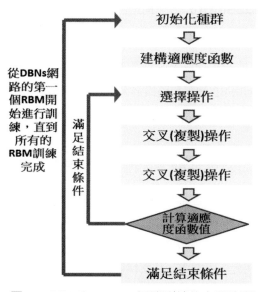

圖 8　PCA-GA-DBNs 網路訓練的主要步驟

由於本節是用 DBNs 網路替換 BP 神經網路，再利用 GA 演算法和 Gibbs 採樣進行網路訓練，與上一節網路訓練相比其主要變化是種群組成和適應度函數的構造，其餘部分基本上是一致的。未來讀者可利用類似思維，嘗試運用不同演算法進行訓練測試，即可感受出不同演算法對於人臉辨識的優劣情況。

2. 網路微調（Network Fine-tuning）

根據深度學習理論，PCA-GA-DBNs 網路在訓練完成後，爲了使網路性能進一步提高還需要進行網路微調。

在 DBNs 網路逐層訓練完成後，各個 RBM 的權值均達到最佳化，但整個 DBNs 網路並未構成一個完整系統，且網路性能還沒有達到最佳狀態。爲了將各個 RBM 有效的連接起來，還需要進行網路微調，即利用 BP 神經網路的最速下降法（Steepest Descent），將誤差自頂向下傳播到每個 RBM，通過改變其權值使誤差在允許範圍內，最終將 DBNs 網路構成一個最佳的人臉辨識系統，該過程爲有監督學習過程（Supervised Learning Process）。

前述網路微調過程爲：DBNs 訓練完成後得到各層網路權值，將有標籤資料 v 輸入可見層，並將該輸入與各層網路權值 w 進行運算，得到頂層向量（Top Vector）h。將頂層向量 h 與已知標籤 T 進行比較並求其誤差，若誤差不在允許範圍內，利用 BP 神經網路的最速下降法，反向傳播誤差並修正網路權值，使誤差保持在允許範圍內。

（三）分類器（Classifier）的構造

1. BP 神經網路的分類器構造

BP 神經網路是一種典型的有監督學習演算法，它通過最速下降法優化網路，方便快捷，非常適合分類器的構造。利用 BP 神經網路構造人臉圖像分類器，需要有標籤的訓練樣本（Labeled Training Samples）對分類器進行訓練，以最佳化分類權值（Classification Weight），使 BP 網路成爲一個性能良好的人臉識別分類器。

在 DBNs 網路微調完成後，利用 BP 神經網路構造人臉識別分類器，其主要步驟爲：將有標籤的訓練樣本從可見層輸入，經過由低到高的逐層訓練後得到最高隱含層（Highest Hidden Layer）h_n，將 h_n 與分類權值 w_n 進行運算得到分類層輸出向量（Classification Layer Output Vector），該向量即爲分類層對訓練樣本的分類結果，求解該結果與樣本標籤的誤差並判斷其是否在允許範圍內，若誤差不在允許範圍內，利用梯度最速下降法修正分類權值，反覆這一過程，直到誤差在允許範圍內。

2. RBM 網路的分類器構造

RBM 是玻爾茲曼機（Boltzmann Machine）的簡化形式，它是一個典型的二元對稱神經網路，該網路具有很強的非線性映射能力，由於人臉辨識本來就是一個複雜的非線性映射過程，因此，可以利用 RBM 網路來構造人臉辨識分類器。

RBM 構造的分類器是一個 3 層網路，其中包括輸入層（Input Layer）、隱含層（Hidden Layer）、分類層（Classification Layer）。分類器的網路參數對於人臉辨識的結果影響巨大，為了得到較好的辨識結果，在利用分類器之前需要使用大量樣本對其進行訓練，從而最佳化分類器的網路參數，使其具有良好的分類性能。

利用 RBM 訓練方式來對分類器進行訓練，但分類器的訓練需要使用有標籤的訓練樣本來進行。設其有標籤的訓練樣本為 $v = \{v_1, v_2, \cdots, v_n\}$，其標籤為 $T = \{1,2,\cdots,p\}$，隱含層為 $h = \{h_1, h_2, \cdots, h_m\}$，由前面推導可得，RBM 分類器的能量函數（Energy Function）可表示為方程式（8-48）：

$$E(v,T,h|\theta) = -\sum_{i=1}^{n} b_i x_i - \sum_{j=1}^{m} c_j h_j - \sum_{k=1}^{p} d_k y_k - \sum_{i=1}^{n}\sum_{j=1}^{m} x_i w_{ij}^1 h_j - \sum_{j=1}^{m}\sum_{k=1}^{p} h_j w_{jk}^2 y_k \tag{8-48}$$

其中，$\theta = (w^1, b, c, d, w^2)$ 是參數集（Parameter Set），w_{ij}^1 為可見層與隱含層網路權值，b 為可見層偏置，c 為隱含層偏置，d 為分類層偏置，w_{jk}^2 為隱含層與分類層網路權值。

訓練樣本的聯合機率（Combined Probability）分布可表示為方程式（8-49）：

$$p(v_i, T_i|\theta) = \frac{\exp\left[-E(v_i, T_i, h|\theta)\right]}{Z(\theta)} \tag{8-49}$$

其中，$Z(\theta) = \sum_{v,T,h} \exp\left[-E(v_i, T_i, h|\theta)\right]$。

由於 BP 神經網路在訓練樣本增大的情況下，網路學習能力和非線性映射能力下降，導致 PCA-GA-BPNN 演算法的人臉辨識效果下降。為了克服這一缺陷，本節利用學習能力更強的 DBNs 網路來替換 BP 神經網路，構成 PCA-GA-DBNs 網路，該網路首先利用 PCA 演算法處理人臉圖像，減少圖像資料量，簡化網路結構。然後利用 GA 演算法結合 Gibbs 採樣逐層訓練網路，最佳化網路權值，網路訓練完成後再利用 BP 演算法來微調 DBNs 網路，提高網路的整體性能。為了驗證不同分類器對辨識結果的影響，本節分別利用 BP 和 RBM 構造人臉識別分類器，進行人臉辨識。

四、實驗結果及分析

本節共設計 2 個實驗：(1) 為了證明本節演算法的有效性，將本節演算法和 PCA-GA-BPNN、DBNs 網路、BP 神經網路同時進行人臉辨識，並將辨識結果進行比較；(2) 為了說明不同分類器對辨識效果的影響，利用 BP 神經網路和 RBM 網路兩種演算法分別進行分類器建構，並觀察其對人臉辨識結果的影響。

針對實驗一：首先從訓練集中隨機選取 2,000 幅人臉圖像作為 PCA-GA-DBNs 網路、PCA-GA-BPNN、DBNs 網路和 BP 神經網路的訓練樣本，訓練完成後將測試集 1、測試集 2、測試集 3、測試集 4 分別作為測試對象，其識別結果見表 4。

⬇ 表 4　4 種對比演算法的辨識結果

對比演算法	測試集 1		測試集 2		測試集 3		測試集 4		平均	
	誤差 (%)	時間 (s)	誤差 (%)	時間 (s)	誤差 (%)	時間 (s)	誤差 (%)	時間 (s)	誤差 (%)	時間 (s)
PCA-GA-DBNs	4.12	3.23	5.33	3.84	4.32	3.15	4.67	3.36	4.61	3.40
DBNs	6.49	3.92	6.21	4.37	7.30	4.64	6.75	4.81	6.69	4.44
PCA-GA-BPNN	7.36	4.27	7.18	5.44	7.96	4.93	7.61	4.55	7.63	4.83
BP	12.45	8.53	11.72	9.68	13.85	8.52	12.34	8.63	12.59	8.78

從表 4 可以看出，對於所有的測試集，PCA-GA-DBNs 網路的平均辨識誤差最低（4.61%），其次是 DBNs 網路（6.69%），PCA-GA-BPNN（7.63%）和 BP 神經網路（12.59%）。並且 PCA-GA-DBNs 網路的辨識速度（Recognition Speed）明顯高於其他演算法，DBNs 網路與 PCA-GA-BPNN 比較接近，BP 神經網路最慢。PCA-GA-DBNs 網路不僅具有最高的辨識精度，還具有良好的辨識穩定性。

分析其原因發現，PCA-GA-DBNs、DBNs 的辨識精度高於 PCA-GA-BPNN、BP 神經網路，其主要原因是 PCA-GA-DBNs、DBNs 均屬於深度學習演算法（Deep Learning Algorithm），其學習能力和非線性映射能力遠遠高於淺層學習（Shallow Learning）的 PCA-GA-BPNN、BP 網路。無論是深度學習（DBNs）還是淺層學習（BP），最佳化後演算法的人臉辨識效果總是強於未最佳化的。PCA-GA-DBNs 網路的辨識效果優於 DBNs 網路，其主要原因是：

DBNs 網路在進行人臉辨識時，其初始權值是隨機賦值（Random Assignment）的具有初始誤差（Initial Error），在經過逐層訓練後，初始誤差逐漸積累，最終影響其辨識結果。而 PCA-GA-DBNs 網路在進行人臉辨識時，首先利用 PCA 演算法來處理人臉圖像並將處理結果作為網路輸入，人臉圖像經過 PCA 處理後，資料量大大減少從而簡化了網路結構，提高了網路的收斂速度。然後利用 GA 演算法和 Gibbs 採樣來逐層訓練網路，很好的克服了 DBNs 網路的初始誤差，使網路權值取得最佳解，提高了網路的學習性能，最終得到較好的人臉辨識效果。

針對實驗二：為了說明不同分類器對人臉辨識結果的影響，將訓練樣本分成 3 類：第 1 類從訓練集中隨機抽取 1,000 幅人臉圖像作為訓練集；第 2 類從訓練集中隨機抽取 2,000 幅人臉圖像作為訓練集；第 3 類將全部訓練集共 2,900 幅人臉圖像作為訓練集。在訓練完成後將測試集 1 作為測試對象，其辨識結果見表 5。

從表 5 可以看出，利用 BP 神經網路和 RBM 網路分別構造 PCA-GA-DBNs 演算法的分類器，在人臉辨識過程中 RBM 網路構造分類器的平均誤差（4.39%）略低於 BP 網路構造分類器的平均誤差（4.86%），而且 RBM 構造的分類器的辨識穩定性比 BP 分類器的辨識穩定性要好。

⬇ 表 5　RBM 分類器及 BP 分類器的辨識結果比較

演算法模型	平均辨識時間（s）	訓練樣本	平均辨識誤差（%）	總體平均辨識誤差（%）
PCA-GA-DBNs（RBM 分類器）	3.53	2,900	4.33	4.39
		2,000	3.87	
		1,000	4.97	
PCA-GA-DBNs（BP 分類器）	3.82	2,900	4.87	4.86
		2,000	4.28	
		1,000	5.43	

分析其主要原因是：DBNs 網路是由多個 RBM 相互疊加（Superimpose）形成的，利用 RBM 建構分類器，在訓練過程中資料從隱含層到分類層可以很好的銜接，進而得到很好的辨識效果。對深度學習演算法而言，不同的分類器會得到不同的辨識結果，其主要原因是不同分類演算法在進行網路訓練時，取得的訓練效果是不同的，從而造成分類演算法之間分類能力（Classification Ability）的差異，但總體來說，分類器在得到充分訓練之後，均可達到較好的分類效果。

　　由表 5 成果中可發現，利用 BP 網路和 RBM 網路來構造 PCA-GA-DBNs 的分類器，並用其進行人臉辨識。隨著訓練樣本數目的增加，各演算法的辨識效果都有所提高，但當訓練樣本較大時，各演算法的人臉辨識精度出現了小範圍下降。進一步分析其原因可得，GA 演算法在較多訓練樣本情況下，搜索範圍增大計算量驟增，其高負載運算（High Load Computing）能力不足，易出現提早收斂的缺陷情況，從而減緩了網路的收斂速度，極大的增加了網路陷入局部最佳的機率，影響最終的人臉辨識結果。

圖 9　人臉辨識想要獲得好的成果，採用高能力的演算法十分重要

第四節　以 PCA 和 SAGA 改進的 DBNs 網路的人臉辨識

　　PCA-GA-DBNs 網路在 2,900 幅訓練樣本的情況下，人臉辨識精度明顯下降，其原因是：GA 演算法為全域尋求最佳化演算法，具有高負載運算能力不足，容易出現提早收斂的缺陷問題。當訓練樣本很大時，GA 演算法的搜索範圍急劇增大，導致其提早收斂情況，使 PCA-GA-DBNs 網路陷入局部最佳化的機率急劇上升，最終導致人臉辨識精度的下降。為了克服 PCA-

GA-DBNs 網路在較大訓練樣本下人臉辨識精度下降的問題，本節提出利用搜索能力更強且不會陷入局部最佳化的模擬退火─基因演算法（Simulated Annealing-genetic Algorithm, SAGA）來替換 GA 演算法，構成 PCA-SAGA-DBNs 網路。該網路首先利用 PCA 演算法來處理人臉圖像並將處理結果作為下一步網路的輸入，再利用 SAGA 演算法結合 Gibbs 採樣來逐層訓練網路，然後以 BP 演算法進行網路微調和分類器構造，最後通過 AR 資料庫和 ORL 資料庫對該演算法進行驗證，同時利用該資料庫對本文改進的 3 種演算法進行實驗，給出本文推薦的人臉辨識演算法。

一、模擬退火演算法（Simulated Annealing, SA）

模擬退火演算法（Simulated Annealing, SA）是一種以機率統計來尋求最佳化的演算法，該演算法是通過對高溫金屬退火過程的模擬與類比來實現的（如圖 10 所示）。當金屬溫度較高時，金屬內部粒子內能（Particle Internal Energy）較大、所以運動劇烈，隨著金屬溫度的逐漸降低，粒子內能減小逐漸達到穩定狀態，該過程的實質是粒子隨著金屬溫度的變化尋找一個最佳位置使其達到穩定狀態。利用該思想來解決最佳化問題，通過 SA 演算法過程即可得到全域範圍內的最佳解。SA 演算法的執行依據準則為：Metropolis 準則 [20-22]。

圖 10　SA 演算法是透過對高溫金屬退火過程的模擬與類比來實現的

　　隨著溫度的變化，SA 演算法以降溫機率選擇次佳解（Suboptimal Solution），從而使搜索跳出局部最佳情況，因此 SA 演算法具有跳出局部最佳，搜索全域最佳解的能力。SA 演算法在實際運行過程中，需要設定初始溫度（Initial Temperature）、退火係數（Annealing Coefficient）等參數，其尋找最佳過程與 GA 類似，即：設定搜索的目標函數並產生新解，計算新解與原解目標函數的誤差，若誤差小於 0 受新解，若誤差大於 0 根據 Metropolis 準則來接受新解。判斷是否滿足演算法結束條件，若不滿足、根據退火係數降低溫度再次產生新解並判斷是否接受該新解。如此反覆直到搜索到全域最佳化（Global Optimization）解法。

　　SA 演算法是一種尋求最佳化演算法，它將隨機因數（Random Factor）引入搜索過程，當搜索陷入局部最佳化（Local Optimization）時，它會以降溫機率（Probability of Cooling）接受次佳化解法，從而很好的擺脫局部最佳情況，最終得到全域最佳化解法。爲了增強 GA 演算法全域搜索能力的同時，擺脫其容易提早收斂（Early Convergence）的缺陷，將 SA 演算法和 GA 演算法的優勢相結合建構成模擬退火遺傳演算法（Simulated Annealing Genetic Algorithm, SAGA），該演算法不但具有極強的全域搜索能力且不會陷入局部最佳化。

二、以 PCA-SAGA-DBNs 執行人臉辨識演算法

（一）網路參數設定

　　在較多訓練樣本的情況下，GA 演算法逐漸顯現出高負載運作能力弱，容易出現提早收斂的缺陷，最終影響辨識結果。爲了克服這一缺陷（Defect），本節利用 SAGA 演算法來代替 GA 演算法逐層最佳化 DBNs 網路，進一步提高人臉辨識效果。

　　SAGA 演算法的參數設定（Parameter Setting）：SAGA 演算法的主體仍爲 GA 演算法，只是相應的加入了 SA 演算法的參數（初始溫度、退火係數），因此參數設定主要是對引入的 SA 演算法的參數進行設定。GA 演算法的各項參數設置與上一章保持一致。初始溫度（Initial Temperature）：初始溫度是保證演算法搜索性能（Algorithm Search Performance）的重要參數，在演算法搜索過程中，初始溫度越高其搜索範圍也就越大，同樣的搜索到全域最佳解的機率也就越大，但相應的搜索時間會變長，因此初始溫度的設定必須綜合考慮。通常是通過實驗來確定。

　　退火係數（Annealing Coefficient）：退火係數的設定與退火速度密切相關，退火係數越小，溫度降低的速度也就越慢，搜索到最佳解的機率也就越大，但會增加演算法搜索的時間。

退火係數越大，搜索速度很快，但最終不一定能取到全域最佳解。因此在實際應用中要根據實際問題設置合理的退火係數，本節將其設定爲 0.45。

　　DBNs 網路的參數設定：演算法主要是利用 SAGA 演算法來替換 GA 演算法來對 DBNs 網路進行逐層訓練，因此 DBNs 網路沒有太大變化。

（二）網路訓練及微調

　　1. 網路訓練由上一章可知，GA 演算法在訓練樣本較大時，容易出現高負載運作能力不足，提早收斂問題，爲了克服這一缺陷，本節採用搜索能力更強且不會陷入局部最優的 SAGA 演算法來替換 GA 演算法，構成 PCA-SAGA-DBNs 網路，並用該網路進行人臉識別。該網路的逐層訓練主要是利用 SAGA 演算法和 Gibbs 採樣來進行的。網路逐層訓練的主要步驟如下所示：

　　(1) 參數設定（Parameter Setting）：根據上一節的描述，對網路的初始種群、進化代數、交叉（複製）、變異機率、初始溫度、退火係數等進行設定。

　　(2) 適應度函數建構（Fitness Function Construction）：將 RBM 可見層向量與 Gibbs 採樣重構的可見層向量的絕對誤差和，定義爲適應度函數，並產生初始解。

　　(3) 變異操作（Mutation Operation）：按照變異機率對種群中個體的部分基因進行變異，並利用其方法判斷是否接受新解。

　　(4) 從輸入層開始對 DBNs 逐層進行訓練直到訓練完成。

　　2. 網路微調 PCA-SAGA-DBNs 網路在經過網路逐層訓練後，每層網路權值均達到最佳情況，但整個 DBNs 網路並未達到最佳狀況，因此還需要對網路進行整體微調使其達到最佳狀況。由於本節中 DBNs 網路作爲人臉辨識的核心網路沒有發生變化，只是利用搜索能力更強的 SAGA 演算法來替換 GA 演算法。因此，DBNs 的網路微調採用和之前相同的方法來進行。即利用 BPNN 網路作爲 DBNs 網路的微調工具，並利用 BP 神經網路來建構分類器（Classifier）。利用 BP 演算法對 DBNs 網路進行微調時，從可見層輸入向量、由下向上與各個 RBM 權值進行運算，最終得到分類層輸出，將輸出與標籤進行比較，並求其誤差，然後通過誤差反向傳播（Backpropagation），修正網路權值、改善網路性能，直至誤差在允許範圍內。

　　本節將 SA 演算法和 GA 演算法的優勢相結合，構成 SAGA 演算法，並用該演算法代替 GA 演算法構成 PCA-SAGA-DBNs 網路來進行人臉辨識。

三、實驗結果及分析

　　爲了驗證本節演算法的有效性，將本節演算法與 PCA-GA-DBNs 網路在相同情況下進行人臉辨識。將全部訓練集共 2,900 幅人臉圖像作爲該實驗的訓練樣本，並將測試集 1、測試集 2、測試集 3、測試集 4 分別作爲測試樣本。爲了避免實驗的偶然性，以 15 次實驗的平均結果作爲最終結果。詳見圖 11 至圖 14 兩種對比演算法的平均辨識誤差在前述四種測試集的比較成果。

　　從圖 11 至圖 14 的比較成果中可發現，對於全部的測試集 PCA-SAGA-DBNs 的平均辨識誤差（4.67%）略低於 PCA-GA-DBNs 的平均識別誤差（5.13%），且 PCA-SAGA-DBNs 的辨識時間也是略低於 PCA-GA-DBNs，PCA-SAGA-DBNs 的辨識別結果更加穩定。根據前面的實驗不難發現：PCA-SAGA-DBNs 網路的辨識結果優於 PCA-GA-DBNs 網路。分析其原因可知，PCA-GA-DBNs 網路的逐層訓練是通過 GA 演算法來完成的，GA 演算法在訓練樣本較大的情況下，由於其高負載運算能力不足，容易出現提早收斂現象，從而導致網路的非主要目標函數陷入局部最佳化，最終影響辨識效果。而 PCA-SAGA-DBNs 網路的逐層訓練是通過 SAGA 演算法來進行的，SAGA 演算法結合了 SA 演算法和 GA 演算法的優勢，具有超強的全域搜索能力並且不會陷入局部最佳化情況。利用該演算法對 DBNs 網路進行逐層訓練，不僅克服了 GA 演算法高負載運算能力弱和容易出現提早收斂缺陷外，還提高辨識精度和辨識速度。

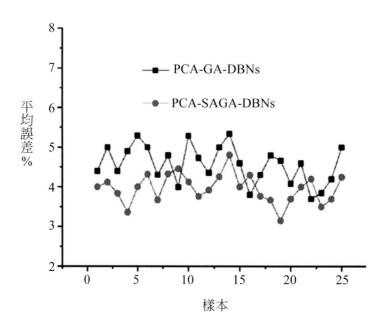

圖 11　測試集 1 之 PCA-GA-DBNs 與 PCA-SAGA-DBNs 網路比較結果

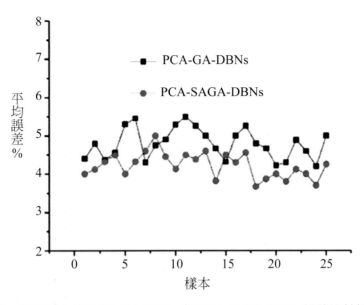

圖 12 測試集 2 之 PCA-GA-DBNs 與 PCA-SAGA-DBNs 網路比較結果

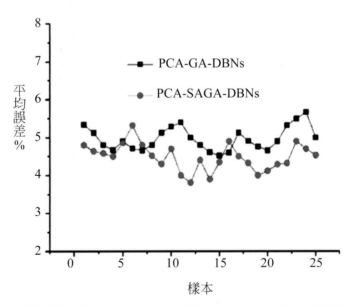

圖 13 測試集 3 之 PCA-GA-DBNs 與 PCA-SAGA-DBNs 網路比較結果

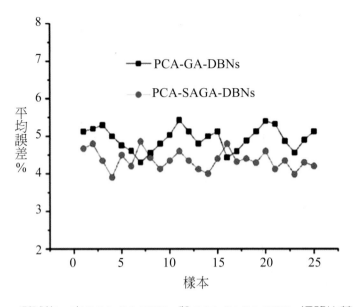

圖 14　測試集 4 之 PCA-GA-DBNs 與 PCA-SAGA-DBNs 網路比較結果

四、三種改進演算法的比較

在建立一個具有較好辨識效果、良好穩定性和穩健性的人臉辨識系統下，本文結合神經網路、深度學習等機器學習理論，共改進了 3 種演算法：PCA-GA-BPNN 網路、PCA-GA-DBNs 網路、PCA-SAGA-DBNs 網路。3 種改進演算法根據遞進的方式進行最佳化：首先針對 BP 神經網路在人臉辨識過程中，人臉圖像資料量大和 BP 網路易陷入局部最佳的問題，分別利用 PCA 演算法和 GA 演算法對其進行最佳化建構 PCA-GA-BP 網路。然後針對 PCA-GA-BP 網路在訓練樣本逐漸增大時，其學習能力和非線性映射能力不足，影響人臉辨識效果的問題，提出利用學習能力和非線性映射能力超強的 DBNs 網路替換 BP 神經網路，構成 PCA-GA-DBNs 網路。最後針對在訓練樣本較大的情況下，GA 演算法高負載運算能力弱，容易出現提早收斂問題，利用搜索能力更強且不會陷入局部最佳的 SAGA 演算法替換 GA 演算法，構成 PCA-SAGA-DBNs 網路。

為了給出本文推薦的人臉辨識演算法，下面對這 3 種改進演算法進行對比分析。從訓練集中隨機抽取 2,000 幅人臉圖像作為這 3 種演算法的訓練集，同時利用測試集 1、測試集 2、測試集 3、測試集 4 進行測試，在相同的條件下，對這 3 種改進演算法進行實驗，並將 15 次實驗的平均結果作為最終結果。圖 15 至圖 18 為 3 種改進演算法的平均辨識誤差。

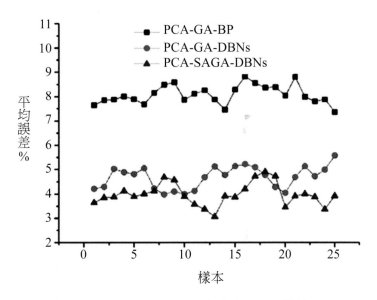

圖 15　測試集 1 之 3 種改進演算法的比較結果

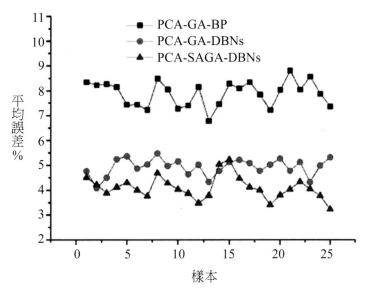

圖 16　測試集 2 之 3 種改進演算法的比較結果

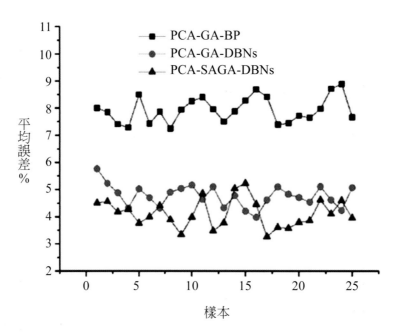

圖 17　測試集 3 之 3 種改進演算法的比較結果

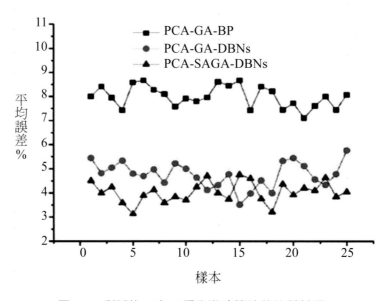

圖 18　測試集 4 之 3 種改進演算法的比較結果

　　從圖 15 至圖 18 這 3 種改進演算法的平均辨識誤差比較成果可看出，PCA-SAGA-DBNs 網路的平均辨識誤差最低（4.13%），其次為 PCA-GA-DBNs 網路（4.64%）和 PCA-GA-BP 網

路（7.88%），且 PCA-SAGA-DBNs 網路的平均辨識時間最短。3 種改進演算法對於不同的測試集，PCA-SAGA-DBNs 網路的辨識誤差最小且具有較好的穩定性，因此該演算法作爲本文推薦的人臉辨識演算法。

　　本節首先對類比退火演算法的原理進行了詳細的介紹，然後針對 GA 演算法在較多訓練樣本情況下，容易出現高負載運算能力不足，提早收斂問題，提出了 PCA-SAGA-DBNs 網路。該網路將類比退火演算法和遺傳演算法的優勢相結合，構成類比退火遺傳演算法，並用該演算法結合吉布斯採樣來逐層訓練 DBNs 網路，訓練完成後再通過 BP 演算法對網路進行微調並構造分類器，實驗結果表明該網路不僅能夠克服遺傳演算法在較多訓練樣本下，高負載運算能力不足提早收斂缺陷，還能進一步提高人臉辨識精度。最後對本文改進的 3 種演算法進行實驗對比並呈現本文推薦的人臉辨識演算法。

>>>>>>>>>>>>>>>>>>>>>> 參考文獻 <<<<<<<<<<<<<<<<<<<<<<

[1] Wu, J., & Bai, M. (2018). Stacking seismic data based on principal component analysis. Journal of Seismic Exploration, 27, 331-348.

[2] Granato, D., Santos, J. S., Escher, G. B., Ferreira, B. L., & Maggio, R. M. (2018). Use of principal component analysis (PCA) and hierarchical cluster analysis (HCA) for multivariate association between bioactive compounds and functional properties in foods: A critical perspective. Trends in Food Science & Technology, 72, 83-90.

[3] Zhou, Y. L., Maia, N. M., & Abdel Wahab, M. (2018). Damage detection using transmissibility compressed by principal component analysis enhanced with distance measure. Journal of Vibration and Control, 24(10), 2001-2019.

[4] Lindfield, G., & Penny, J. (2018). Numerical methods: using MATLAB. Academic Press.

[5] Li, X. Y., & Lin, Z. X. (2017, October). Face recognition based on HOG and fast PCA algorithm. In The Euro-China Conference on Intelligent Data Analysis and Applications (pp. 10-21). Springer, Cham.

[6] Lahaw, Z. B., Essaidani, D., & Seddik, H. (2018, July). Robust Face Recognition Approaches Using PCA, ICA, LDA Based on DWT, and SVM Algorithms. In 2018 41st International Conference on Telecommunications and Signal Processing (TSP) (pp. 1-5). IEEE.

[7] Moussa, M., Hmila, M., & Douik, A. (2018). A novel face recognition approach based on genetic algorithm optimization. Stud. Inform. Control, 27(1), 127-134.

[8] Tian, C., Chang, K. C., & Chen, J. (2020). Application of hyperbolic partial differential equations in global optimal scheduling of UAV. Alexandria Engineering Journal.

[9] Abuzneid, M. A., & Mahmood, A. (2018). Enhanced human face recognition using LBPH descriptor, multi-KNN, and back-propagation neural network. IEEE access, 6, 20641-20651.

[10] Li, Y., Wang, G., Nie, L., Wang, Q., & Tan, W. (2018). Distance metric optimization driven convolutional neural network for age invariant face recognition. Pattern Recognition, 75, 51-62.

[11] Chang, K. C., Zhou, Y., Shoaib, A. M., Chu, K. C., Izhar, M., Ullah, S., & Lin, Y. C. (2020, March). Shortest Distance Maze Solving Robot. In 2020 IEEE International Conference

on Artificial Intelligence and Information Systems (ICAIIS) (pp. 283-286). IEEE.

[12] Ping-hua, H., Xin-yi, W., & Su-min, H. (2017). Recognition model of groundwater inrush source of coal mine: a case study on Jiaozuo coal mine in China. Arabian Journal of Geosciences, 10(15), 323.

[13] Chang, K. C., Zhou, Y., Ullah, H., Chu, K. C., Sajid, T., & Lin, Y. C. (2020, June). Study of Low Cost and High Efficiency Intelligent Dual-Axis Solar Panel System. In 2020 IEEE International Conference on Artificial Intelligence and Computer Applications (ICAICA) (pp. 336-341). IEEE.

[14] https://www.cl.cam.ac.uk/research/dtg/attarchive/facedatabase.html (2020/10/8 下載)

[15] Al-Dabagh, M. Z. N., Alhabib, M. H. M., & Al-Mukhtar, F. H. (2018). Face recognition system based on kernel discriminant analysis, k-nearest neighbor and support vector machine. International Journal of Research and Engineering, 5(3), 335-338.

[16] Pumsirirat, A., & Yan, L. (2018). Credit card fraud detection using deep learning based on auto-encoder and restricted boltzmann machine. International Journal of advanced computer science and applications, 9(1), 18-25.

[17] Rastgoo, R., Kiani, K., & Escalera, S. (2018). Multi-modal deep hand sign language recognition in still images using restricted Boltzmann machine. Entropy, 20(11), 809.

[18] Le Roux, N., & Bengio, Y. (2008). Representational power of restricted Boltzmann machines and deep belief networks. Neural computation, 20(6), 1631-1649.

[19] Qin, Y., Wang, X., & Zou, J. (2018). The optimized deep belief networks with improved logistic Sigmoid units and their application in fault diagnosis for planetary gearboxes of wind turbines. IEEE Transactions on Industrial Electronics, 66(5), 3814-3824.

[20] Assad, A., & Deep, K. (2018). A Hybrid Harmony search and Simulated Annealing algorithm for continuous optimization. Information Sciences, 450, 246-266.

[21] Haznedar, B., & Kalinli, A. (2018). Training ANFIS structure using simulated annealing algorithm for dynamic systems identification. Neurocomputing, 302, 66-74.

[22] Chang, K. C., Zhou, Y. W., Wang, H. C., Lin, Y. C., Chu, K. C., Hsu, T. L., & Pan, J. S. (2020, October). Study of PSO Optimized BP Neural Network and Smith Predictor for MOCVD Temperature Control in 7 nm 5G Chip Process. In International Conference on Advanced Intelligent Systems and Informatics (pp. 568-576). Springer, Cham.

第九章　深度學習在生物辨識系統中的應用研究──以虹膜圖像加密為例

　　依據個體的生物特徵來生成金鑰（Biometric Key），然後應用到相應的圖像加密演算法（Image Encryption Algorithm）中，實現資訊加密（Information Encryption；或稱為訊息隱藏（Information Hiding））。能夠進行加密的生物特徵需要滿足唯一性（Uniqueness）、穩定性（Stability）、非侵犯性（Non-Aggression）等特點，虹膜（Iris）不僅滿足上述要求，而且特徵資訊豐富，抵抗攻擊能力強，具有優秀的加密潛質。虹膜圖像加密已經成為圖像加密領域的一個重要分支，在圖像加密中擔當重要角色。本章從虹膜加密技術原理與特徵提取、虹膜圖像加密過程與圖像預處理，和基於深度學習的虹膜圖像加密研究三個維度，以虹膜圖像加密為例，對深度學習在生物辨識系統中的應用展開深入探討。

第一節　虹膜圖像加密過程與圖像預處理

　　虹膜圖像加密（Iris Image Encryption）採用虹膜圖像特徵提取產生金鑰，結合傳統的圖像加密演算法，對需要的原始圖像進行加密和解密處理（Decryption Processing）。虹膜具有唯一性、穩定性、防侵犯性等特質，這是其能夠應用於圖像加密領域中至關重要的因素，較其他的生物組織結構，更加適用於加密等高安全性領域（High Security Field）[1-2]。

一、演算法概述（Algorithm Overview）

　　虹膜圖像加密和解密一般流程如圖 1 所示。虹膜圖像經過預處理（Preprocess）後，進行加密金鑰與解密金鑰的生成，生成的金鑰用於圖像加密與解密。在加密階段，首先對虹膜進行預處理，提取出虹膜特徵（Iris Characteristics），為了提高解密成功率（Decryption Success rate），需要對預處理後的虹膜特徵向量進行里德—所羅門碼（Reed-Solomon Codes, RS Codes）編碼。提取的虹膜特徵向量作為金鑰，採用圖像加密演算法對原始圖像進行加密與解密[3-4]。

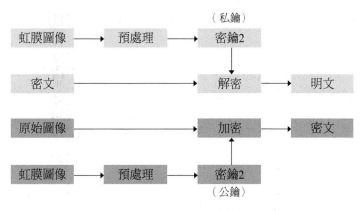

圖 1　虹膜圖像加密與解密流程

二、相關知識

（一）虹膜圖像預處理

　　虹膜包含豐富的特徵，以其優秀的品質適用於身分辨識、加密等領域，如何從虹膜圖像中提取出高效、強區別力的特徵是虹膜應用中十分關鍵的一部分。虹膜預處理主要包括虹膜去雜訊（Denoising；或稱去噪）、濾波（Filtering）、定位（Positioning）和正規化（Normalization）等。

　　圖像平滑（Image Smoothing）的主要目的是減少雜訊（亦稱為去噪）。圖像中存在許多種雜訊。它們對圖像信號的振幅（Amplitude）和相位（Phase）的影響非常複雜。公共雜訊（Common Noise）包括加性雜訊（Additive Noise）、乘法雜訊（Multiplicative Noise）、量化雜訊（Quantization Noise）和脈衝雜訊（Impulse Noise），是圖片裡常看見一項複雜訊息，隨意忽然乍現白點與黑點，會出現在光亮區會伴隨黑色像素（圖元）或是較黑暗區會有白色像素圖元（黑白兩點均會出現狀況）。在頻域（Frequency Domain）中，由於雜訊頻譜主要為高頻域，所以各種形式的低通濾波（Low Pass Filter）用於減少空間域中的雜訊。圖像雜訊通常與信號混雜在一起，特別是乘法雜訊更是相互纏繞，但是對於平滑的物件關鍵細節如邊緣（Edges）、模糊的輪廓線（Blurred Contours），盡可能在維持圖像細節的基礎上去除雜訊。

　　採用高斯濾波（Gaussian Filters）進行數位元影像處理，高斯平滑（Gaussian Smoothing）的概念是對點和周圍點的操作去除點的突變（Mutation），從而去除一定的雜訊，但是圖像有一定程度的高斯模糊（Gaussian Blurred），減少圖像模糊是圖像平滑研究的主要問題之一，其

主要取決於雜訊本身的特性。通常，通過選擇不同的（Template）來去除不同的雜訊。本書採用的是高斯模板（Gaussian Template）[5-6]。

在雜訊不明顯的情況下，平滑性對圖像的分割和匹配沒有多大貢獻，但是由於模糊的問題而變得難以找到邊緣點邊界。一階微分（First Order Differential）是一個向量，它有大量的資料儲存，但二階運算元對雜訊更敏感，容易增強雜訊分量，因此平滑運算通常同時進行二階微分（Second Order Differential）運算。

圖像銳化的目的是使邊緣和輪廓模糊圖像變得清晰，並且使得細節清楚，從光譜（Spectrum）的角度來看，通常採用反向操作（例如：差分操作（Differential Operation））的平均或積分操作，圖像模糊的本質是使高頻分量（High Frequency Component）衰減，從而可通過高通濾波（High Pass Filter）操作來得出清晰的圖像。應當注意，圖像的銳化必須要求更高的信噪比（Signal-to-noise Ratio, SNR），因此一般將在銳化處理之前首先消除或減少雜訊[7]。

從圖2實驗對比可看出，雖然銳化圖像的邊緣增強，但雜訊的增加更嚴重，但可有效地避免圖像的平滑。將原始圖像與平滑和銳化對比度圖像及其相應灰度直方圖（Gray Histogram）進行比較。從處理的圖像中能夠觀察出原始圖像和平滑銳化後圖像的區別，雖然肉眼觀察不是太明顯，通過對應的灰度直方圖可明顯觀察出兩者之間的區別，平滑銳化後的圖像像素之間灰度值差別更大，特徵更明顯。

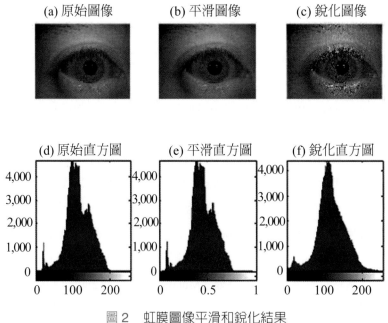

圖2　虹膜圖像平滑和銳化結果

虹膜內邊緣定位採用灰色投影法（Gray Projection）是以圖像的灰度分布來確定瞳孔的中心和半徑。在導入的圖像中，分別找到 x 和 y 軸的像素和，並找到像素最小的點。最後，用橫移法（Traverse Method）找到瞳孔的邊界點。

虹膜外邊緣和外部連接的是人眼結構中的鞏膜（Sclera），邊緣定位主要是採用虹膜與鞏膜之間顏色差異較大的特性進行，採用微積分運算元（Calculus Operator）進行計算得出邊緣曲線。處理過程可概括以下 4 個步驟[8-9]：

(1) 確定虹膜圓的圓心，依據演算法確定虹膜圓的半徑，粗略定位圓邊界，假定這就是虹膜外邊緣。

(2) 第一步中由於是粗略定位，所以得出的半徑並不唯一，這時候需要對各個半徑所決定的圓，進行內部虹膜部分的像素點灰度值進行計算，得出所有可能的半徑情況下的對應像素點灰度平均值。

(3) 求相鄰兩圓周的灰度梯度。

(4) 尋找灰度梯度躍變值（Gray Gradient Jump Value）的半徑。

虹膜外邊緣定位如圖 3 所示。

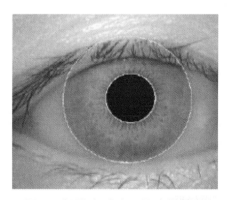

圖 3　虹膜內外邊界的定點陣圖

虹膜正規化（Normalization）基於線段提取演算法，採用線段表示兩個圓心之間部分，線段條數以及線段上的點數可自己根據需要進行設定，能夠得到很好地正規化效果，對於線段提出取得虹膜正歸化原理圖，如圖 4 所示。

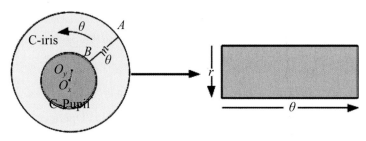

圖 4　線段提取虹膜正規化

（二）Reed-solomon 糾錯碼

對虹膜進行圖像採集、預處理和特徵提取的整個過程中，由於會受到外界環境等許多因素的影響，使得前後兩次特徵提取得出的虹膜特徵向量不能夠做到完全一樣。然後在圖像加密演算法（Image Encryption Algorithm）中，需要保證加密方採用的加密金鑰和解密方採用的解密金鑰完全一致，才能夠成功實現加解密整個過程。會出現較嚴重的衝突是因為虹膜特徵向量不一致、和金鑰的嚴格相符之間的差異導致。為了克服此一問題，需要一個演算法能夠容許一定誤差的存在，以生成我們目標金鑰，透過對文獻的閱讀和資料的搜集，發現糾錯碼模型（Error Correcting Code Model）能夠很好地針對這一衝突進行解決。

Reed-solomon 糾錯碼（簡稱 RS Code），由原始碼（Source Code）和校驗碼（Check Code）兩部分組成，原始碼包含原始資料，校驗碼是對原始碼進行一定的規則運算後產生的資料碼 $\min d = n - k + 1$。由於外界因素的干擾，原始碼不同的時候，也就是出錯的時候，可依靠校驗碼對原始碼進行校正，從而保證在最終得出相一致的原始碼。如此，也正是 RS 碼能夠成功應用於本章課題研究的關鍵因素。RS 碼見表 1 彙整 [10-11]。

⬇ 表 1　Reed-solomon 糾錯碼彙整

應用領域	編碼方案
硬碟驅動器	RS（32，28）碼
CD	交叉交織 RS 碼（CIRC）
DVD	RS（208，192）碼、RS（182，172）乘積碼
DAB、DVB	卷積碼、RS（204，188）級聯碼
ATSC	卷積碼、RS（204，187）級聯碼
深空通信	卷積碼、RS（255，223）級聯碼
光纖通信	RS（255，239）碼

　　在 RS Code 編碼理論中，域（Field）$GF(2^m)$ 中符號個數爲 2^m，爲滿足 $2^m = q$，而且域具有一個重要的性質：a^0，a^1，a^2，…，a^{m-1} 的和有一個十分重要的功能，就是它們可十分方便而且準確地代表域中元素，被稱爲本質多項式（Primitive Polynomial）。本質多項式能夠有如此大的用途，最主要的決定因素是 $\dfrac{x^{2^{m-1}}+1}{p(x)}$ 的余式爲 0，利用本質多項式 $p(x)$ 可產生除 0 和 1 以外的所有元素。

　　在編碼和糾錯過程中，加（Addition）、減（Subtraction）、乘（Multiplication）、除（Division）運算再有限域（Finite Field）進行計算。舉例來講，在 $GF(2^4)$ 域上的加減乘除運算定義可表示爲 [12-13]：

　　(1) 加法運算的定義可表示爲將原始的元素進行轉化爲二進位碼（Binary Code）之後，可對這些二進位碼進行互斥（Exclusive OR, XOR）或運算。舉個簡單的例子：$a^8 + a^{10}$，首先依據表將字元轉化爲二進位的 XOR 運算表達形式，得出 0101+0111，XOR 結果爲 0010，然後查表可得 a^1（如表 2），整個過程可記爲 $a^8 - a^{10} = a^1$。

⬇ 表 2　各邏輯閘增值表彙整

輸入	AND 輸出	OR 輸出	NAND 輸出	NOR 輸出	XOR 輸出	XNOR 輸出
00	0	0	1	1	0	1
01	0	1	1	0	1	0
10	0	1	1	0	1	0
11	1	1	0	0	0	1
符號	⟦AND⟧	⟦OR⟧	⟦NAND⟧	⟦NOR⟧	⟦XOR⟧	⟦XNOR⟧

　　(2) 減法運算定義與加法運算一樣，是二進位數字列對應字元的 XOR 運算，即 $a^8 - a^{10} = a^1$。

　　(3) 乘法運算是指元素與元素的指數進行相加，以模（Mod）爲 $2^4 - 1$ 進行運算得出新的元素，所有元素中爲 0 元素個數大於等於 1 時，乘法運算結果爲 0。舉例說明：$a^7 \times a^{13} = a^{\mathrm{mod}(7+13)} = a^{\mathrm{mod}(20)}$。

　　(4) 除法運算是指元素的指數相減後，再進行以模爲 $2^4 - 1$ 進行運算得出新的元素，若被除數爲 0 則除法運算結果爲 0。舉例說明：$a^5/a^9 = a^{\mathrm{mod}(5-9)} = a^{\mathrm{mod}(-4)} = a^{11}$。

　　$GF(2^m)$ 的本質多項式爲 $p(x) = x^m + x + 1$，因此，$GF(2^4)$ 的所有的元素滿足本質多項式：a^3

$+ a + 1 = 0$。由此可計算出域 $GF(2^4)$ 的所有元素。

（三）RS 碼分組工作原理

RS 碼屬於系統線性分組碼（Block Code），包括資訊位元（Information Bits）和監督位元（Supervision Bits）兩部分。簡單地說，所謂的「分組碼（塊碼）」意味著僅僅利用當前來源資料生成碼字，而不是利用前後的資料生成碼字（因此，前後資料相關碼被稱為卷積碼（Convolutional Code））。分組碼將連續資料位元流劃分為固定長度組，每組進一步劃分為 m 位元的符號，通常取 3 位元或 8 位元資料形成符號。K 個符號一起形成源字，在編碼為被稱為 m 位元符號（n, k）塊碼的碼字（Codeword）之後，屬於線性編碼（Linear Coding），也就是說，編碼的過程可通過矩陣的線性計算實現，從而在計算複雜度上得到了大大的降低。研究發現大多數的錯誤代碼是線性代碼。在線性空間中，可針對所有可能的 m 位元源字進行編碼，而不考慮 m 位元數據的含義。Reed-Solomon 碼的組織結構如圖 5 所示。

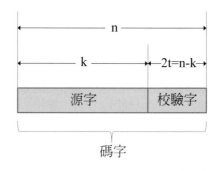

圖 5　Reed-Solomon 碼結構

通過對圖 5 的分析，RS 碼由 n，k，t 組成。n 和 k 之間的差（通常稱為 $2t$）指示碼字中的檢查字的長度。RS 碼可校正不超過 $t = (n - k)/2$ 個誤差。例如：對於 8 Bits 編碼的 RS（204，188）碼，來源資料被劃分為一組 188 個碼元，並且在碼轉換之後，成為 204 碼元長度的碼字，也就是說 16 個符號的校驗數位可校正碼字中的多達 8 個錯誤。

三、加密與解密（Encryption & Decryption）

虹膜圖像加密演算法首先對虹膜圖像進行圖像預處理，然後進行 RS 編碼，利用預處理後虹膜圖像生成金鑰，結合傳統圖像加密演算法，如圖 6 所示[14-15]。

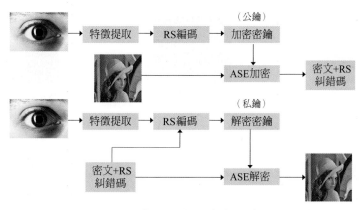

圖 6　虹膜圖像加密與解密圖

　　加密過程可描述爲：(1) 首先需要採用設備進行虹膜圖像採集，採集虹膜圖像後進行預處理；(2) 採用 RS 糾錯碼對預處理後的圖像矩陣 V_1 進行編碼，依據 RS 碼進行編碼，然後計算加密金鑰 V_{k1}；(3) 利用加密金鑰 V_{k1} 與圖像矩陣對應像素點灰度值進行 XOR 運算，得出加密圖像（Encrypted Image），則完成了整個加密過程。

　　解密過程是在加密方進行圖像加密之後，在收到加密方傳輸的圖像密文和 RS 糾錯碼之後，採用加密演算法的逆向演算法（Inverse Algorithm），實現對密文（Ciphertext）的破譯來得出明文（Plaintext），不過本書的演算法並不是完全的逆變換。解密過程可描述爲：(1) 對解密方進行虹膜圖像，可採用 CASIA 虹膜資料庫資料集進行試驗，採集然後預處理虹膜圖像，得到圖像 V_2；(2) 由於 V_2 和 V_1 有可能存在某些維度上數值的差異，利用 RS 糾錯碼（Error Correction Code）對特徵向量 V_2 進行糾錯，得到解密金鑰 V_{k2}；(3) 利用解密金鑰 V_{k2} 與加密圖像矩陣對應像素（圖元）點灰度值進行 XOR 運算，得出解密圖像，則完成了整個解密過程。

四、實驗結果

　　圖 7 顯示整個虹膜圖像加密演算法的過程，首先採集虹膜圖像，進行預處理，如圖 7(b) 和圖 7(c) 所示。圖 7(d) 所示爲正規化（Normalization）。爲了降低加密與解密過程中不可避免因素對虹膜圖像的影響，採用 RS 編碼實現對虹膜圖像的編碼和糾錯，產生加密金鑰與解密金鑰如圖 7(e) 所示。密文如圖 7(f) 所示。整個實驗是在 MATLAB2016a 軟體環境下進行。

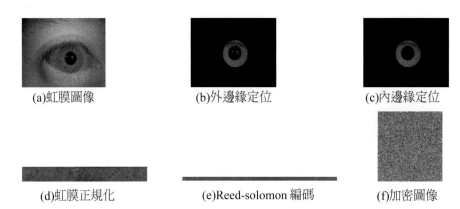

(a)虹膜圖像　　　　　(b)外邊緣定位　　　　　(c)內邊緣定位

(d)虹膜正規化　　　(e)Reed-solomon 編碼　　(f)加密圖像

圖 7　虹膜圖像加密與解密

對同一個人先後兩次採集虹膜圖像進行特徵提取後，產生特徵向量 V_1 和 V_2 隨機選擇 n 組

進行相似性匹配，依據公式 $s = \dfrac{1}{n} \sum_{j-1}^{n} \dfrac{\sqrt{\sum_{1=1}^{256} (V_{1i} - V_{2i})^2}}{(|V_1| + |V_2|)/2}$ 計算特徵向量之間的差異度，差異度結果

見表 3。

⬇ 表 3　兩人虹膜特徵的差異度

組數	5	10	20	30	40
差異數	40.56%	41.68%	39.64%	38.87%	39.33%

從表 3 中可看出，同一個人在不同情況下採集的虹膜圖像進行的特徵提取差異度大約在 39%。圖像加密演算法要求加密金鑰與解密金鑰必須吻合才能夠成功實現解密，因此採用 Reed-Solomon 糾錯碼來解決這一問題。經對比採用 T=116，提取出的 256 維特徵向量經 RS 碼編碼和糾錯後，特徵向量再次隨機選擇 n 組進行相似性匹配，差異度結果見表 4。

⬇ 表 4　RS 碼編碼和糾錯後特徵向量之間的差異度

組數	5	10	20	30	40
差異數	0%	0%	0%	0%	0%

從表 4 中可看出，經 RS 碼糾錯後，加密金鑰與解密金鑰已經達成吻合，然後採用 AES（Advanced Encryption Standard）圖像加密演算法，實現對原始圖像的加密處理，從而實現對原始圖像所包含的重要資訊進行隱藏，結果如圖 8 所示。

(a)原始圖像　　　　　　　　　(b)加密圖像　　　　　　　　　(c)解密圖像

圖 8　虹膜圖像加密結果

五、演算法分析

實驗所用虹膜圖像資料集來自 CASIA 虹膜資料庫，從解密精確度和安全性兩個方面進行演算法評估。

（一）解密精確度分析（Decryption Accuracy Analysis）

加密演算法要求非法（Illegal）的金鑰不能夠進行密文的成功解密，因此，錯誤接受率（False Acceptance Rate, FAR）必須等於 0。由於圖像採集過程中存在一些不可避免的外界干擾，導致虹膜圖像不能完全一樣，因此，生成的加密金鑰和解密金鑰不能完全一致，合法用戶並不能絕對成功地解密，如表 5 所示 [16-17]。

表 5　典型閾值對應的 FAR 和錯誤拒絕率（False Rejection Rate, FRR）

閾值 T	FAR（%）	FRR（%）
110	0	9.6532
111	0	8.3055
112	0	7.5093
113	0	6.8133

（接續下表）

閾值 T	FAR（%）	FRR（%）
114	0	6.0496
115	0	5.3865
116	0	5.0892
117	0	4.8653
118	0	4.2367
119	0.0105	3.9655
120	0.0233	3.5636

從表 5 中可看出，在 T = 116 時，FAR = 0，FRR = 5.0892%，RS 糾錯碼採用（488，256）編碼。也就是說非法金鑰無法進行成功解密，合法金鑰使用者有 5.0892% 需要進行兩次及更多次解密才能實現成功解密，這種情況也在應用可接受範圍內。

（二）演算法安全性分析

從表 5 可看出，在 T = 116 時，FAR = 0，此時非法用戶無法進行成功解密，也就是非法解密的可能性為 0。加密完成後進行密文和 RS 改錯碼的傳輸，依據此是無法進行明文的恢復，說明加密演算法具有單向性（Unidirectional）。當依據 RS 糾錯碼對金鑰進行攻擊時，只能夠進行猜測，在 T = 116 時，金鑰長度為 256 的金鑰被攻破幾率為 $p = \dfrac{\sum_{i=0}^{T}\left(15^i \times C^i_{256}\right)}{16^{256}} \approx 2^{-359}$，可見此演算法安全性很高。

本章介紹一種基於進階加密標準（Advanced Encryption Standard, AES）的虹膜圖像加密演算法，將虹膜圖像進行預處理後提取出 256 維向量，經 Reed-solomon 編碼產生金鑰（Key），採用 AES 演算法實現圖像的加密。在解密過程中，解密方接收到密文和 RS 碼後，將提取的虹膜特徵向量進行 RS 糾錯，從而產生解密金鑰，然後進行 AES 逆運算實現解密過程。通過 RS 編碼和糾錯來降低外界環境對虹膜採集的影響，分析了演算法的解密精確度和安全性，有效地實現了圖像加密與解密。

第二節　基於深度學習之虹膜圖像加密研究

　　虹膜圖像加密演算法是對虹膜圖片影像進行特徵提出取得，生成資料作爲金鑰，用於圖像加密演算法。虹膜與其他生物組織進行比較性能更好，更適用於圖像加密等高安全要求領域。採用深度學習對虹膜圖像進行特徵提取，應用於圖像加密領域，不僅在加解密精確度上取得了大幅度提升，而且通過對演算法改進，使得加密方與解密方之間不用進行金鑰的傳輸，防止了不法分子針對金鑰進行惡意攻擊，保證了在加解密過程中很重要環節的安全 [18-20]。

一、演算法概述

　　基於深度學習（Deep Learning）的虹膜圖像加密與解密演算法整體框架如圖 9 所示。深度學習經過訓練樣本對模型的訓練，由於受各個樣本差異的影響，加密提取的特徵向量不能夠與解密時特徵向量完全一樣，因此，需要引入 RS 改錯碼對解密特徵向量進行糾錯，從而保證解密的順利進行。

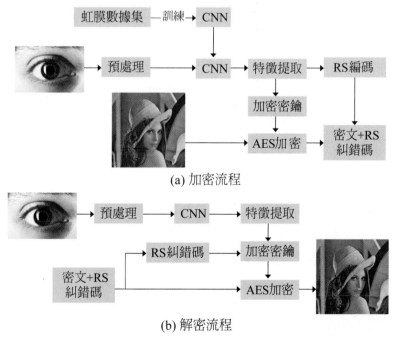

(a) 加密流程

(b) 解密流程

圖 9　基於 CNN 的虹膜圖像加密與解密流程

整個加密和解密過程之前，需要先進行深度學習模型的訓練（Deep Learning Model Training），本書選擇採用卷積神經網路（Convolutional Neural Network, CNN）模型進行虹膜圖像的特徵提取。經過虹膜資料集的訓練，將訓練好的 CNN 模型應用於虹膜特徵提取，進行加密與解密計算[21-22]。

在加密過程中，首先把虹膜圖像輸入 CNN 提取特徵向量，然後進行 RS 編碼，計算出金鑰資料，與原始待加密圖像資料進行 XOR 運算，可得出加密圖像。

在解密過程中，首先把採集虹膜圖像輸入 CNN 提取特徵向量，由於加密與解密兩個過程中得出的特徵向量不能夠完全一樣，需要對解密時提取的特徵向量進行 RS 糾錯，計算出金鑰，同樣的方式與密文資料進行 XOR 處理，即可得出原始圖像的明文資料。

二、加密與解密

虹膜圖像加密演算法首先需要對虹膜進行特徵提取，所有的傳統演算法存在一個共同的問題，即由於外界環境的干擾和虹膜圖像採集每次採集的圖像不可能完全一模一樣，也就是說不同次的虹膜圖像之間存在一定的差異度（Degree of Difference）。不可避免地存在一定程度的差異問題，會嚴重地導致加密與解密過程中金鑰不一致，因此虹膜圖像間的差異問題最終會導致解密的不成功（Unsuccessful Decryption）。為了能夠成功實現加密與解密操作，首先需要解決虹膜圖像的差異問題。針對這種差異問題，一些研究者引入閾值 T，在程度上已緩解虹膜差異，卻在圖像加密問題上嚴重降低加密的安全性，採用二者之間的平衡點進行研究應用也不能夠達到理想目的。因此，本書針對這一問題，採用了新的虹膜影像處理演算法，力圖提高圖像加密的安全性，並保證了解決虹膜圖像之間的差異問題。

著力於解決上述傳統的虹膜圖像加密演算法遇到的問題，本書提取用深度學習進行虹膜特徵提取，來生成金鑰進行圖像加密。

（一）加解密原理

基於深度學習的虹膜圖像加密演算法，首先對採集的虹膜圖像資料集進行正規化等預處理，然後採用深度學習神經網路模型對虹膜圖像進行特徵提取。提取的特徵向量用於金鑰的生成，最後將金鑰與原始圖像像素（圖元）值進行 XOR 運算。

（二）加解密過程

加密過程可描述成以下步驟：(1) 對虹膜資料集進行正規化（Normalization）預處理，利

用虹膜資料集（Iris Data Set）訓練深度學習神經網路模型；(2) 加密方採集虹膜圖像，輸入訓練好的深度學習模型，實現對特徵向量 V 的提取，特徵向量 V_1 的維數可根據採用的圖像加密演算法進行調整；(3) 採用 RS 改錯碼對特徵向量 V 進行編碼，則能夠計算出加密金鑰 V_{k1}；(4) 利用加密金鑰 V_{k1} 與圖像矩陣對應像素點灰度值進行 XOR 運算，得出加密圖像，則完成整個加密過程。

解密過程是在加密方進行圖像加密之後，在收到加密方傳輸的圖像密文和 RS 糾錯碼之後，採用加密演算法的逆向演算法，實現對密文的破譯來得出明文。請注意本書的演算法並不是完全的逆變換。

解密過程可描述為：(1) 對解密方進行虹膜圖像採集，輸入到訓練好的深度學習模型，實現虹膜特徵向量提取 V_2；(2) 由於 V_2 和 V_1 有可能存在某些維度上數值的差異，利用 RS 改錯碼對特徵向量 V_2 進行糾錯，得到解密金鑰 V_{k2}；(3) 利用解密金鑰 V_{k2} 與加密圖像矩陣對應像素點灰度值進行異或運算，得出解密圖像，則完成整個解密過程。

三、實驗部分

（一）演算法原理

基於深度學習的虹膜圖像加密演算法，首先對虹膜進行預處理來提取出圖像中的虹膜部分，將得出的虹膜圖像組成虹膜資料集對深度學習模型進行訓練，實現對虹膜的特徵提取。提取的特徵向量進行 RS 編碼後作為金鑰，與原始圖像矩陣對應灰度值進行 XOR 運算。解密過程，首先採集虹膜圖像，輸入訓練好的深度學習模型，實現特徵提取，提取的特徵進行 RS 碼糾錯，產生解密金鑰，與加密圖像矩陣灰度值再進行一次 XOR 運算，則完成了解密過程。

（二）實驗過程

為了提高演算法的可信度（Credibility）和預測性（Predictability），實驗虹膜資料集採用 CASIA 虹膜資料庫，將資料集分成訓練集（Training Set）和測試集（Test Set）。原始採集的虹膜圖像包含有人臉、睫毛等無關干擾因素，首先對其進行虹膜定位（Iris Positioning）、分割（Segmentation）、正規化（Normalization）處理。

預處理後的虹膜圖像，去除了前述人臉、睫毛、眼瞼等干擾因素部分，只包含虹膜部分，將其進行 RS 編碼。對虹膜圖像進行 RS 編碼的目的是防止在解密過程中進行特徵提取時提取的虹膜特徵向量與加密時提取的虹膜特徵向量不一致，RS 糾錯碼可提高金鑰容錯性（Key

Fault Tolerance），確保加密金鑰與解密金鑰的一致，提高成功解密的機率，降低操作複雜度。

對虹膜進行特徵學習的深度學習模型採用 CNN，資料集共包含虹膜圖像 400 張，共 10 類，每一類 40 張圖像，其中樣本分為訓練樣本和測試樣本 300 張、100 張。CNN 結構採用 5 層網路層，卷積處理為 5×5 的卷積濾波器（Convolution Filter），降階採樣層為 2×2 的池化濾波器（Pooling Filter）。網路訓練後，訓練精確度與測試精確度如圖 10 所示。

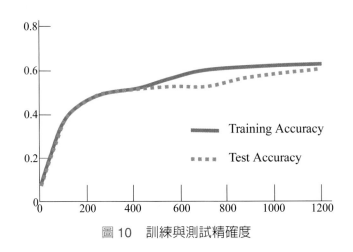

圖 10　訓練與測試精確度

在加密的過程中，完成對 CNN 的訓練之後，採集一張人眼圖像，進行金鑰的生成，將加密金鑰與待加密圖像進行 AES 運算，實現加密過程，如圖 11 所示。

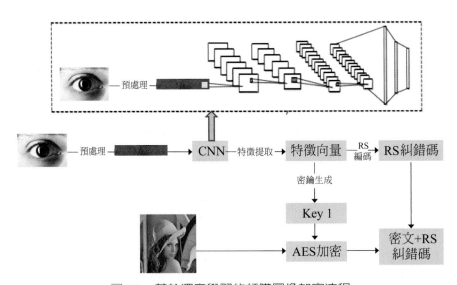

圖 11　基於深度學習的虹膜圖像加密流程

以上完成基於深度學習的虹膜圖像加密過程，解密過程是採用訓練好的 CNN 模型實現加密過程的逆運算。

（三）實驗結果

對同一個人先後兩次採集虹膜圖像進行特徵提取後，產生特徵向量 V_1 和 V_2 隨機選擇 n 組進行相似性匹配，依據公式 $s = \dfrac{1}{n} \sum\limits_{j=1}^{n} \dfrac{\sqrt{\sum\limits_{i=1}^{256} (V_{1i} - V_{2i})^2}}{(|V_1| + |V_2|/2)}$ 計算特徵向量之間的差異度，結果見表 6。

⬇ 表 6　　兩人虹膜資料特徵向量之間的差異度

組數	5	10	20	30	40
基於深度學習虹膜圖像加密差異度	9.32%	9.64%	8.98%	9.06%	9.15%
虹膜圖像加密差異度	40.56%	41.68%	39.64%	38.87%	39.33%

從表 6 中可看出，同一個人在不同情況下採集的虹膜圖像進行的特徵提取差異度大約在 9%，有明顯改善。圖像加密演算法要求加密金鑰與解密金鑰必須吻合才能夠成功實現解密，也就是說特徵向量差異度為 0% 才能夠成功作為金鑰進行加密與解密。因此採用 Reed-solomon 糾錯碼來解決這一問題。經對比，提取出的 256 維特徵向量經 RS 碼編碼和糾錯後，特徵向量再次隨機選擇 n 組進行相似性匹配，依據公式計算特徵向量之間的相似度，結果如表 7 所示。

⬇ 表 7　RS 碼編碼和糾錯後特徵向量之間的相似度

組數	5	10	20	30	40
差異數	0%	0%	0%	0%	0%

經 RS 碼糾錯後，加密金鑰與解密金鑰已經達成吻合，然後對圖像進行 AES 加密，如圖 12 所示。

(a)原始圖像

(b)加密圖像

(c)解密圖像

圖 12　基於深度學習的虹膜圖像加密與解密

四、演算法分析

實驗所用虹膜圖像資料集來自 CASIA 虹膜資料庫，為驗證演算法的可行性，從解密精確度和安全性兩個方面進行演算法評估。

（一）解密精確度分析（Decryption Accuracy Analysis）

加密演算法要求非法的金鑰不能夠進行密文的成功解密，因此，FAR 必須等於 0。由於圖像採集過程中存在一些不可避免的外界干擾，導致虹膜圖像不能夠完全一樣，因此，生成的加密金鑰和解密金鑰不能夠完全一致，使用者並不能夠絕對成功地解密，通過多次重複操作才能達到成功的目的，見表 8。

⬇ 表 8　典型閾值對應的錯誤接受率（False Acceptance Rate, FAR）和錯誤拒絕率（False Rejection Rate, FRR）

閾值 T	FAR（%）	FRR（%）
87	0	2.3685
88	0	2.0657
89	0	2.0068
90	0	1.6359
91	0	1.4865
92	0	1.2966
93	0.0068	1.0594
94	0.0165	0.8362

（接續下表）

閾值 T	FAR（%）	FRR（%）
95	0.0982	0.6893
96	0.2658	0.5539
97	0.4953	0.3899

從表 7 中可看出，在 T = 92 時，FAR = 0，FRR = 1.2966%，RS 改錯碼採用（440，256）編碼。也就是說非法金鑰無法進行成功解密，合法金鑰使用者有 1.2966% 需要進行兩次及更多次解密才能實現成功解密，這種情況也在應用可接受範圍內。

（二）演算法安全性分析

從表 7 可看出，在 T = 92 時，FAR = 0，此時非法用戶無法進行成功解密，也就是非法解密的可能性為 0。

加密完成後進行密文和 RS 糾錯碼的傳輸，依據此是無法進行明文的回覆，說明加密演算法具有單向性（Unidirectional）。當依據 RS 改錯碼對金鑰進行攻擊時，只能夠進行猜測，在 T = 92 時，金鑰長度為 256 的金鑰被攻破機率為：$p = \dfrac{\sum\limits_{i=0}^{T}\left(15^i \times C^i_{256}\right)}{16^{256}} \approx 2^{-248}$。

此演算法比傳統的虹膜圖像加密演算法被攻破的機率小很多，因此安全性更高。引入深度學習演算法進行金鑰生成，可大幅度降低金鑰被攻破機率，進而在提高加密安全性具有重要貢獻。

本節探討一種基於深度學習的虹膜圖像加密演算法，採用虹膜資料集進行深度學習模型訓練，將虹膜圖像進行預處理後利用訓練好的深度學習模型提取出 256 維向量，經 Reed-solomon 編碼產生金鑰，進行 AES 加密與解密。通過 RS 編碼和糾錯來降低外界環境對虹膜採集的影響。通過對提出的演算法的解密精確度和安全性分析與比較，新演算法在安全性上大幅度降低金鑰被攻破機率，有效地實踐圖像加密與解密。

>>>>>>>>>>>>>>>>>>>>> 參考文獻 <<<<<<<<<<<<<<<<<<<<<<

[1] Li, X., Jiang, Y., Chen, M., & Li, F. (2018). Research on iris image encryption based on deep learning. EURASIP Journal on Image and Video Processing, 2018(1), 1-10.

[2] Ahmad, J., Khan, M. A., Ahmed , F., & Khan, J. S. (2018). A novel image encryption scheme based on orthogonal matrix, skew tent map, and XOR operation. Neural Computing and Applications, 30(12), 3847-3857.

[3] Halbawi, W., Azizan, N., Salehi, F., & Hassibi, B. (2018, June). Improving distributed gradient descent using reed-solomon codes. In 2018 IEEE International Symposium on Information Theory (ISIT) (pp. 2027-2031). IEEE.

[4] Dau, H., Duursma, I. M., Kiah, H. M., & Milenkovic, O. (2018). Repairing Reed-Solomon codes with multiple erasures. IEEE Transactions on Information Theory, 64(10), 6567-6582.

[5] Bi, Y., Xue, B., & Zhang, M. (2018, December). A gaussian filter-based feature learning approach using genetic programming to image classification. In Australasian Joint Conference on Artificial Intelligence (pp. 251-257). Springer, Cham.

[6] Osadebey, M. E., Pedersen, M., Arnold, D. L., & Wendel-Mitoraj, K. E. (2018). Blind blur assessment of MRI images using parallel multiscale difference of Gaussian filters. Biomedical engineering online, 17(1), 1-22.

[7] Zhang, Z., Dai, G., Liang, X., Yu, S., Li, L., & Xie, Y. (2018). Can signal-to-noise ratio perform as a baseline indicator for medical image quality assessment. IEEE Access, 6, 11534-11543.

[8] Alaslani, M. G., & Elrefaei, L. A. (2018). Convolutional neural network based feature extraction for iris recognition. International Journal of Computer Science & Information Technology, 10(2), 65-78.

[9] Lekić, N., Draganić, A., Orović, I., Stanković, S., & Papić, V. (2018). Iris print extracting from reduced and scrambled set of pixels. Proceedings of BalkanCom'18, 1.

[10] Li, C., Zhang, Y., & Xie, E. Y. (2019). When an attacker meets a cipher-image in 2018: A year in review. Journal of Information Security and Applications, 48, 102361.

[11] Li, C., Lin, D., Feng, B., Lü, J., & Hao, F. (2018). Cryptanalysis of a chaotic image en-

cryption algorithm based on information entropy. Ieee Access, 6, 75834-75842.

[12] White, P. E. (1998). U.S. Patent No. 5,754,563. Washington, DC: U.S. Patent and Trademark Office.

[13] Gong, J. (2003). U.S. Patent No. 6,539,515. Washington, DC: U.S. Patent and Trademark Office.

[14] Rieger, M., Hämmerle-Uhl, J., & Uhl, A. (2018, June). Efficient iris sample data protection using selective jpeg2000 encryption of normalised texture. In 2018 International Workshop on Biometrics and Forensics (IWBF) (pp. 1-7). IEEE.

[15] Murugan, C. A., & KarthigaiKumar, P. (2018). Survey on image encryption schemes, bio cryptography and efficient encryption algorithms. Mobile Networks and Applications, 1-6.

[16] Okokpujie, K., Noma-Osaghae, E., John, S., & Ajulibe, A. (2018). An improved iris segmentation technique using circular Hough transform. In IT Convergence and Security 2017 (pp. 203-211). Springer, Singapore.

[17] Hamd, M. H., & Ahmed, S. K. (2018). Biometric system design for iris recognition using intelligent algorithms. International Journal of Modern Education and Computer Science, 10(3), 9.

[18] Zhang, Q., Wang, C., Wu, H., Xin, C., & Phuong, T. V. (2018, July). GELU-Net: A Globally Encrypted, Locally Unencrypted Deep Neural Network for Privacy-Preserved Learning. In IJCAI (pp. 3933-3939).

[19] Thaler, S., Menkovski, V., & Petkovic, M. (2018). Deep learning in information security. arXiv preprint arXiv:1809.04332.

[20] Spizhevoy, A., Kaehler, A., & Bradski, G. (2018). U.S. Patent Application No. 15/497,927.

[21] Rui, H., Yunhao, Z., Shiming, T., Yang, Y., & Wenhai, Y. (2019). Fault point detection of IOT using multi-spectral image fusion based on deep learning. Journal of Visual Communication and Image Representation, 64, 102600.

[22] Al Shibli, M., Marques, P., & Spiridon, E. (2018, November). Artificial Intelligent Drone-Based Encrypted Machine Learning of Image Extraction Using Pretrained Convolutional Neural Network (CNN). In Proceedings of the 2018 International Conference on Artificial Intelligence and Virtual Reality (pp. 72-82).

第十章 基於人臉辨識與深度學習的身分驗證系統設計及應用研究

　　隨著科技的發展，人們已經進入大數據（Big Data）時代，網際網路（Internet）技術和電腦技術發展迅速，網路的普及十分廣泛，資訊交互技術日益成熟。人們普遍採用網路途徑進行資訊傳輸的同時，也衍生了許多資訊安全（Information Security）的問題。隨著網路進入各個領域，資訊傳輸的安全性日益影響著個人、企業甚至國家的安全（如圖1）。本章重點介紹身分驗證系統（IDentity Verification System, IDVS）的發展與應用、身分驗證系統相關技術、身分驗證系統需求分析與深度學習環境搭建、身分驗證系統功能設計及應用研究 [1-3]。

圖1　人們普遍採用網路途徑進行大數據傳輸時也產生許多資訊安全問題

第一節　身分驗證系統的發展與應用概述

　　身分驗證（ID Verification）是指在電腦網路系統中確認使用者身分的過程。電腦系統與網際網路是處在虛擬數位（Virtual Digital）領域。在此數位領域，所有資料訊息包含使用者的身分資料訊息，必須使用特定組別資料來呈現，電腦可辨識使用者數位身分（Digital ID），對用戶之授權是登入使用者身分字號之授權（如圖2）。人類生活在真實物理世界中，每個人都有獨有特性物理身分。在電腦網路系統中如何解決使用者之物理身分和資料身分相符，當前身分驗證之技術正在精進改善此問題 [4-5]。

圖 2　數位身分對用戶授權是登入使用者身分字號進行的

一、身分認證技術簡介

資料訊息庫（Information Database）裡，對使用者身分認證手段大致可分成 3 類：

1. 依照使用者清楚之資料驗證個人身分（What You Know?），比如口令等，通過提問資料訊息可確認此人之身分。

2. 依據使用者擁有之文件認證個人身分（What You Have?），典型的例子如身分證（ID Card）、印鑑（Seal）等，透過提供此文件可確認個人身分證件（如圖 3）。

圖 3　印鑑在華人社會是十分重要的身分認證工具

3. 依照獨有身體特徵驗證個人身分（Who You Are?），比如指紋、臉部特徵等。若只通過一項符合來驗證此身分稱作是單因數認證（Single Factor Authentication），通過合併兩項不一樣項目來驗證此身分，稱作是雙因數認證（Two-factor Authentication）。

身分確認驗證之技術可分成軟體（Software）與硬體（Hardware）認證，從認證需提供驗證之項目說明，可分成前述的單因數與雙因數認證。在確認驗證資料方面，又可分成靜態（Static）與動態（Dynamic）認證。現況電腦與網際網路系統常使用之身分確認驗證方可分為下列法幾項：

（一）使用者名稱與密碼（Username and Password）方式

使用者名稱與密碼是較簡易經常使用之身分確認驗證方式，是對於「What You Know?」的認證手法。每位使用者密碼是自行設定完成，本人可準確登錄密碼，通過電腦驗證使用者。然而實務運作上，較多使用者為了方便記住，常會用如出生年月日、手機號碼等，較易讓有心人士猜中破解，必須加入特殊字元來設定密碼，或是將密碼抄寫存放自認為安全區域（Safe Area），這些情況都會產生隱藏安全的風險，最後演變為密碼外洩。因密碼存在電腦裡是屬靜態，並確認證明過程之中需在電腦記憶體（Memory）與網路相互傳遞輸送，而每次登錄認證使用資料訊息均為相同，將可能發生受電腦木馬程式（Trojan Horse）或網際網路之監聽設備（Monitoring Equipment）攔截破解。對於使用者名稱與密碼方式是較為不安全的身分確認驗證方式。

（二）IC 卡認證

IC 卡是一種在卡片中內置積體電路（Integrated Circuit, IC），儲存用戶身分驗證資訊，由專業廠商透過設備製造產出，是較不易複製之硬體。IC 卡使用者可方便攜帶，但使用時須將 IC 卡插入讀卡機（Card Reader）取得卡片訊息，確認驗證使用者之身分。IC 卡確認驗證是採「What You Have?」的手法，經由 IC 卡片硬體不可複製的特性，以確保使用者身分不會遭到仿冒。目前 IC 卡片讀取訊息是屬靜態用戶名稱與密碼，由記憶體掃描（Scan）與網際網路監視聽取等技術可能會攔截到用戶的身分驗證訊息。因此，靜態認證方式依然存有隱私風險（如圖 4）[6-7]。

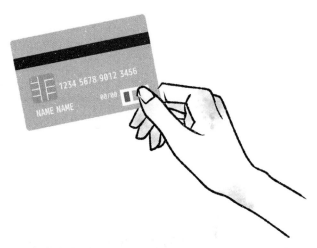

圖 4　由專業廠商透過設備製造產出 IC 卡，較不易複製之硬體

（三）動態口令（Dynamic Password）

　　動態口令技術是讓使用者密碼依照時限與登錄次數不停動態轉變（Dynamic Transformation），密碼可使用一次性之技術。採取屬動態權杖（Dynamic Token）之專用硬體，內建電源、密碼生成晶片（Password Generation Chip）與顯示器，密碼生成晶片是運用密碼之演算法（Use Cryptographic Algorithms），依照現況時限內與使用次數生成目前使用密碼並顯現於螢幕裡。網路管理中心的確認驗證伺服器（Authentication Server）採用相符合的演算法估計現況之有時效性密碼（Time-sensitive Password）。用戶使用時需將動態權杖呈現密碼輸入使用者端電腦，進行身分認證。對於每次使用之密碼務必透過動態權杖核准，僅會在使用者持有該硬體設備，密碼必須取得通過即可確認該使用者之身分是可信。而使用者每次使用的密碼將會不同，即使駭客截取一次帳號，也無法將使用此密碼進行竊取用戶資料。

　　動態口令技術雖採取一次性一個密碼之方式，可有效地確保使用者身分安全性。但若是使用者端硬體和伺服器端程式，在時間內或是次數上無法保有同步作業（Synchronization）情況下，可能導致使用者無法登入的問題發生。而每次使用時必須經由鍵盤（Keyboard）輸入複雜密碼，容易輸入錯誤，需重新一次，對於使用者有些許不便（如圖 5）[8-9]。

圖 5 　動態口令技術次使用時必須經由鍵盤輸入複雜密碼，容易輸入錯誤，而需重新輸入一次，對於使用者有些許不便

（四）生物特徵認證

　　生物特徵認證是指採用人類獨有生物特性徵象來確認使用者身分之技術。常使用的是指紋辨識（Fingerprint Recognition）、虹膜辨識（Iris Recognition）等（如圖 6）。依照理論生物特性徵象確認驗證是安全性（Security）及可信度（Reliability）較高的身分驗證方法，在每位使用者物理特性徵象會顯示出數位身分，較難以竊取盜用。

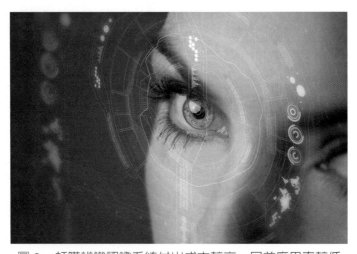

圖 6 　虹膜辨識認證系統付出成本較高，目前應用率較低

對於生物特性徵象辨識技術，現況生物特性徵象辨識技術純熟程度之影響，採取生物特性徵象認證有些局部限制性（Local Restriction）。辨識上之準確度（Accuracy）與穩定度（Stability）仍有改善空間，若是使用者在身體特徵發生傷痕與髒汙情況，會產生無法認證辨識，進而讀取異常的狀況。在虹膜辨識方面，研究開發投入大量成本與生產訂購量相對較少，認證系統付出成本較為高（Higher Cost），對於安全要求高的場所，例如：銀行、軍事系統等會使用，其他領域行業尚未大力推行運用 [10-11]。

（五）USB Key 認證

在通用序列匯流排 USB（Universal Serial Bus, USB）Key 的身分確認驗證方法，是近年來開發推展使用便利、安全又經濟的身分確認驗證技術，它採取軟體硬體相互連結一次，一密之強雙因數（Two-factor Authentication）確認驗證模式，可有效處理安全性（Security）和易用性（Ease of Use）相互產生之矛盾。USB Key 採用 USB 介面（USB Interface）硬體配備，內建有單晶片（Single-chip Microcomputer）或智慧晶片卡（Smart Chip Card），可儲存用戶金鑰與數位憑證（Digital Certificate），使用 USB Key 內建密碼學演算法（Built-in Cryptography Algorithm）來實現對用戶身分確認（如圖 7）[12-13]。

圖 7　USB Key 內建密碼學演算法可實現對用戶身分確認

二、基於 USB Key 認證的應用

對於 USB Key 身分驗證系統可成為兩項運用模式，包含：(1) 對於衝擊與回應之確認驗證模式（Shock and Response Mode）；(2) 對於公開密鑰基礎建設（Public Key Infrastructure,

PKI）體系之認證模式等兩種。USB Key 硬體具備用戶個人識別號碼（Personal Identification Number, PIN Code），可執行雙因數認證之功能。USB Key 內建單向散列演算法（Message Digest Algorithm 5, MD5），須事先於 USB Key 與伺服器中存取認證使用者身分金鑰。

衝擊與回應確認驗證模式是使用者需在使用網路時的身分驗證，經由使用者端向伺服器（Server）發送驗證要求。伺服器接收此要求後生成一組亂碼（Garbled）並用網路傳送至使用者端（此為衝擊）。使用者端接收亂碼提供使用者端 USB Key，透過 USB Key 輸入此亂碼和存取在 USB Key 金鑰執行金鑰之單向散列演算（HMAC (Hash Message Authentication Code)-MD5）將結果確認驗之證明傳輸至伺服器（此為回應）。此時伺服器會採取此亂碼和存取伺服器資料庫該用戶金鑰執行 HMAC-MD5 演算，認證若是相符合則視為使用者端之登錄通過許可。

「R」表示為伺服器之亂碼，「Key」表示為金鑰，「X」表示為亂碼與金鑰透過 HMAC-MD5 演算之結果。經由網際網路（Internet）傳送輸出僅有亂碼「R」與演算結果「X」，使用者金鑰「Key」不會在網際網路上傳送也不會出現在使用者端電腦記憶體裡，而駭客（Hacker）與使用者端電腦內木馬程式無法取得用戶金鑰。關於確認驗證過程採取用亂碼「R」與演算結果「X」都不相同，即使網際網路輸出歷程驗證資訊被駭客攔截，也無法逆推領取金鑰。可確保使用者身分是不易仿製冒用 [14-16]。

衝擊與回應模式可確保使用者身分無法被冒用，但用戶在網際網路傳送中安全性僅有驗證使用者身分，對於資訊無做出保護措施。對於 PKI 建構數位憑證確認驗證方法可有效驗證用戶身分與資訊安全。為解決前述問題，可採取一組配對金鑰執行加密與解密，每位使用者自行設置只有本人知悉的私密金鑰（Private Key），執行解密與簽名；接著設定另一公共金鑰，由使用者本人自行公布，為一組使用者共同取用，並在加密與驗證簽名。若傳輸保密資料時，傳輸方會採用接收之公開金鑰並資訊加密，而接收方可採用私人金鑰解密，此加密解密歷程是不可逆（Irreversible），僅使用私人金鑰始可解密，確保資料安全送至目的地。使用者又可取得私人金鑰對傳送資料處置，成為數位簽章。

私密金鑰（Private Key）是用戶所獨有，可確保傳送者身分，預防傳送者對傳輸對外資料之抵賴性（Denial）。接收方經由驗證簽名可判別資料訊息是否已有竄改（Tamper）。在公開金鑰（Public Key）的建構技能，常見演算法是 RSA（Rivest-shamir-adleman）演算法，其數學理論須將大數分解為兩個質數乘積，加密與解密採取兩種不一樣金鑰（如圖 8）。事先了解明文、密文及加密金鑰（公開金鑰），若要推導出解密金鑰（私密金鑰），估計演算是不會出現。依照現況電腦能力（Computer Ability）水準，破解當前使用 1024 位元 RSA 金鑰，需花費

數年估計演算時間，除非採用超大型數據中心進行演算[17-18]。

圖 8　RSA（Rivest–shamir–adleman）演算法示意

　　USB Key 具備安全可靠、方便攜帶、使用便利、成本便宜之優勢，加上 PKI 系統完善資訊保護機制，使用 USB Key 儲存數位憑證之認證方式已成為現在與未來主要趨勢潮流。

　　資訊安全（Information Security）近年來受到關注，建構資訊安全系統的目的是要確保驗證存取電腦及網際網路資訊系統，針對「使用者」身分許可權管控（Permission Control）。資訊存取保留之價值是透過有許可權人員來善用。若是發生無效的身分確認驗證手法，而使用者身分會遭到冒充，必須建構安全堅固防護系統（Protection System），例如：防火牆（Firewall）、入侵偵查測試（Intrusion Detection Test）、虛擬私人網路（Virtual Private Network, VPN）、安全閘道（Security Gateway）、安全目錄（Security Catalog）等與身分認證系統連結聯。

　　安全防護功能包含以下說明：

　　1. 防火牆：可確保未通過授權之使用者是無法登陸或使用相應之協定。

　　2. 入侵偵測系統：可發現未通過授權使用者惡意破壞系統之意圖。

　　3. 安全閘道：可確保使用者無法登錄向未通過授權之網路段。

　　4. 安全目錄：可確保授予權利之使用者可對存取系統中資料快速定方位與訪視。

　　以上安全系統實務運作上是透過使用者數位身分之許可權管控，可解決數字身分相對應之議題，身分確認驗證執行用戶身分與數位身分符合並提供許可權管控之憑據。

　　若將資安系統看作大木桶，而安全防護功能就是分別組合成木桶的一塊塊小木頭，整體系統安全性是串連起每一塊之木板。安全模組（Security Module）於不同層次會防堵尚未通過授

予權利之使用者登入系統，此授予權利之文件（Document）均為使用者數位身分。身分確認驗證模組就等於是木桶之桶底，透過它確保身分與數位身分一致性，若是在木桶壁面之木板增加厚度，但桶底有漏洞是無法使用的，需先做好防護措施。身分確認驗證是整體資訊安全系統關鍵處，而身分管控與資料庫安全是重點基石（如圖9）。

圖9　身分確認驗證是整體資訊安全系統關鍵處

第二節　身分驗證系統相關技術概述

一、身分驗證系統

　　生物辨識技術（Biometric Technology）的持續發展，使得更加便捷和安全的身分驗證方式開始被人們所接受，但同時、對於該技術之安全性與可靠度有進一步需求，而人臉辨識技術作為當前最為安全、先進和便捷的生物辨識技術之一，如何將它合理的應用到生活中也變得尤為重要（如圖10）。而隨著網際網路技術的飛速發展，數據大數據時代的到來，以及人工智慧在生活中的逐步崛起，如何將人工智慧和人臉辨識應用到生活中已經成為研究的熱點。本書結合了這兩點需求，將人臉辨識採用深度學習的方法實現，同時與行動物聯網技術巧妙的融合在

了一起，形成了身分驗證系統。該系統充分利用了人臉辨識技術的高度安全性和可靠性，與傳統的密碼相結合以後，在保留傳統的帳號密碼登錄的情況下可以使用人臉來驗證身分，而且可以即時查看簽到的狀態、人員管理、打卡、桌遊聊天等新功能。使得方法本身不僅具有了商業價值，並且在一定程度上保障了我們生活應用的安全性[19-20]。

圖 10　在電影「不可能的任務」中大量採用了本書介紹的各種生物辨識系統與技術，讀者可以參考電影的內容

相關技術主要包括 3 大方面：人臉辨識演算法（Face Recognition Algorithm）、深度學習（Deep Learning）、安卓開發（Android Development）。

二、人臉辨識

（一）人臉辨識概述

人臉辨識（Face Recognition），顧名思義是通過一個人類的臉部資訊來判斷這個人的身分。用手機（Cell Phone）或者電腦的攝影鏡頭（Camera）採集含有人臉的圖片，在圖片中檢測出人臉，通過對比圖片中人臉的特徵跟資料庫（Database）中預存的特徵範本的差別，判斷案例身分的生物辨識技術，一般又稱為人像辨識、臉部辨識。

人臉辨識系統之研討是從 60 年代開始，80 年代後隨著電腦技術和光學成像技術（Optical Imaging Technology）之開發推展提升，接著是初級運用階段則在 90 年代後期，是以美國、德

國和日本之技術實務運作為先；人臉辨識系統之關鍵於核心演算法（Core Algorithm）的優越性能上，能否使識別結果具有可實用化的辨識率（Recognition Rate）和辨識速度（Recognition Speed），更是評判的重點 [21-22]。

　　人臉辨識也是圖像辨識中的一種，這裡補充介紹一些圖像辨識中的基本重要概念。RGB（Red-green-blue）是一種色彩之模式，經由對紅（R）、綠（G）、藍（B）3 個顏色通道之轉變及相互之間疊加取得各種顏色（如圖 11）。而特徵（Feature）是指一種模式區域判別於另一種模式之相應（本質）特點或特性，是經由量測與執行後可取用之資訊。

圖 11　紅（R）、綠（G）、藍（B）3 色轉變及疊加取得各種顏色變化

（二）人臉辨識演算法

　　在研究人臉辨識演算法的過程，主要對五種演算法執行研究比對，最後選擇了採用神經網路（Neural Network）的演算法，利用深度學習來實現。

1. 幾何特性徵象方法（Geometric Feature Algorithm）

　　人臉由眼睛、鼻子、嘴巴、下巴等器官組成，而由於每個人的器官之形狀、大小與構造都存在著各種差異，這些差異讓每個人皆是獨一無二的存在，對於器官之形狀與構造幾何描繪敘述，可用於實際執行人臉辨識之方法。

2. 局部特性徵象分析方法（Local Feature Analysis Algorithm）

　　由於整體臉部的複雜性，無法較為輕鬆的提取整體臉部特徵並加以判斷，此時就可以從局部特徵入手，局部性（Locality）和拓撲性（Topology）的特徵對於判斷整體來說，有時候更簡潔明瞭，就像卵生、鱗甲是爬行類生物的局部特徵一樣，可作為判斷身分的重要依據之一，而在人臉圖片中局部的灰度值（Gray Value）、長條圖特徵值（Characteristic Value of Bar Chart Graph）就是顯著的輪廓標誌（Outline Sign）之一。

3. 特徵臉的方法（Eigenface Algorithm）

從統計（Statistics）方法來看，搜尋人臉圖片影像散布基本元素（Basic Elements of Image Distribution），即人臉圖片影像樣本集共變異數矩陣（Variance Matrix）之特徵向量，以此近似表面特徵人臉圖片影像，此特徵向量稱為特徵臉，透過對特徵向量進行分類即可執行人臉辨識。

4. 神經網路方法（Neural Network Algorithm）

上述方法均需使用人工設計的特徵，而由於人類知識的有限性，人工設計的特徵經常會有許多局限性（Limitation），而神經網路則可以進行特徵學習。神經網路方法在人臉辨識運用相比前面上述來說，優勢明顯，因為目前對人臉辨識多項規則尚未有具體定義概念，也尚未有相關的定理公式，現有的一切大都是建立在前人的實驗基礎上，而神經網路方法就像一個黑盒子（Black Box）一樣，可輸入內容並無具體的規律和定義，它也可經由學習之歷程取得對規則隱藏性之表達 [23-24]。

（三）深度學習（Deep Learning）

卷積神經網路（Convolutional Neural Networks, CNN）演算法尚屬於傳統之機器學習（Machine Learning）演算法，而機器學習，從字面上來看，就是讓機器擁有學習的能力。它較為常見，使用要求也不高，卻在現今得到噴發式之推展，原因之一就是大數據（Big Data）時代的到來（如圖 12），自動化（Automation）和網路演算法（Network Algorithms）的最佳化，歸根究柢就是人們所能獲得的資料和資料集更多了，能訓練出來的模型更多了。而當網路結構的層數到達一定數量時，多層數（Multiple Layers）的神經網路演算法則又被稱為深度學習，對於規則，深度學習之性能是優於傳統機器學習（Machine Learning）。下面再複習一下先前介紹的深度學習中常用概念 [25-26]。

圖 12　大數據（Big Data）時代的到來，人們能訓練出來的模型更多了

　　CNN 是前饋神經網路（Feedforward Neural Network），包含了由卷積層與子採樣層構成之特徵提取器，用於提取特徵向量。

　　啟動函數 ReLu（又叫修正線性單元（Rectified Linear Unit）），它可以有效克服梯度消失難題，改善訓練之速度。

　　最大值池化（Maxpooling）：在卷積後，通常都會接一個池化（Pooling）的操作。這是為了降級特徵向量的維度，便於下一步的操作。

　　特徵向量是線性代數中概念，它是一個向量，用在電腦圖像辨識中，各種維度的值代表圖像的不同特徵值。

　　Softmax 函數，這是一個正規化的指數函數（Exponential Function），主要用於將特徵值正規化到（0，1）的範圍內便於卷積計算。

　　反向傳播演算法（Backpropagation, BP）是目前常用訓練人工神經網路且是較有效之演算法。主軸想法：(1) 將訓練集資料登錄至 ANN 輸入層，通過隱藏層，到達輸出層並傳送出結果，此是 ANN 前向傳遞歷程（如圖 13）；(2) 由於 ANN 輸出結果與實際結果有誤差，在演算估計值與實際值之間誤差，需將該誤差從輸出層向隱藏層相反方向傳遞，直接到達輸入層；(3) 在相反方向傳遞歷程，依照誤差調整各參數值；持續循環演算上列歷程，直做到收斂為止。

圖 13　ANN 運算架構示意

　　隨著技術發展，為了便於開發，人們開發了各種深度學習的框架（Frame），常用框架主要有 TensorFlow，Torch，Caffe 等，它們各有特點優勢與缺點。

　　Caffe（Convolutional Architecture for Fast Feature Embedding）是一種可讀性高、結構清晰卷積神經網路框架，它是開源框架（Open Source Framework），核心語言是 C++，支援命令、

Matlab 和 Python 介面（如圖 14）[27-28]。

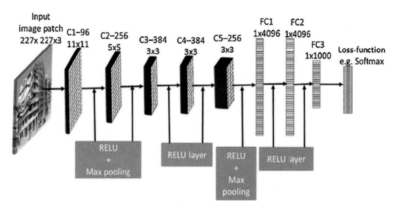

圖 14　Caffe 卷積神經網路開源框架結構

　　Tensor Flow 是由 Google 推出第二代人工智慧庫，也可用作深度學習的框架，支援 Python 介面，是目前最流行的開源框架，但是代碼結構較為複雜（如圖 15）[29]。

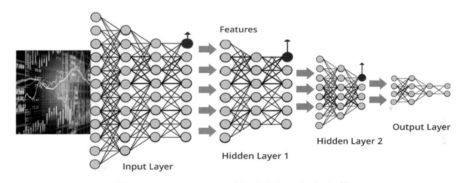

圖 15　Tensor Flow 的深度學習框架架構

（四）移動互聯網（Mobile Internet）技術

　　在這個資訊化高度發達的時代，移動互聯網技術取得快速開發（如圖 16），其中安卓（Android）算是手機行業中最為常見、使用者數量最為龐大的一個群體代表。許多功能是通過移動端展示，在移動端的展示主要是通過採用 Android 技術來執行與實現。

　　在 Android 程式中一般包含有至少一個版面配置檔（Layout），版面配置檔主要是用來設定元件的大小、數量和位置等等性質，常見的有 5 大布局，包括有線性布局（Linear Layout）、絕對布局（Absolute Layout）、相對布局（Relative Layout）、框架布局（Frame Layout）、表格布局（Table Layout）[30-32]。

Android 中有 4 大元件，分別是活動（Activity）、服務（Service）、廣播（Broadcast）以及內容提供器（Content Provider），其中，活動部分就是指人們平常生活中最常見的手機應用的介面（如圖17），這些介面就是一個個活動組成；服務部分較常見的比如多執行緒（Thread）的非同步作業（Asynchronous Operation）的服務等，大都是在後臺提供支援（Backstage Support）；廣播部分則更多的是顯示提示，比如手機提醒電量不足等，都是通過廣播來實現；內容提供器部分則大都是不可見的了，它更多的是用來解決系統資料量較少的資料儲存（Data Storage）問題。

圖 16　5G 時代的來臨已經讓移動互聯網技術取得更高速開發

圖 17　人們平常生活中最常見的手機應用介面功能

本章在 Android 移動端採用 MVC（Model View Controller）的設計模式，MVC 就是模型（Model）、視圖（View）、控制器（Controller）的縮寫，目的主要是執行模型和視圖的分離，而且代碼的邏輯功能部分主要在控制器中實現，在這種模式下代碼的結構更爲直觀清晰，實現起來更容易，也更容易修改擴展，爲以後進一步的開發帶來極大的便利（如圖 18）[33-34]。

圖 18　Android 移動端採用 MVC 的設計模式

1. 模型物件（Model Object）

封裝應用程式資訊，並操作型定義（Operational Definition）與處理該資料邏輯演算（Logical Calculus）。例如：模型物件可能是電玩角色與位址聯絡人。使用者在視圖層執行創立建置與修改資訊運作，透過控制器元件傳輸，最後創立更新模型元件。模型元件更新時（例如：經由網際網路連結接收新資訊），會告知控制器元件，控制器元件將更改相應視圖物件。

2. 視圖物件（View Object）

是應用程式使用者可看到之物件。視圖物件理解如何繪製，並對使用者運作予以回覆。視圖物件目的，需呈現應用程式模型物件之資訊，可讓此資料可以編輯。在 MVC 應用程式，視圖物件是與模型物件分開。在 Android 應用程式開發中，所有的控制項、視窗等均會承接 View，對應 MVC 的 V。View 及子類承擔 UI 執行任務，對 View 發生事件均可用委託方法（Delegate Method），交予 Controller 執行。

3. 控制器（Controller）

在應用程式一個或多個視圖物件、一個或多個模型物件之間，控制器物件充當媒介。控制器物件是同一步管道程式，經由視圖物件了解模型物件之更新，反之亦然。控制器物件又可變

為應用程式執行設置予協調任務，並管理其他物件之生命週期。控制器物件解析視圖物件正執行使用者運作，並將新的和修改過資料傳遞交由模型物件。模型物件更新時，控制器物件會將新的模型資訊傳輸發送視圖物件，最後由視圖物件予以顯示（如圖 19）。

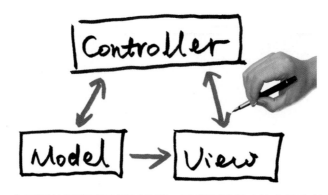

圖 19　MVC 主要是執行模型和視圖分離，且代碼邏輯功能主要在控制器中實現

第三節　身分驗證系統需求分析與深度學習環境搭建

一、身分驗證系統總體需求分析

身分驗證系統的總體需求是設計一款基於深度學習演算法能利用人臉特徵進行身分驗證的智慧考勤管理應用，實現在辨識達到高精度和高速率的同時，弱化設備端，節約硬體成本（Costdown for Hardware）的目的。

身分驗證系統在考慮到有管理大量的考勤刷臉的實際需求，為其設計了遠端 WEB 伺服器（Remote Web Server, RWS），在伺服器上利用資料庫系統根據每一個簽到的唯一標識 ID 來保存該人臉的資料，並接收應用發送的簽到消息請求。伺服器在整個身分驗證系統中扮演了中轉、管理、資料備份、消息推送等工作，實現了身分驗證系統的遠端控制[35-36]。

在整個身分驗證系統的需求中，共分為 3 個部分，人臉辨識演算法、遠端 WEB 伺服器和安卓 APP（如圖 20）。本章主要是人臉辨識演算法的設計與實現，還有移動智慧設備上 APP 軟體的設計與實現。接下來分別介紹這兩部分的需求分析。

圖 20　伺服器上利用資料庫系統根據標識 ID 保存人臉資料

二、身分驗證系統人臉識別演算法需求分析

辨識技術應用，主要有 2 個方面的需求，即精度和速度，人臉辨識技術也是如此。

1. 精度（Accuracy）

精度的判斷指標主要有 2 個方面，一個是誤識率（False Acceptance Rate, FAR），即將一個人錯誤的辨識爲另一個人，這個指數是越低越好，最好防止此情況出現爲最佳；另一個是辨識率（False Rejection Rate, FRR），即辨別出這個人是本人的機率，因爲光照原因或者某種外界原因，是可能造成辨識不出本人的情況的，這個指數就是越高越好了，而且至少需要高於人眼的辨識精度，據實驗資料顯示人眼的識別精度在 LFW（Labeled Faces in the Wild）資料集上能達到 99.6% 左右，所以預期的正確率希望能夠在 LFW 資料集上超過 97%（如圖 21）[37-38]。

圖 21　LFW 資料集部分圖像彙整

2. 速度（Speed）

人臉辨識最終是要應用到生活中的一種生物辨識技術，如果辨識速度太慢，甚至不如使用肉眼辨識（Visual Recognition），存在運用價值較低。考慮到以上需求，使用深度學習來執行人臉辨識就能滿足精度上的需求，再選取相對精細而小型的模型來滿足速度上的需求，故而利用卷積神經網路（CNN）來執行人臉辨識演算法。雖然訓練階段成本較大，時間上和人力上會有一定耗費，但是得到模型後，在開發中使用方便，速度精度要求都能滿足，適應市場的需求。

三、身分驗證系統 Android APP 需求分析

（一）身分驗證系統 Android APP 功能需求分析

在身分驗證系統中，為了弱化設備端要求，執行人員刷臉管理，而且考慮到使用的方便和安全，決定採用移動設備，也就是智慧手機（Smart Phone）設備來實現，具體即由 Android APP 發起，通過無線功能傳輸（Wireless Transmission）資料到伺服器然後進行人臉辨識和資料儲存處理等請求（如圖 22）。所以設計一款有良好使用者體驗、安全的軟體是類似 APP 設計的兩個最大需求。下面從一些功能出發展開詳細的分析。

圖 22　良好使用者體驗、安全是智慧手機 Android APP 的主要訴求

1. 軟體安全（Software Security）

因為本款 APP 軟體涉及到重要的個人資訊，要求軟體的安全性必須放在首位。軟體在第 1 次進入時必須輸入登錄帳號和密碼，此密碼加密後只保留在本機存放區，不會將使用者的密

碼進行上傳。設置後使用者再次使用軟體或者從後臺打開軟體都需要進行密碼驗證。爲了有更好的使用者體驗，除了普通的文本密碼以外，還預設提供拍照登錄功能。

2. 日誌資訊（Log Information）

在 APP 中需要對於使用者的日常行爲進行記錄，登入登出（Log In and Log Out），還有刷臉簽到打卡一系列操作，都會在後臺記錄儲存到資料庫（Database）中。

3. 使用者管理（User Management）

使用者管理介面（Management Interface）是整個身分驗證系統核心，它關乎到哪些用戶可進行刷臉辨識，哪些使用者屬於臨時使用者（Temporary User）需要添加授權時間段，哪些用戶已經不再屬於授權範圍（Scope of Authorization）需要及時刪除（Delete in Time）。同樣點擊每個使用者的清單都會顯示該使用者的全部資訊。該介面主要是要對身分驗證系統的授權人員進行管理，進行用戶的增加、查看、修改和刪除。

4. 拍照上傳（Photo Upload）

本身分驗證系統在日常使用過程中，廣角攝影鏡頭（Wide-angle Photography Lens）會在確定規則下抓拍人臉圖片，這些圖片會上傳到伺服器並調用深度學習訓練的模型，若辨識判斷與資料庫預存圖片爲同一人，則驗證通過，更新資料庫圖片。APP 可以從伺服器拉取資料並暫存於手機或是計算機中方便以後查看，這些圖片也是爲了能使管理員隨時隨地可以了解到系統當前的狀態和使用人員。點擊人員圖片的資訊會將對應的圖片進行放大，並可以繼續進行兩指拉伸放大和捏合縮小等操作。

5. 主介面（Main Interface）

主要是一個功能的清單介面，讓使用者可以方便的選擇進入自己所要使用的功能介面。具體包括刷臉介面、簽到介面、娛樂介面和設置介面（如圖 23）。

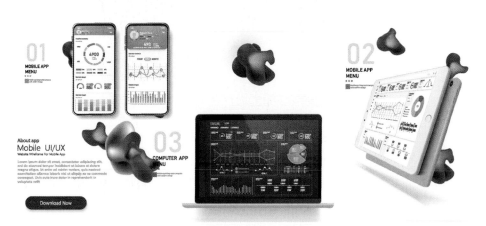

圖 23　智慧手機 Android APP 的功能介面是便利使用者點閱與操作

6. 設置（Setting）

在設置介面中有 2 項內容，一是對智慧設備 APP 設置，包括個人設置、版本資訊等，還可以在此處更換聊天背景；另一個則是登出功能。

7. 其他資訊（Other Information）

APP 會在主介面一些部位添加例如、日期資訊和電量資訊（Battery Information）等，這些資訊都比較重要也是使用者較為關心內容。是用戶在打開 APP 是就可以方便的看到這些內容。另外在登錄介面中，登入成功時，除了顯示系統的功能介紹介面外，還預留了一些廣告介面（Advertising Interface），可以作為系統平臺的盈利手段之一。本系統還有一個娛樂介面（Entertainment Interface），主要包括了當下比較火熱流行的桌遊（Board Game）功能、聊天室功能和搖一搖抽籤等等功能。

（二）存儲需求分析

在身分驗證系統設備內儲存重要資料有兩種，一種是以圖片格式儲存人臉圖片檔，還有一種是在 SQLite 資料庫中儲存的人員簽到資訊和日誌記錄等方式。資料的正確採集和儲存是整個系統最重要關鍵，它關係到使用者是否可以順利的進行人臉辨識和考勤簽到，也關係到日後的維護或者系統升級時的資料支援，所以建立一套完善的資料存儲系統十分重要（如圖 24）[39-40]。

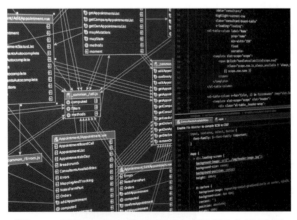

圖 24　建立一套完善的資料存儲系統十分重要

1. 人臉圖片資料

人臉圖片經過拍照儲存後會預設存在相應的路徑，每一個檔的命名方式都與其生成的時間相關，這樣就確保避免了辨識時發生利用以前的照片來進行辨識簽到的行為，資料庫的人員在資訊資料表中擁有一個欄位，用來指定該使用者的人臉資訊檔路徑，當需要匹配時，先從資料庫獲取該使用者的人臉圖片檔路徑，然後通過路徑讀取檔，將數據傳入程式中進行人臉資訊的比對（如圖 25）。

圖 25　人臉圖片拍照儲存主要受惠於數位照相技術的提升

圖 26　數位照相的發展也是受惠於 CCD（Charge Coupled Device）的發明

2. 資料庫資料

在嵌入式系統（Embedded Systems）中，因為硬體軟體的資源有限所以選取使用 SQLite 資料庫系統。為了滿足身分驗證系統對於資料記錄的要求，共設計 3 個資料表，分別是使用者

資訊、運行日誌、簽到識別日誌。

　　使用者資訊資料表主要功能是存儲使用者使用移動端，進行使用者註冊時填寫的基本資訊。所包含的的欄位有 ID 號、用戶名、密碼、郵箱、暱稱等。運行日誌記錄的是系統運行過程中的重要事件，目的是在後期維護中維修人員可以快速定位系統的錯誤點。例如：系統版本更新，功能升級的重要節點等。簽到辨識日誌主要功能是儲存使用者的簽到資訊和狀態。目的是為了方便管理員進行查看，也可以作為考勤評定的重要依據。

　　身分驗證系統設備的資料記錄和管理都是為了整個系統更加安全，在遇到故障、入侵時都能夠提供有效的資料作為技術支援。

四、深度學習環境搭建

　　深度學習演算法執行對於環境有很強依賴性，常見的首先分為依賴於圖形處理器（Graphics Processing Unit, GPU）集群和依賴於中央處理器（Central Processing Unit, CPU）集群兩大類。此處選用 GPU 單卡伺服器（Single Card Server），由於實驗條件的限制，只搭建一塊 1070 獨立顯示卡，作為計算器核心。

　　第一步是機器的組裝，因為深度學習對於硬體有一定的要求，所以組裝機器時一定要注意必要條件是否都滿足。下面是機器的一些核心配置：GPU 型號 i7 6700、主機板 Intel B150、記憶體 8G、硬碟 1T、獨顯 GTX 1070，此規格為學生作為初階練習適合的低價位硬體，倘若有額外經費或是目前業界人士可自行提升等級。機器組裝完成後，接下來就是環境的搭建 [41-42]。

　　第 2 步是 Ubuntu 系統的安裝，選擇安裝 Caffe 框架，而該框架理論上只支援 Linux 系統，所以接下來就是下載安裝 Linux 作業系統。具體的系統版本選定安裝較為穩定的版本 Ubuntu 14.04。

　　第 3 步，重裝系統完成之後，下載獨顯顯卡驅動 NVIDIA-Linux-x86_64367.27.run，可到 NVIDIA 官網下載，將其與 cuda_8.0.27_linux.run 拷貝到路徑 home/ctt/ 下。

　　接著是顯卡驅動 NVIDIA 驅動的安裝：

　　(1) 同時按下 Ctrl+alt+F1 鍵，進入到字元介面，同時必須關閉圖形介面，在命令列輸入 sudo service lightdm stop 即可關閉。

　　(2) 安裝 nvidia driver

　　命令列輸入 sudo chmod 755 NVIDIA-Linux-x86_64-367.27.run，取得許可權，再輸入 sudo./NVIDIA-Linux-x86_64-367.27.run 就開始安裝驅動。

當螢幕顯示出 Accept Continue installation 即安裝完成，安裝完成之後在命令列輸入 sudo service lightdm start，圖形介面出現，然後關機，切換到獨顯 1070（需要更改 BIOS 設置，參照前面操作，最後改為 auto 模式即可）。

第 4 步是 CUDA8.0 安裝（cuda 是 GPU 做計算用的核心驅動）

安裝結束後，在命令列輸入 nvidia-smi 即可驗證安裝是否完成，如果結果顯示如圖 27 所示，則表示安裝成功。

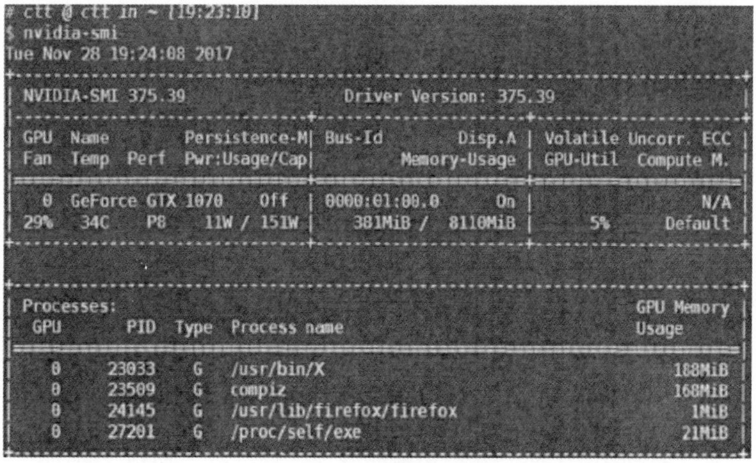

```
# ctt @ ctt in ~ [19:23:10]
$ nvidia-smi
Tue Nov 28 19:24:08 2017
+-----------------------------------------------------------------------------+
| NVIDIA-SMI 375.39                 Driver Version: 375.39                    |
|-------------------------------+----------------------+----------------------+
| GPU  Name        Persistence-M| Bus-Id        Disp.A | Volatile Uncorr. ECC |
| Fan  Temp  Perf  Pwr:Usage/Cap|         Memory-Usage | GPU-Util  Compute M. |
|===============================+======================+======================|
|   0  GeForce GTX 1070    Off  | 0000:01:00.0      On |                  N/A |
| 29%   34C    P8    11W / 151W |    381MiB /  8110MiB |      5%      Default |
+-------------------------------+----------------------+----------------------+

+-----------------------------------------------------------------------------+
| Processes:                                                       GPU Memory |
|  GPU       PID  Type  Process name                               Usage      |
|=============================================================================|
|    0     23033    G   /usr/bin/X                                    188MiB |
|    0     23509    G   compiz                                        168MiB |
|    0     24145    G   /usr/lib/firefox/firefox                        1MiB |
|    0     27201    G   /proc/self/exe                                 21MiB |
+-----------------------------------------------------------------------------+
```

圖 27　安裝驗證圖

安裝完成後還要安裝 CUDNN5.0（用來加速 GPU 計算的驅動）。

第 5 步是安裝 Caffe 框架，具體的步驟如下：

(1) 安裝依賴項

輸入命令 sudo apt-get install libprotobuf-dev libleveldb-dev libsnappy-dev libopencv-dev lib-hdf5-serial-dev protobuf-compiler。

接著輸入命令 sudo apt-get install --no-install-recommends libboost-all-dev。

(2) BLAS 安裝

命令列輸入 sudo apt-get install libatlas-base-dev。

(3) 安裝 pycaffe 介面所需要的依賴項

命令列輸入 sudo apt-get install -y python-numpy python-scipy python-matplotlib python-sklearn python-skimage python-h5py python-protobuf python-leveldb python-networkx python-nose python-pandas python-gflags cython ipython。

(4) 繼續安裝依賴項

命令列輸入 sudo apt-get install libgflags-dev libgoogle-glog-dev liblmdb-dev。

(5) Opencv2.9 安裝

因為版本支持的緣故，Opencv 的版本要與 CUDA 相容，只能下載安裝比較早期的版本，不可直接用 apt-get 安裝，不然會發生版本錯誤。

第 6 步是安裝 Matlab 和 Python，本章主要使用的是 Python，因為在後臺使用的是 Java 語言，在 Java 中如果運行 Matlab 程式速度較慢，而 Python 程式是可以直接在 Java 中執行的，從這點考慮，在不影響演算法的性能角度上，本章安裝了 Python 2.7，利用 Python 語言訓練得到的模型，然後在 Java 後臺中執行。

最後編譯 Python 用到的 Caffe 檔，輸入 make pycaffej 16，如果程式順暢跑完，則至此環境就算搭建完成，以上環境搭建過程雖然不是最新，但是對於新手上機的讀者卻十分容易取得相關資源，對於學習很有幫助。

（一）資料圖片搜集

「三軍未動，糧草先行」，資料對於深度學習來說，不亞於糧草在軍事上的意義，所以準備階段至關重要的一步就是找到足夠多的有效的資料。

資料需求主要是指海量的人臉圖片。在網路時代，特別是大數據（Big Data）的當代，經過一段時間的整理和篩選，此處最後準備了資料大小總計為 2,600,000 張圖片，其中包含 2,600 人然後每人 1,000 張圖片的資料集作為訓練集（Training Set），圖片來源為 LFW 人臉資料庫（Labeled Faces in the Wild），每個圖片都處理為 224×224 的 RGB 格式，方便輸入到神經網路，建議讀者未來執行類似研究，都盡量先採取開源的圖片資料集訓練自己開發的模型，接著再去跑自己的目標辨識，如此國際上才能接受大家的新模型績效。

除了訓練集，深度學習還需要額外的一個驗證集（Validation Set）來幫助調整參數，並且這個驗證集還不能從已有的訓練集中選取，不然會造成過擬合（Overfitting）的現象。這裡為了研究的驗證集所需，重新又在 LFW 上收集 50,000 張圖片，其中包含 1,000 人，每人有 50 張圖片。

為擴充訓練資料，我們將訓練集的圖片翻轉使用，在擴充資料集的同時，也可以驗證是否訓練集越大，訓練得到的模型效果越好。

（二）神經網路搭建

　　神經網路結構採用 VGG-16 模型，這個模型的訓練輸入為 224×224 大小的 RGB 圖像，也就是上一步準備好的人臉圖片，不過需要減去圖像均值。用一堆 3×3，1×1 小卷積核進行卷積，連接 Maxpooling。最後，連接 3 個全連接層，Softmax 分類器。具體到程式代碼的實現可以分為如圖 28 5 步 [43-44]。

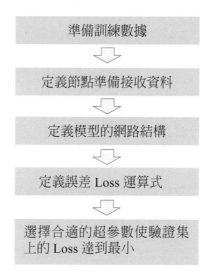

準備訓練數據

定義節點準備接收資料

定義模型的網路結構

定義誤差 Loss 運算式

選擇合適的超參數使驗證集上的 Loss 達到最小

圖 28　神經網路結構具體到程式代碼實現步驟

　　本節是身分驗證系統的前期工作。首先從整個專案出發，根據專案的需求報告進行總體的需求分析，並根據專案的實際內容將專案分為兩個部分，即人臉辨識演算法和 Android APP，然後對兩個部分的需求分別做出詳細的分析。對於人臉演算法這一部分，從演算法的性能角度和設計提出了速度和精度兩個方面的需求；從功能的角度對系統所要實現的功能設計出了不同的場景，並對每一個場景提出相應的需求。接下來是對 Android APP 需求分析，從功能角度對系統平臺所有介面所要完成的功能進行分析。工欲善其事必先利其器，為了後面具體的設計與執行需求，分析是必不可少。接著介紹深度學習環境的搭建，從機器的配置到系統再到框架。其中搭建的順序特別重要，就像顯卡驅動必須在 CUDA 驅動前安裝，否則就會出現安裝不上的情況。最後介紹了圖片的收集工作以及神經網路的搭建。

第四節　身分驗證系統功能設計及應用研究

一、身分驗證系統設計和實現概述

身分驗證系統整體框圖主要共分為 3 項，分為人臉模組、WEB 伺服器和智慧移動設備 APP（Android）。本章是整個平臺的一部分，具體工作包括人臉模型、Android 端和伺服器端相應介面 3 部分。

1. 人臉模組

包括深度學習環境搭建，卷積神經網路的搭建，然後資料圖片的搜集處理，分成訓練集和驗證集，得到訓練模型，然後對訓練模型的性能進行測試和改進。

2. WEB 伺服器

指接入到公用網路的提供了資料訪問、保存、上傳和消息推送等功能的 WEB 應用伺服器，主要是資料儲存和調用人臉模組訓練得到的模型，此處主要敘述網頁端人臉介面和 Android 介面執行操作。

3. 智慧移動設備

主要是運行在智慧終端機（Android 作業系統）上 APP，用來進行移動考勤管理。能夠進行刷臉驗證，能調用 Google 或百度地圖 GPS、API 定位考勤地點，然後簽到打卡。還可以即時查看簽到的時間和時長。另外還有聊天室功能等休閒娛樂功能模組。

在身分驗證系統中，主要可以分為人臉辨識模組和考勤管理模組。其中人臉辨識模組又可分成 4 項分類別是：圖像採集（Image Acquisition）、人臉檢測（Face Detection）、人臉對齊（Face Alignment）和人臉辨識（Face Recognition）。考勤管理模組又可以分為資訊註冊登入、考勤簽到、刷臉辨識 3 部分。

下面主要從 3 個大方向來介紹整個身分驗證系統的設計與實現，分別是人臉辨識子系統、考勤管理子系統（Android 部分）、伺服器介面。

二、人臉辨識子系統的設計與執行

本章的內容主要是分 4 步詳細展開介紹整個演算法，最後再介紹模型的訓練部分。

（一）圖像採集

首先通過與網路相連接的攝影鏡頭拍照，將拍照的圖片上傳至伺服器，完成第 1 步圖像採集工作，注意拍照過程中一定要在光照充足的情況下，且拍照時必須正臉完整出鏡，最好不要戴墨鏡，因為訓練的樣本中都是裸眼樣本。這裡使用的攝影鏡頭性能對於演算法測試結果會有一定的影響。

（二）人臉檢測

人臉檢測這部分，採用 MTCNN（Multi-task Cascaded Convolutional Networks）演算法來運作，這種演算法提出一種 Mufti-Task 人臉測試架構，將人臉測試與人臉特性徵象測量並行，此種演算法使用 3 個 CNN 級聯方式，其性能比普通分類器有很大程度的提升。具體結構如圖 29 所示 [45-46]。

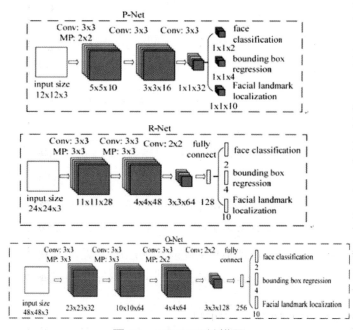

圖 29　MTCNN 結構圖

MTCNN 演算法具體步驟如下：當給定標準規格一張照片時，將其縮放不同尺度，疊放在右下角形成圖像金字塔（Pyramid），總尺度不變。然後再依次通過 3 個神經網路。

第 1 步：通過 P-Net，這是一個全卷積網路（Fully CNN），用來生成候選框和邊框回歸向量。由於一開始的約束條件較為寬鬆，會生成一系列的候選框（Region Proposal），需要對這

些候選框（區域）進行進一步的篩選，這時就要用到非極大數值制止（Non-maximum Suppression, NMS）合併重疊候選框。

第 2 步：通過 N-Net 改善候選框。將通過 P-Net 的候選框傳送輸出至 R-Net 中，拒絕掉大部分錯誤的候選框，然後繼續使用非極大數值制止合併候選框。

第 3 步：最後通過 O-Net 輸出最終的人臉和特徵點位置。將通過 R-Net 的候選窗輸入到 O-Net，拒絕錯誤的視窗，繼續邊界回歸（Boundary Regression）和極大數值制止（Maximum Numerical Suppression），同時描繪出 5 個關鍵點。

（三）人臉對齊

人臉對齊第 1 步就是人臉特徵點檢測，在特定的區間即人臉部分，以特定的規律出發，找到所有規定的關鍵點。這裡一般比較常用的都是 5 點法（Five Point Method），即標注出雙眼、鼻尖和嘴角這 5 點。

描出關鍵點之後，還有一步圖像預處理的操作，這一步需要通過空間上的位移旋轉操作，一般採用仿射變換（Affine Transformation），即空間幾何變換，實現將關鍵點對齊，即將描出的關鍵點部分通過旋轉位移操作重疊。本章不涉及比較複雜的變換操作，一般只對圖片進行簡單位移和小角度旋轉操作。

（四）人臉匹配

首先需要註冊圖片（Register Image），接著是驗證操作，輸入驗證的 ID，進行人臉檢測操作，將檢測到的圖片作對齊處理，處理過後的圖片輸入神經網路，提取特徵向量；然後計算驗證和註冊的特徵向量的歐氏距離（Euclidean Distance）的餘弦值，與閾值（Threshold）執行相比對，大於閾值則辨識為同一人，小於則判定不是同一人。

具體到程式代碼上，這一步就是指在 Python 中編寫腳本調用訓練、調整參數之後得到的模型，然後用一個條件陳述式（Conditional Statement）進行閾值的判斷，最後輸出結果。

（五）人臉模型

人臉模型的結構圖一共有 13 個卷積層，3 個全連接層，5 個最大值池化層，13 + 3 = 16，這也是 VGG16 命名的由來。

本章的研究目標是訓練模型的網路參數（Network Parameters），通過驗證集的測試調整參數，獲得使損失函數最小化（Minimize the Loss Function）的參數即可。

如方程式（10-1）所示：

$$E(W') = \sum \max\{0, a - \|x_a - x_n\|_2^2 + \|x_a - x_p\|_2^2\} \qquad （10\text{-}1）$$

深度學習神經網路使用濾波器的權值採用隨機採樣（Random Sampling）的方式初始化，服從均值（Mean）為 0，標準差（Standard Deviation）為 1 高斯分布。偏置（Bias）被初始化為 0。實驗開始前對訓練的圖像進行正規化，確保使其寬度和高度均為 256。然後在訓練過程中，再從獲得的 256×256 的圖片影像隨機採樣 224×224 大小圖片影像，然後對資料集作鏡頭影像。這樣做的目的都是為了擴充訓練集，在一定條件下，訓練集越大，神經網路學習到的特徵更好更充分。

具體訓練步驟如下：

(1) 準備訓練集和測試集。

(2) 利用 linux 系統生成訓練集。

(3) 將圖片轉換成高速內存映射型資料庫（Lightning Memory-mapped Database, LMDB）格式。LMDB 檔結構簡單，只包含了一個資料夾，資料夾裡包括一個資料檔案和一個金鑰檔。讀取這種結構的檔案特別簡單，不需要額外運行資料庫管理過程，只要在讀取資料的程式代碼裡引用 LMDB 庫，讀取時提供一個檔路徑（File Path）即可。另外由於快速特徵嵌入的卷積結構（Convolutional Architecture for Fast Feature Embedding, CAFFE）框架對於圖片的格式有一定的要求，許多預設的圖片格式都必須是這種檔結構，所以為了使用的便利性，在這裡直接將所有圖片轉換成所需的格式，防止後面出現不必要的錯誤。

(4) 計算圖片的 Mean 或者設置 Scale 為 0.00390625。

(5) 訓練模型（Training Model）。

（六）人臉演算法性能分析

人臉檢測演算法（MTCNN）性能分析見表 1 對比了 2 種演算法，一種是 OpenCV（Open Source Computer Vision Library）原生的人臉雜訊分類器（Face Noise Classifier），這也是市面上大多數普通應用常用的人臉檢測演算法，硬體要求低。另一種是本書採用的 MTCNN 的檢測演算法[47-48]。

可以看到 MTCNN 對比直接使用 OpenCV 的雜訊分類器，不管是在速度上還是在精度上均有大幅程度提升。

⬇ 表 1　MTCNN 對比 OpenCV 人臉演算法性能結果

演算法 Method	時間 Time (ms)	精度 Accuracy
OpenCV 的 Hash 分類器	2,243.31	65.21
本書	1,029.31	91.32

　　人臉辨識演算法性能（MTCNN ＋ VGG-16）見表 2 比較成果。其中列舉 3 種演算法，包括 Facebook 的辨識演算法、本書的演算法、原生的 VGG16 演算法，而且在資料量上，後面 2 種演算法也針對 2 種情況資料量進行性能測試。測試中所使用的資料集均爲本章中所提的訓練集的翻轉鏡頭影像集。可看到對比 Facebook 的深度學習模型，VGG-16 表現出來性能優勢明顯，而本文在對比 VGG16 演算法，在改用 MTCNN 檢測演算法後，相比沒有進行人臉對齊操作 VGG16 演算法，性能提升也較爲明顯。

⬇ 表 2　人臉辨識演算法性能對比結果

演算法 Method	圖片 Images	網路數 Networks	精度 Accuracy
Deep Face (Facebook)	4M	3	97.35
本書	2.6M/5.2M	1	98.95/99.12
VGG-16	2.6M/5.2M	1	98.37/98.82

　　此外，在表 2 中還可以發現，當訓練集的數量增加時，也就是翻轉圖片得到翻倍的訓練集時，不管是 VGG 還是本書的方法，在演算法的精度上皆取得相當程度提升，雖然不明顯，也可能存在偶然，但是還是能夠從側面說明，在一定條件下，訓練集越大，訓練出來的模型性能就會更好。

三、考勤管理（Attendance Management）子系統設計與運作

　　這裡主要說明考勤管理 App 應用設計與運作。目前市面上的 App 應用主要分為 2 種，按作業系統分為 Android 和 iOS 兩大類，此處主要實現了 Android 端的應用，Android 是對於 Linux 的自由及開放原始程式碼作業系統可應用於移動式設備中，Android 系統 2020 年已突破 90%，移動互聯網使用者已突破 17 億，是當前用戶數量最多的手機行動平臺。

　　採用的 Android 開發平臺（Development Platform）係 Android Studio，Android Studio 是一個 Android 整合開發工具（如圖 30），對於 IntelliJ IDEA，類似 Eclipse ADT，Android Stu-

dio 提供整合的 Android 發展工具著重研發（R&D）和調整測試（Test Adjustment）。相比於 Eclipse，它的功能更加全面和強大。

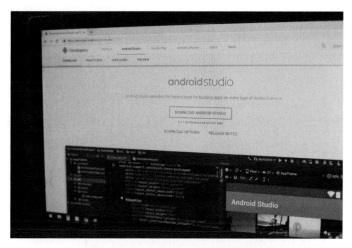

圖 30　Android Studio 設計界面

（一）身分驗證系統 APP 開源庫使用

　　優秀的協力廠商（Third-party Manufacturer, Subcontractor, Vendor）開源軟體庫（Open-Source Software）能節省 APP 開發者的大量任務，這些開源軟體庫經過大量的使用、更新和所有開發者的共同維護，已經具備了強大的功能，在選擇相似功能開發時，使用現有的協力廠商開源軟體庫不僅能節省開發成本，而且也能提高程式的強健性（魯棒性）（Robustness）。好比一個建築師（Architect），手裡已經有了一堆可使用的模型，而這個建築師所要做的，就是使用這堆模型，像堆積木一般，完成自己的作品。協力廠商的應用就如同這個建築師手裡的模型，使用得當，能發揮巨大的作用。GitHub 是個朝向開發源頭及私有軟體專案的託付管理平臺（如圖 31），許多企業還有個人均會在上面託管自己的專案程式代碼（Program Code）。本章所有開發軟體庫都來自於 GitHub 平臺。

　　(1) Baidu Map API：百度地圖 API 是百度公司為 Android 開發者應用提供一套定位服務介面。經由採用百度定位軟體開發套件（Software Development Kit, SDK），開發者可輕鬆為應用程式運作智慧、精準、高效定位功能（如圖 32）。

　　(2) GSON：GSON 是 Google 開發用在 Java 物件和 JSON 資料之間執行映射的 Java API（Application Programming Interface, API）。本章使用 JSON 主要是用它來解析 JSON，在現在

的各種較小等級軟體資料儲存傳輸中，JSON 確實相較於 XML（Extensible Markup Language）還是其他手段，都有明顯優勢。

(3) EventBus：EventBus 是用於簡易運行各個元件之間通訊庫，例如：從 Activity 傳輸訊息至正在互動簡單的運作服務等情況。

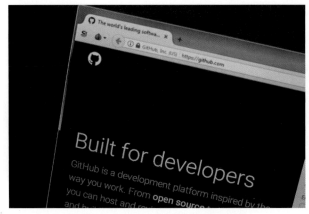

圖 31　GitHub 發源軟體庫平臺

圖 32　百度地圖

（二）身分驗證系統 APP 功能設計與運作

刷臉小助手 App 應用按功能模組可分爲 4 塊，分別是使用者模組（使用者登錄／註冊）、人臉考勤功能塊（常規刷臉考勤／外差考勤）、團建娛樂模組（桌遊）、擴展模組（社交，遊

戲）。

(1) 使用者模組（User Module）：包括登錄註冊功能，滑動式（Sliding）的主介面上可以隨意進入使用者想要使用的任意 4 個功能模組中的一個。

(2) 人臉考勤模組（Face Attendance Module）：主要包括刷臉辨識功能，還有定位考勤簽到功能，是應用的核心功能（Core Function）。刷臉識別主要是在移動端拍照上傳至伺服器端，調用訓練模型輸出結果，是否驗證通過爲同一人；定位考勤主要是利用協力廠商資料庫當中的百度地圖 API 來運作。

(3) 團建模組（Group Modeling）：設計執行可以線下 8 人參與桌遊，包括 2 種模式即標準版本和進階版本，可按位置隨機給玩家分配身分角色，然後裁判可以查看所有人的身分並記錄是否已死亡狀態。

(4) 擴展模組（Expansion Module）：利用 Socket 通信設計一個聊天室（Chatroom）功能，用戶可隨意給自己取個 ID 名，然後進入聊天室和其他人聊天交流。還設計一個連連看小遊戲，讓用戶可在休閒時用來輕鬆娛樂一下。

Activity 是 Android 4 大元件之一，且也是使用頻率最高的元件，一般手機應用中常見介面就是 Activity。下面從刷臉小助手應用各個介面出發，來詳細講述應用設計與運作。

1. 歡迎介面和登錄註冊介面

歡迎介面就是指使用者每次打開應用就能看到的介面，也是使用者選擇想要進入登錄自己帳戶或者註冊帳戶的功能介面。選擇登錄就進入登錄介面，選擇註冊就進入註冊介面，登錄介面需要輸入用戶名和密碼，遺忘密碼可點擊忘記密碼，經由 mail 重新設定密碼。該介面由一個標題列 titlebar 加 2 個文字欄 textview 元件、一個圖片按鍵 image button 元件、一個按鍵 button 元件組成。布局格式爲線性布局排列方式。

註冊需要輸入註冊帳戶名、密碼，確認密碼還有電子信箱（Email）和暱稱（Nickname）。另外值得注意的是在輸入時，還要對相應格式進行判斷，如帳戶名是否爲英文字母，密碼是否爲數位，信箱格式是否正確，暱稱是否爲漢字等。此外註冊完成第一次登入時，還需要上傳一張照片到伺服器備份。

不論是對於登錄還是註冊功能，都需要與伺服器（Server）端交互，通過伺服器端的資訊驗證才能在移動端上繼續使用其他功能，這裡就涉及到一個網路程式設計的技術難題，而在 Android 中，網路程式設計尤爲值得注意的一點就是它涉及到需要使用多執行緒（Main Thread）程式設計的問題。因爲主執行緒要操作 UI 介面，要回應使用者的請求等，而網路程式設計一般大都是耗時操作，在主執行緒中進行網路程式設計的話：容易造成堵塞，且一般會

導致處理時長超過 10 秒引發程式應用未回應而強制退出（Force Quit）。

Android 多執行緒程式設計常見的有 2 種方式，一是 AsyncTask，另一種是 Handler。前者多用於非同步作業處理，是較輕負荷級的非同步類，處理單個非同步任務簡單，但是在本章中，涉及到大量的非同步作業，所有採用第 2 種方式，也就是 Handler 的方法來實現多執行緒操作。

這裡除了 Android 端運作，還需要在伺服器端編寫介面才可進行。例如：移動端登錄就需要編寫一個單獨的介面。在介面中主要是接受移動端發送請求，解析請求中包含的 JSON 格式資料，解析出資料當中的用戶名和密碼，根據用戶名查詢資料庫，看使用者資訊是否一致，最後再返回結果到回應中。

當註冊完成登錄時，會有一系列廣告介面和功能介紹介面，像幻燈片一樣閃過，接著有動畫開門的效果。這是想預留廣告位，一設計作為未來應用的一個可能的盈利點。幻燈片效果採用 ViewPager 元件實現，左右滑動即可切換介面，動畫效果是一個簡單的放大和平移的效果疊加，讓 2 個門的圖片元件整體放大 0.5 倍的同時平移，直到分別移出螢幕（如圖 33）。

圖 33　完整的 APP 設計會有登錄頁面及各必要功能的展開頁面

2. 主介面

主介面就是使用者每次進入應用可看到的主要介面（Main Interface），使用者可在此介面選擇所想要進入的核心功能介面。主介面設計上，需要簡潔明瞭（Concise and Clear），讓使用者能夠輕易找到自己想要功能並使用，而且還要盡可能多給予指示，讓用戶可知道哪個是自己想要。本應用主介面主要包括 4 個核心功能，分別是聊天室部分、刷臉部分、朋友們和設置。

　　這個介面也是由前面提到過的滑動頁 ViewPager 這個元件來執行，ViewPager 又叫視圖滑動切換工具（View Sliding Switch Tool），繼承自 ViewGroup，也就是說 ViewPager 歸根究柢還是一個容器類，可以包含其他的 View 類。具體的實現則是，首先創建 4 個布局檔，分別為相對的 4 個核心功能的布局，然後將這些布局頁卡加入設配器中，設置一個針對頁卡切換的監聽器，監聽螢幕上手指的滑動方向，手指是順序滑動還是逆序滑動，決定頁卡是向下還是向上切換，切換的過程就是一個重新繪製布局的過程，當然最下面的那一組 Imagebutton 組件不重新繪製，只是讓高亮的游標相應平移即可。

圖 34　車用行動 **APP** 也與本書範例相同需要簡潔的主介面

3. 聊天室介面

　　聊天室介面是進行即時聊天介面，使用者在進入該功能介面後，能與同一網路中的使用者群一起交流溝通。採用即時通信手段是 Socket 通訊，Socket 是對於 TCP/IP（Transmission Control Protocol/ Internet Protocol）協定，構築安穩連接點對點通訊（Point-to-Point Communication），特點是安全性較高，資料不容易遺失，但會占據系統資源。大致分為以下步驟，伺服器端步驟如下：

(1) 首先建立一個伺服器端的 Socket 實例，然後開始監聽整個連接網路中的連接請求。

　　ServerSocket ss = new ServerSocket (port)；//port 指監聽埠號

　　Socket socket=ss.accept()；

(2) 當檢測到來自用戶端的連接請求時，向用戶端發送接收到了連接請求的資訊，並且建立與用戶端之間的連接。

(3) 當完成通信後，伺服器關閉與用戶端的 Socket 連接。

用戶端的步驟如下：

(1) 建立一個用戶端的 Socket，確定要連接的伺服器的主機名稱和埠（Host Name and Port）。

Socket socket = new Socket（主機名稱，埠號）；

// 向本機的 3000 埠發出客戶請求

Socket socket=new Socket (InetAddress.getLocalHost ()} 3000)；

(2) 發送連接請求到伺服器，並等待伺服器端的返回結果。

(3) 連接成功後，與伺服器進行資料交互。

(4) 資料處理完畢後，關閉自身的 Socket 連接。

整個介面布局按線性分爲上下 2 部分，上半部分用來輸入 ID 和說話內容，包括 2 個 TextView 和一個 Button 元件，點擊這個按鈕則發出框中的內容，下半部分則是背景圖片和聊天記錄顯示，這裡就直接放在一個 Textview 元件中輸出到螢幕上面。

由於 Socket 伺服器不穩定，爲了整個平臺的穩定性，最後選擇是單獨在平臺的伺服器之外來開關 Socket 通訊伺服器端，以確保平臺穩定。

4. 刷臉介面（Face Scan Interface）

刷臉介面包含 2 大核心功能，一個是刷臉驗證，一個是簽到打卡。

首先是點擊 Take Photo 這個按鈕，會調用手機端攝影鏡頭（Phone Camera）拍照，然後點擊 FaeeReg 按鈕，即上傳到伺服器端辨識驗證，具體過程爲：(1) 通過網路程式設計即多執行緒（Main Thread）程式設計等手段，將拍照圖片上傳至伺服器端指定路徑；(2) 調用服務端的人臉檢測模型，得到預處理過後的圖片存入指定路徑，處理後圖片裁剪出人臉部分且描繪 5 個關鍵點；(3) 調用人臉匹配模型（Face Matching Model），與資料庫中同 ID 帳戶預儲存照片相比對，得到結果返回用戶端；(4) 接受返回、結果輸出在螢幕下方。

簽到打卡介面右上中下 3 部分構成，最上方是使用百度地圖 API 繪製百度地圖 Mapview 元件，能夠準確定位到簽到打卡的地點，避免用戶虛假簽到等行爲。這裡調用協力廠商介面同樣需要網路多執行緒程式設計，同登錄一樣採用 Handler 解決，值得注意的是協力廠商介面使用時，在訪問自身伺服器之前還要登錄協力廠商的伺服器獲取資料。中間包括 4 個元件，最左邊是簽到卡，點擊可以進去查看簽到時長和地點等等具體簽到資訊，其中比較麻煩的是時長的顯示，需要自己重寫一個時間格式的轉譯器（Time Format Translator），因爲資料要在 Intent

中封裝，所有只能存爲 String 格式，但是 Java 語言預設獲取的當前時間格式卻不是常規格式，所以需要轉譯。正中間爲簽到和打卡 2 種類型按鈕，最右邊爲一個是否已簽到的確認元件，能夠看到自己的簽到狀態。最下方爲主要的簽到打卡結果資訊顯示，能夠看到是否簽到成功或者打卡成功。

這裡主要是首先產生實體 Mapview，利用百度地圖的介面，初始化地圖元件，通過網路 GPS 等位置提供器獲得初始位置。

在執行簽到卡時，具體涉及到主要問題是資訊及資料在活動間傳遞，所有這裡需要用到，上述提到協力廠商 EventBus 開源軟體庫，它的作用就是爲資料在元件間的傳遞服務。不僅有資料向下傳遞，還有往回傳遞的一個過程，因爲在簽到介面，需要保存簽到狀態，這就需要資訊的一個往回傳遞，哪怕從主介面再次進入，只要沒有打卡登出，簽到狀態就需要一直保存下去直到 24 點之後，設置一個計時器（Timer），每天零點會將各種狀態資料資訊清除爲零。

Android 活動間的資料往下傳遞很簡單，使用 Intent 即可，將資料資訊先以字串（String）的形式封裝在 Intent 中，就可以傳到下一個活動並且在下一個活動中取出資料。而逆向傳遞較爲麻煩，首先啓動第 2 個活動時採用的方法略有所區別，不再是一個簡單的 StartActivity，而是 StartActivityForResult 方式開啓第 2 個活動，SecondActivity 攔毀後會回檔前一個活動。onActivityResult 方式因需要重寫 onActivityResult（int requestCode, int resultCode, Intent backintent）函數，該函數第 1 個參數 requestCode，即開啓活動時輸入請求碼，第 2 個參數：resultCode，即在返回資料時輸入處理結果，第 3 個參數 data，即攜帶者返回資料 Intent。在開啓活動時始能恢復中之前狀態，取得狀態資料。此部分主要是卡片資料的寫入和返回時資料傳遞狀態之保存。

5. 娛樂介面（Entertainment Interface）

娛樂版塊，主要分爲 2 項：第 1 部分爲桌遊版塊，設計運作線下桌遊應用；第 2 部分爲搖一搖功能，爲一個抽籤小程式，在娛樂大眾的同時也可以用來測試虛無縹緲運道。

第 1 部分介面左邊是遊戲開始介面，採用清單 Listview 元件展示，包括卡牌背景圖片元件 Imageview 和文字欄 Textview 元件組成，首先玩家按座位順序排號，點擊最下方左邊的開始遊戲按鈕，會給所有玩家隨機發放身分，然後玩家依次點擊自己座位號的卡牌獲取自身的身分資訊，在最下方還可以選擇模式和人數，另外裁判可以點擊進入上帝視角查看遊戲進度和結果，上帝視角的介面如右邊，可以看到每個玩家的身分和狀態（如圖 35）。

圖 35　設計桌遊功能可讓設計能力提升

　　第 2 部分就是在監聽器中，重寫監聽重力加速器和速度加速器在三維座標系中 xyz 三個方向的變化，在變化大於設定的速度閾值 3000 時就判定為發生搖一搖事件，然後就開始動畫和震動，並且彈出預先設定的相應籤文，即實現抽籤的回應結果。根據測試的隨機性結果，將籤文分為上上、上、中、下、下下 5 種結果，保證結果出現的機率服從常態分布（Normal Distribution），以上中下為常見的 3 種籤文。

6. 設置介面

　　主要是用於一些個人資訊管理，更改聊天背景等設置的功能，此外還有完成退出登錄，帳戶註銷等功能的實現。

　　更改聊天背景處理，是使用 Android Gallery 元件來執行，有點類似於清單元件 Listview，需要事先將圖片封裝到適配器（Adapter）中，然後通過適配器對螢幕的監聽來更改圖片內容。前面還有一部分產生實體 Gallery 元件的程式代碼省略，此部分主要是通過適配器監聽螢幕，判斷使用者是否滑動，再決定是否改變圖片（如圖 36）。

圖 36　APP 功能設計如採團隊腦力激盪（Brainstorming）方式更有效果

（三）身分驗證系統 APP 資料存儲設計與執行

刷臉小助手 APP 將資料儲存在 SQLite 資料庫中，SQLite 資料庫是一款應用於手機移動端的資料量較少嵌入式資料庫（Embedded Database），選擇使用資料庫儲存是考慮到後期如果添加資料同步的功能，可以將整個資料庫進行上傳備份（Upload Backup），而且雖然在伺服器端已有 MySQL 資料庫，但是爲了移動端的資料使用更加方便快捷，不用每次都去伺服器端請求訪問資料，在移動端也建立一個臨時資料庫，既可以當做備份，也可以用作移動端資料緩存庫作用。移動端主要建立 3 個表，一個是用戶表，一個是運行日誌表，最後一個是簽到表。

1. 使用者資訊資料表（User Information Data sheet）

使用者資訊資料表主要功能是儲存使用者使用刷臉小助手 APP 進行用戶註冊時填寫的基本資訊。所包含的的欄位有 ID、user_name、user_info、email、nickname、pi 和 register_time 等資訊（如表 3）。

⬇ 表 3　使用者資訊資料表功能設計

功能	設計說明
ID	主鍵，整形，自增長。使用者資訊資料表中每一位元使用者基本資訊的唯一標識，可以根據這個值定位到唯一的使用者資訊。
user_name	文本字串，非空值。身分驗證系統中使用者資訊資料表中每一位元註冊人員姓名，並非唯一的值，可能出現重名情況。
user_info	整形，非空值。使用者資訊資料表中每一位元註冊人員的附加資訊，如手機號碼、性別和位址等資訊，字串以 JSON 的資料格式進行保存，方便解析。
useres flag	文本字串，非空值。使用者資訊資料表中每一位元註冊人員的許可權標識。
email	文本字串。使用者資訊資料表中每一位元註冊用戶的信箱，便於找回密碼。
nickname	文本字串。使用者資訊資料表中每一位元註冊用戶的暱稱。
pic	二進位大物件。使用者資訊資料表中每一位元註冊使用者的註冊圖片。
register_time	時間類型，非空值。使用者資訊資料表中每一位元註冊人員之註冊時間，以「YYY-MM-DD HH：MM：SS」格式儲存。

2. 運行日誌資料表（Operation log data sheet）

身分驗證系統運行日誌資料表主要功能是存放裝置在運行過程中產生的運行日誌，用於後期的維護和管理。所包含的的欄位有 run_id、run_time 和 run_info 等。

(1) run_id：主鍵，整形，自增長。身分驗證系統設備運行日誌資料表中每一條日誌資訊

的唯一標識，可以根據這個值定位到唯一的運行日誌資訊。

(2) run_time：時間類型，非空值。身分識別設備運行日誌資料表中每一次產生運行記錄的時間，以「YYYY-MM-DD HH：MM：SS」的格式儲存。

(3) run_info：文本字串。身分識別設備運行日誌資料表中每一條日誌資訊的具體內容，如版本升級、更新等資訊。

3. 簽到資料表

簽到資料表主要功能是儲存使用者的簽到資訊和狀態。所包含的的欄位有 id、user_name、qiandaotime、dakatime、latitude 和 longtitude 等（如表 4）。

⬇ 表 4　簽到資料表功能設計

功能	設計說明
ID	主鍵，整形，自增長。簽到資料表中每一條簽到資訊的唯一標識，可以根據這個值定位到唯一的簽到打卡資訊。
user_name	整形，非空值。簽到資料表中每一條簽到訊息的簽到人姓名。
qiandaotime	文本字串，非空值。簽到資料表中每一條簽到資訊的時間，以「YYYY-MM-DD HH：MM：SS」，格式儲存。
dakatime	文本字串，非空值。簽到資料表中每一條打卡資訊的時間，以「YYYY MM-DD HH：MM：SS」格式儲存。
latitude	文本字串，非空值。簽到資料表中每一條簽到資訊位置的緯度資訊。
longtitude	文本字串，非空值。簽到資料表中每一條簽到資訊位置的經度資訊。

4. 伺服器介面的設計與運作

在伺服器端，因為伺服器使用 Java 語言編寫，而 Java 支援命令列指令，所以可以直接命令列調用 Python 腳本。雖然同樣可以調用 Mattab 腳本，但是在 Eclipse 中打開 Matlab 耗時久，影響了應用的性能，所以才有 Python 腳本。人臉介面的實現主要是通過調用 Python 編寫的腳本，再通過腳本調用訓練取得模型獲得閾值，進行人臉匹配。

在伺服器端，Android 介面功能主要是將移動端採集到資料解析出來，並儲存到資料庫。因為本章的資料主要以 JSON 的形式傳遞，所有問題的本質就是 JSON 解析問題，利用前面提到 GSON 解析 JSON 鍵值對，將資料一一對應，存入相應資料庫。

但是考慮到 Android 多種功能請求問題，需要編寫相應數量的介面數來執行相應功能，避免資料發生紊亂。

　　在系統開發初期，爲了進度問題，很多介面採用較爲熟悉的 Get 請求來運作，但是在檢測系統安全性時，發現系統存在 SQL 注入的安全性問題，原因是有一些請求採用 Get 運作，需要更改爲 Post 請求，才能有效回避 SQL 注入的問題。

　　本節是身分驗證系統人臉辨識演算法的設計與運作以及移動端的設計與執行。首先從整體出發，對整個平臺結構的設計和對身分驗證系統的 2 個組成部分做分析，進行系統運作整體概述。然後分別就人臉辨識演算法、Android 應用 APP 和伺服器端介面 3 個部分，從功能和資料庫的設計與運作兩個角度展開論述，其中人臉辨識演算法著重講解從模型訓練、調優到模型應用，執行從人臉測試至人臉對齊到人臉匹配驗證整個流程，而智慧應用 APP 則從功能和頁面結構入手，從每一個頁面展示深入到設計方法，還有資料儲存設計與運作，從每一張資料表結構講解闡述整個身分驗證系統資料儲存和傳輸解決方案。

參考文獻

[1] Chang, K. C., Pan, J. S., Chu, K. C., Horng, D. J., & Jing, H. (2018, December). Study on information and integrated of MES big data and semiconductor process furnace automation. In International Conference on Genetic and Evolutionary Computing (pp. 669-678). Springer, Singapore.

[2] Fink, A. (2019). Conducting research literature reviews: From the internet to paper. Sage publications.

[3] Bada, M., Sasse, A. M., & Nurse, J. R. (2019). Cyber security awareness campaigns: Why do they fail to change behaviour?. arXiv preprint arXiv:1901.02672.

[4] Bazakos, M. E., Meyers, D. W., & Morellas, V. (2010). U.S. Patent No. 7,817,013. Washington, DC: U.S. Patent and Trademark Office.

[5] Lemay, S. O., Sabatelli, A. F., Anzures, F. A., Chaudhri, I., Forstall, S., & Novick, G. (2019). U.S. Patent No. 10,241,752. Washington, DC: U.S. Patent and Trademark Office.

[6] Di Iorio, P. (2011). U.S. Patent No. 8,011,591. Washington, DC: U.S. Patent and Trademark Office.

[7] Varone, F. (2018). U.S. Patent No. 10,133,923. Washington, DC: U.S. Patent and Trademark Office.

[8] Liu, X., Zhang, R., & Zhao, M. (2019). A robust authentication scheme with dynamic password for wireless body area networks. Computer Networks, 161, 220-234.

[9] Fatima, R., Siddiqui, N., Umar, M. S., & Khan, M. H. (2019). A novel text-based user authentication scheme using pseudo-dynamic password. In Information and Communication Technology for Competitive Strategies (pp. 177-186). Springer, Singapore.

[10] Kakkad, V., Patel, M., & Shah, M. (2019). Biometric authentication and image encryption for image security in cloud framework. Multiscale and Multidisciplinary Modeling, Experiments and Design, 2(4), 233-248.

[11] Aziz, S., Khan, M. U., Choudhry, Z. A., Aymin, A., & Usman, A. (2019, October). ECG-based Biometric Authentication using Empirical Mode Decomposition and Support

Vector Machines. In 2019 IEEE 10th Annual Information Technology, Electronics and Mobile Communication Conference (IEMCON) (pp. 0906-0912). IEEE.

[12] Suzaki, K., Hori, Y., Kobara, K., & Mannan, M. (2019, June). DeviceVeil: Robust Authentication for Individual USB Devices Using Physical Unclonable Functions. In 2019 49th Annual IEEE/IFIP International Conference on Dependable Systems and Networks (DSN) (pp. 302-314). IEEE.

[13] Ashok, R. K., Brabson, R. F., Hockett, H. E., & Low, A. R. (2016). U.S. Patent No. 9,245,130. Washington, DC: U.S. Patent and Trademark Office.

[14] Abad, E. G., & Sison, A. M. (2019, January). Enhanced key generation algorithm of hashing message authentication code. In Proceedings of the 3rd International Conference on Cryptography, Security and Privacy (pp. 44-48).

[15] Bao, Z., Dinur, I., Guo, J., Leurent, G., & Wang, L. (2019). Generic Attacks on Hash Combiners. Journal of Cryptology, 1-82.

[16] Denney, K., Erdin, E., Babun, L., & Uluagac, A. S. (2019, May). Dynamically detecting USB attacks in hardware: poster. In Proceedings of the 12th Conference on Security and Privacy in Wireless and Mobile Networks (pp. 328-329).

[17] Gunawan, I., Tambunan, H. S., Irawan, E., Qurniawan, H., & Hartama, D. (2019, August). Combination of Caesar Cipher Algorithm and Rivest Shamir Adleman Algorithm for Securing Document Files and Text Messages. In Journal of Physics: Conference Series (Vol. 1255, No. 1, p. 012077). IOP Publishing.

[18] Prasetyo, D., Widianto, E. D., & Indasari, I. P. (2019). Short Message Service Encoding Using the Rivest-Shamir-Adleman Algorithm. Jurnal Online Informatika, 4(1), 39-45.

[19] Hamidi, H. (2019). An approach to develop the smart health using Internet of Things and authentication based on biometric technology. Future generation computer systems, 91, 434-449.

[20] Tanwar, S., Tyagi, S., Kumar, N., & Obaidat, M. S. (2019). Ethical, legal, and social implications of biometric technologies. In Biometric-Based Physical and Cybersecurity Systems (pp. 535-569). Springer, Cham.

[21] Deng, J., Guo, J., Xue, N., & Zafeiriou, S. (2019). Arcface: Additive angular margin loss for deep face recognition. In Proceedings of the IEEE Conference on Computer Vision

and Pattern Recognition (pp. 4690-4699).

[22] Kumar, P. M., Gandhi, U., Varatharajan, R., Manogaran, G., Jidhesh, R., & Vadivel, T. (2019). Intelligent face recognition and navigation system using neural learning for smart security in Internet of Things. Cluster Computing, 22(4), 7733-7744.

[23] Ha, R., Mutasa, S., Karcich, J., Gupta, N., Van Sant, E. P., Nemer, J., ... & Jambawalikar, S. (2019). Predicting breast cancer molecular subtype with MRI dataset utilizing convolutional neural network algorithm. Journal of Digital Imaging, 32(2), 276-282.

[24] Leenhardt, R., Vasseur, P., Li, C., Saurin, J. C., Rahmi, G., Cholet, F., ... & Sacher-Huvelin, S. (2019). A neural network algorithm for detection of GI angiectasia during small-bowel capsule endoscopy. Gastrointestinal endoscopy, 89(1), 189-194.

[25] Zhang, S., Yao, L., Sun, A., & Tay, Y. (2019). Deep learning based recommender system: A survey and new perspectives. ACM Computing Surveys (CSUR), 52(1), 1-38.

[26] Liu, Z., Tang, H., Lin, Y., & Han, S. (2019). Point-Voxel CNN for efficient 3D deep learning. In Advances in Neural Information Processing Systems (pp. 965-975).

[27] Garea, A. S., Heras, D. B., & Argüello, F. (2019). Caffe CNN-based classification of hyperspectral images on GPU. The Journal of Supercomputing, 75(3), 1065-1077.

[28] Ikeda, M., Oda, T., & Barolli, L. (2019). A vegetable category recognition system: a comparison study for caffe and Chainer DNN frameworks. Soft Computing, 23(9), 3129-3136.

[29] Géron, A. (2019). Hands-on machine learning with Scikit-Learn, Keras, and TensorFlow: Concepts, tools, and techniques to build intelligent systems. O＇Reilly Media.

[30] Xiao, X., Zhang, S., Mercaldo, F., Hu, G., & Sangaiah, A. K. (2019). Android malware detection based on system call sequences and LSTM. Multimedia Tools and Applications, 78(4), 3979-3999.

[31] Reardon, J., Feal, Á., Wijesekera, P., On, A. E. B., Vallina-Rodriguez, N., & Egelman, S. (2019). 50 ways to leak your data: An exploration of apps› circumvention of the android permissions system. In 28th {USENIX} Security Symposium ({USENIX} Security 19) (pp. 603-620).

[32] Hu, H., Wang, S., Bezemer, C. P., & Hassan, A. E. (2019). Studying the consistency of star ratings and reviews of popular free hybrid Android and iOS apps. Empirical Soft-

ware Engineering, 24(1), 7-32.

[33] Daoudi, A., ElBoussaidi, G., Moha, N., & Kpodjedo, S. (2019, April). An exploratory study of MVC-based architectural patterns in Android apps. In Proceedings of the 34th ACM/SIGAPP Symposium on Applied Computing (pp. 1711-1720).

[34] Cheon, Y. (2019, May). Multiplatform application development for Android and Java. In 2019 IEEE 17th International Conference on Software Engineering Research, Management and Applications (SERA) (pp. 1-5). IEEE.

[35] Ozzie, R. E., Ozzie, J. E., Moromisato, G. P., Narayanan, R., Augustine, M. S., Shukla, D. K., ... & Ghanaie-Sichanie, A. (2015). U.S. Patent No. 9,003,059. Washington, DC: U.S. Patent and Trademark Office.

[36] Zaid, M., Akram, M. W., Ahmed, N., & Saleem, S. (2019, December). Web Server Integrity Protection Using Blockchain. In 2019 International Conference on Frontiers of Information Technology (FIT) (pp. 239-2395). IEEE.

[37] Chen, M., Artières, T., & Denoyer, L. (2019). Unsupervised object segmentation by redrawing. In Advances in Neural Information Processing Systems (pp. 12726-12737).

[38] Kortylewski, A., Egger, B., Schneider, A., Gerig, T., Morel-Forster, A., & Vetter, T. (2019). Analyzing and reducing the damage of dataset bias to face recognition with synthetic data. In Proceedings of the IEEE Conference on Computer Vision and Pattern Recognition Workshops (pp. 0-0).

[39] Winslett, M., & Braganholo, V. (2019). Richard Hipp Speaks Out on SQLite. ACM SIGMOD Record, 48(2), 39-46.

[40] Meng, C., & Baier, H. (2019). bring2lite: A Structural Concept and Tool for Forensic Data Analysis and Recovery of Deleted SQLite Records. Digital Investigation, 29, S31-S41.

[41] Shoeybi, M., Patwary, M., Puri, R., LeGresley, P., Casper, J., & Catanzaro, B. (2019). Megatron-lm: Training multi-billion parameter language models using gpu model parallelism. arXiv preprint arXiv:1909.08053.

[42] Le, T., Vo, B., Fujita, H., Nguyen, N. T., & Baik, S. W. (2019). A fast and accurate approach for bankruptcy forecasting using squared logistics loss with GPU-based extreme gradient boosting. Information Sciences, 494, 294-310.

[43] Guan, Q., Wang, Y., Ping, B., Li, D., Du, J., Qin, Y., ... & Xiang, J. (2019). Deep convolutional neural network VGG-16 model for differential diagnosing of papillary thyroid carcinomas in cytological images: a pilot study. Journal of Cancer, 10(20), 4876.

[44] Geng, L., Zhang, S., Tong, J., & Xiao, Z. (2019). Lung segmentation method with dilated convolution based on VGG-16 network. Computer Assisted Surgery, 24(sup2), 27-33.

[45] Kaziakhmedov, E., Kireev, K., Melnikov, G., Pautov, M., & Petiushko, A. (2019, October). Real-world attack on MTCNN face detection system. In 2019 International Multi-Conference on Engineering, Computer and Information Sciences (SIBIRCON) (pp. 0422-0427). IEEE.

[46] Chen, X., Luo, X., Liu, X., & Fang, J. (2019, May). Eyes localization algorithm based on prior MTCNN face detection. In 2019 IEEE 8th Joint International Information Technology and Artificial Intelligence Conference (ITAIC) (pp. 1763-1767). IEEE.

[47] Muchtar, H., & Apriadi, R. (2019). Implementasi Pengenalan Wajah Pada Sistem Penguncian Rumah Dengan Metode Template Matching Menggunakan Open Source Computer Vision Library (Opencv). RESISTOR (elektRonika kEndali telekomunikaSI tenaga liSTrik kOmputeR), 2(1), 39-42.

[48] Medioni, G., & Kang, S. B. (2004). Emerging topics in computer vision. Prentice Hall PTR.

第十一章　生物辨識系統在安全衛生管理領域的應用與未來趨勢

　　在臺灣依據職業安全衛生法（Occupational Safety and Health Act）第 4 條規定，職業安全衛生管理已涵蓋所有行業，故依據中華民國行業標準分類，目前主要包含表 1 各行業範圍。除非依據前述第 4 條因事業規模、性質及風險等因素，經中央主管機關指定公告其適用本法之部分規定或取得免除本法約束之同意 [1-2]。

⬇ 表 1　中華民國行業標準分類項目

類　別	名　稱
A 大類	農、林、漁、牧業
B 大類	礦業及土石採取業
C 大類	製造業
D 大類	電力及燃氣供應業
E 大類	用水供應及汙染整治業
F 大類	營造業
G 大類	批發及零售業
H 大類	運輸及倉儲業
I 大類	住宿及餐飲業
J 大類	資訊及通訊傳播業
K 大類	金融及保險業
L 大類	不動產業
M 大類	專業、科學及技術服務業
N 大類	支援服務業
O 大類	公共行政及國防；強制性社會安全
P 大類	教育服務業
Q 大類	醫療保健及社會工作服務業
R 大類	藝術、娛樂及休閒服務業
S 大類	其他服務業

　　職業安全衛生管理是指事業單位為有效防止職業災害，促進勞工安全與健康，所訂定要求各級主管（Supervisor）及管理（Management）、指揮（Command）、監督（Supervision）等有關人員執行與職業安全衛生有關之內部管理程序、準則、要點或規範等文件，於實質上對員

工具強制性規範，但不可違反法令。而職業安全衛生管理系統（Occupational Safety and Health Management System, OSHMS）也依循著 PDCA 規則運行（Plan, Do, Check, Action），倘若整體系統資訊化，那本書說明的各種生物辨識技術都有需要融入系統中，如此才能讓整體系統正常、穩定且安全的運作（如圖 1）[3-5]。

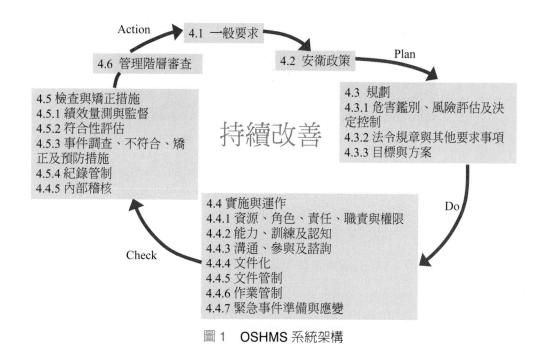

圖 1　OSHMS 系統架構

在工業安全管理的範疇裡，可（易）燃化學物質外洩（Leakage）、粉塵（Dust）、靜電（Static Electricity）……等引發工業廠房火災、爆炸（Fire and Explosion）（如圖 2），是各類工業廠房災害防制最大考驗。

而臺灣工業廠房毒化災風險防制（Poisonous Disaster Risk Prevention and Control）策略近年來都聚焦於：(1) 化學品源頭管理；(2) 機械、設備、器具安全管理；(3) 勞工身心健康保護等 3 大範疇（如圖 3），也就是說在邁入物聯網（Internet of Things, IoT）的工業 4.0 時代，在感測器（Sensors）、大數據（Big Data）、工業物聯網、雲端運算（Cloud Computing）……新技術發展趨勢下，智慧工廠（Smart Factory）布局成為製造業必要進程外，如何一併建構具智能化的安全衛生管理系統（Smart OSHMS）也將成為 2021 年以後的重要發展趨勢。因應前述，我們必須掌握最新工業物聯網的相關系統技術來因應物聯網及人工智慧科技工廠安全與管理問題，這包含諸多如人機協同作業（Human-Machine Collaboration）安全防護、製程管理（Process

圖2　工業廠房火災爆炸是各類工業廠房災害防制最大考驗

Management）、現場作業管理（Field Operation Management）的智能系統等多元新挑戰。而如何藉助生物辨識系統技術及前述相關智慧科技來改善生產流程最佳化、核心設備與資產的智能化管理，並強化工業安全、環保節能、製程安全、勞工安全、企業社會責任（Corporate Social Responsibility, CSR）等，將營運管理與安全防護機制由傳統人工模式提升為自動化、智能化將是必要關注重點[6-8]。

圖3　工業廠房化學品導致的毒化災是十分嚴重的管理議題

第一節　生物辨識系統在安全衛生管理領域的應用

職業安全管理係對工廠的各項設施預先做好安全工作，以避免於生產過程（Production）中發生人員受傷的意外事故。安全管理是工廠現場管理（Factory Site Management）中極為重要的一環，良好的安全措施（Safety Measures），可使員工安心操作，不用擔心身體健康的威脅，使企業活動順利進行。許多工廠意外事故的發生都是由於人為操作不當（Improper Operation）所引起，所以加強設備的安全設施並教導正確的操作方法為企業管理者（Manager）必須加以重視的課題。安全管理可分為操作者的安全，設備與設施的安全，產品及原物料之安全等範疇；為了確保人、設備及產品的安全，就必須分析其危險的來源及造成危險的因素，並預測可能引起的災害，再據此做出最好的預防方案（Prevention Plan）。而安全管理即強調防患於未然，避免事故和災害發生，以確保生產活動順利進行。職業安全管理係專業性之工作，於廠內必須有專責人員規劃、執行。一般企業往往認為投資人力、物力、財力於工業安全工作上是很大的負擔，常裹足不前；不過不良的安全管理常造成重大的災害，其設備損失（Equipment Loss）及人員傷亡（Casualties）所造成的成本浪費（Cost Waste）將更為嚴重；因之做好連續性的現場安全管理工作，可將災害發生降至最低，並減少總災害成本。因此本書希望在最後一章針對生物辨識系統技術如何在安全衛生管理領域進行應用思考，可增加資工領域專家適當理解安全衛生管理領域可應用之場景，職業安全衛生管理專業人士也了解本書前述各章基礎知識並結合至全衛生管理領域應用中，其他於表2中所列之各行業亦可參酌引領至各領域中展開 [9-11]。

● 表2　職業安全管理領域討論新議題

議題範疇	談論內容
智慧工廠（Smart Factory）與智慧城市（Smart City）建議方案	工廠環境安全方面包含有儀器檢測設備、出入口門禁管制、廠區監控、車牌辨識與智慧停車場管理、廠房／園區智慧化周界防護安全與管理、廠房防災（地震／火災爆炸）等主要技術發展議題。
	工業製程安全方面包含有工業相機（機器視覺（Machine Vision））於產品檢測、機器手臂（Robot）（影像辨識＋機器學習）於產線、智慧影像辨識與熱成像攝影機（Thermal Imaging Camera）於產線管理與管線溫度監控等主要技術發展議題。

（接續下表）

議題範疇	談論內容
	廠房倉儲（Warehousing）與物流（Logistics）管理方面包含有 AGV（Automated Guided Vehicle）（結合影像之無人搬運車）、RFID（Radio Frequency Identification）/ ZigBee 感測器 / Wi-Fi / MEMS（Micro-Electro-Mechanical System）/ NFC（Near Field Communication）等應用於物品與人員之物聯感知（IoT Perception）與定位追蹤（Location Tracking）、無人機（Unmanned Aerial Vehicle, UAV）等主要技術發展議題。
	工廠智慧化管理平臺方面包含有雲端（Cloud）管理平臺、巡檢系統（Inspection System）、智慧感測（Smart Sensing）解決方案、能源管理（Energy Management）、工業物聯網 / 無線通訊資安（Wireless Communication Information Security）防護等主要技術發展議題。
防爆（Explosion Proof）電氣設備建議方案	工業生產 / 管線偵測方面包含有各式固定式 / 攜帶式氣體偵測器（Portable Gas Detector）、噪音、照度、粉塵、振動、有毒氣體檢知器（管）……地下管線檢測設備、透地雷達（Ground Penetrating Radar）、GPS（Global Positioning System）、整流站電位檢測、超音波檢測（Ultrasonic Detection）等主要技術發展議題。
	防爆電氣設備方面包含有隔爆型、本安型、增安型、正壓型、油浸型、充砂型、n 型、澆封型、氣密型、特殊型、可燃性粉塵環境用等各型防爆設備之主要技術發展議題。
工安環衛設備建議方案	防火防災方面包含有滅火、逃生避難、火警警報、通風排煙、公共廣播系統、極早期火警偵測、資通訊、救災器材、救災車輛、緊急救護、搜救、破壞器材等主要技術發展議題。
	個人防護方面包含有空氣呼吸器、化學防護衣、安全帶、安全帽、防護口罩 / 面罩 / 眼鏡 / 手套 / 鞋、沖淋洗眼器、防音耳罩（耳塞）等主要技術發展議題。
	環境保護與實驗室安全方面包含有各式（水質 / 空氣）分析儀、測量、檢測儀、監測設備、毒性化學物質（分析）、輻射物質（分析）等主要技術發展議題。
	其他還有智慧型穿戴防護（Smart Wear Protection）與職業病預防及醫療保健等主要技術發展議題。

對於職業安全管理資訊系統架構（如圖 4），主要包含說明如下 [12-13]：

(1) 顯示層（Display Layer）：即職業安全管理資訊系統介面，供使用者操作與閱讀，目前新型設計還會藉由網路系統連結雲端伺服器（Cloud Server），同時也能藉由手機 APP 將顯示層提供至移動設備上，大幅提升應用範圍與可能性。

(2) 應用層（Application Layer）：此階段是實際結合職業安全管理所建立的子系統，包含風險評估（Risk Assessment）子系統、法規判斷子系統、自動檢查子系統、作業管制（Operation

Control）子系統、教育訓練子系統、客戶要求規範系統，文件管理子系統、緊急應變（Emergency Response）子系統、稽核（Audit）子系統、管理審查與政策子系統、智能現場監督機器人子系統等。不過設計方面建議子系統越少越好，才能降低人機介面的操作複雜性，但依循職業安全衛生法、ISO45001 或 PSM（Process Safety Management）等法規要求，企業單位應包含必要的管理項目於系統中。

(3) 中間層（Middle Layer）：主要為管理系統運行的演算模型，包含風險評估模型、緊急應變模型、法規決策模型（Decision Model）、稽核決策與作業管制判斷模型、緊急應變模型、CNN 最佳化模型、管理平臺運作引擎程式等，如果實際系統想要更加強大，可將大量演算模型送於雲端計算，並且回傳必要之結果資訊以供系統決策或管理者決策。

(4) 數據層（Database Layer）：主要是整體管理系統之數據基礎，包含文件服務器、關係型數據庫等基本功能。因為職業安全管理需要許多更新的法規，此時系統必須能藉由法規資料庫搜尋並轉存至其他數據庫儲存或直接經由本機系統存入關係型數據庫中，連結外部網路也容易遭受駭客攻擊，網路安全就更為重要。

(5) 系統（System）：運行整體職業安全管理系統必須建構於網路系統／操作系統／安全系統等之上。

(6) 外部系統（External System）：職業安全管理系統並不適合所有資訊都由該業務專門人員執行，如果能直接從公司營運相關系統擷取獲得，進而轉存為本系統運行所需資料庫，將使系統運作更為有效完整，與職業安全管理系統有關的業務系統包含 ERP 系統、SCADA 系

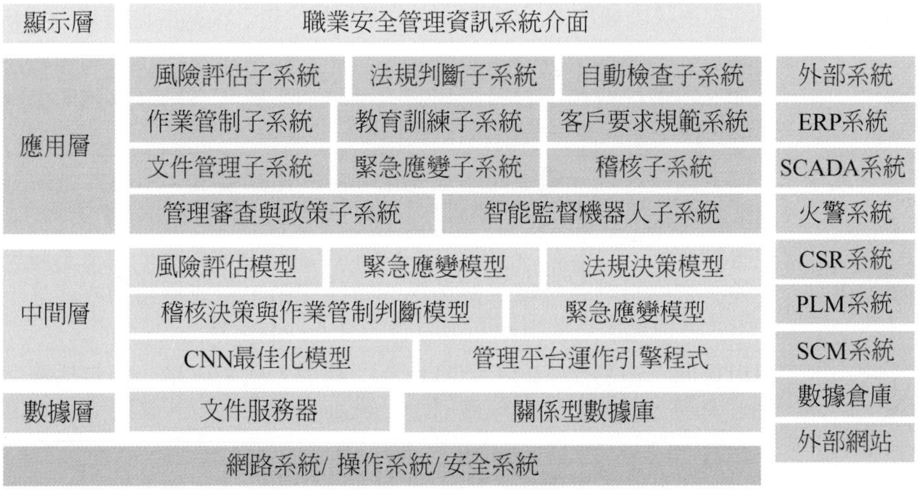

顯示層	職業安全管理資訊系統介面			
應用層	風險評估子系統	法規判斷子系統	自動檢查子系統	外部系統
	作業管制子系統	教育訓練子系統	客戶要求規範系統	ERP系統
	文件管理子系統	緊急應變子系統	稽核子系統	SCADA系統
	管理審查與政策子系統	智能監督機器人子系統		火警系統
中間層	風險評估模型	緊急應變模型	法規決策模型	CSR系統
	稽核決策與作業管制判斷模型	緊急應變模型		PLM系統
	CNN最佳化模型	管理平台運作引擎程式		SCM系統
數據層	文件服務器	關係型數據庫		數據倉庫
				外部網站
網路系統/ 操作系統/安全系統				

圖 4　職業安全管理資訊系統架構

統、火警系統、CSR 系統、PLM 系統、SCM 系統、數據倉庫、外部網站等。

此外依據生物辨識系統技術的種類及技術可行應用彙整如表 3。本書後續將針對表 3 所列各種生物辨識系統技術的適用性進行探討與分析。

⬇ 表 3　生物辨識技術應用

辨識方案	可行應用
自動語音辨識	利用自動化的語音擷取，再進行語音的音調、音速、音色、音頻等與已建檔資料庫進行識別，來判斷是否符合之系統。主要可應用於語音撥號、語音導航、室內裝置控制、語音文件檢索、簡單的聽寫資料錄入等，或是進行系統使用者的同意權。
臉部辨識	包括構建人臉識別系統的一系列相關技術，人臉圖像採集、人臉定位、人臉識別預處理、身分確認以及身分查找等動作功能。
指紋辨識	是一套包括指紋圖像取得、處理、特徵提取和比對等模組的圖型識別系統。常用於需要人員身分確認的場所，如門禁系統、考勤系統、筆記型電腦、銀行內部處理、銀行支付、特定系統操作等。
掌紋辨識	針對手掌紋、靜脈血管結構、皮下軟組織等取得、處理、特徵提取和比對等模組的圖型識別系統。
虹膜辨識	虹膜位於角膜下方，不易受到傷害，因此是適合進行生物辨識的身體部位，且虹膜為眼睛角膜後方包覆於瞳孔外的有色、甜甜圈狀形部分，又每個人都具有獨特的虹膜圖案且終生不會改變。此系統是一套包括虹膜圖像取得、處理、特徵提取和比對等模組的圖型識別系統。
視網膜辨識	視網膜是一些位於眼球後部十分細小的神經（一英寸的 1/50），它是人眼感受光線並將訊息通過視神經傳給大腦的重要器官，它和膠片的功能有些類似，用於生物識別的血管分布在神經視網膜周圍。此系統是一套包括視網膜圖像取得、處理、特徵提取和比對等模組的圖型識別系統。
體形辨識	每個人均有體形得以進行辨識，所以此系統是一套包括體形圖像取得、處理、特徵提取和比對等模組的圖型識別系統。不過因為體形仍有較多類似可能，高安全性的辨識較少應用。
走路姿態（或步態）	每個人因為性別、體型而產生完全不同的走路姿態，所以此系統是一套包括走路姿態圖像取得、處理、特徵提取和比對等模組的圖型識別系統。
鍵盤敲擊辨識	敲擊認證（Keystroke Authentication），可偵測使用者的鍵盤敲擊習慣，在輸入密碼時判斷敲擊每個按鍵的時間間距，當成認證的方式之一，藉此阻止其他使用者使用你的密碼試圖登入你的帳號。
簽字辨識	利用每個人書寫文字的不同特性進行判別，此系統是一套包括簽字的筆跡、筆觸、運筆形態等圖像取得、處理、特徵提取和比對等模組的圖型識別系統。
指靜脈辨識	是一套包括指靜脈圖像取得、處理、特徵提取和比對等模組的圖型識別系統。

一、機械裝配與修護類生物辨識技術應用

　　機械裝配與修護是製造業重要活動之一（如圖 5 及圖 6），也是高危害高傷害作業。機械係利用動力運轉產生滾、輾、切、割、衝、壓、截、彈、擊之動作和功能，並且因此種動作和功能而構成對操作勞工不同之危害。其他尚存高溫、感電、震動、噪音等危害 [14-15]。機械相關作業在臺灣稱為黑手，因為作業期間經常因為潤滑油脂導致手部髒汙，而且作業時會穿戴許多個人防護具（Personal Protective Equipment, PPE），這也會導致部分生物辨識系統技術有應用上的困難，所以在前述圖 4 職業安全管理資訊系統架構下，此處針對生物辨識系統技術應用建議如表 4。

圖 5　機械修護作業示例

圖 6　漁業加工機械示例

343

⬇ 表 4　機械裝配與修護類生物辨識技術應用

辨識方案	可行應用
自動語音辨識	對於傳統所說黑手作業，自動語音辨識是十分合適的應用，因為不需要碰觸，並且語音也相對安全性高，不過需要考慮機械加工噪音干擾，在職業安全衛生管理系統中的系統操作或者登錄安全性辨識都是適當的。
臉部辨識	機械相關作業會因為配戴個人防護具（如護目鏡或面罩）而阻礙臉部辨識效能，如果作業後有規劃清洗及脫除個人防護具時，則可以採用臉部辨識。
指紋辨識	黑手作業要在作業完成後，充分清潔手部讓指紋清晰易辨識，可能有相對困難，所以不是很建議採用指紋辨識作為職業安全衛生管理系統中的系統操作或者是登錄安全性辨識。
掌紋辨識	這也不建議採用，理由與指紋辨識相同。
虹膜辨識	當可於作業後卸除 PPE 時，虹膜辨識則可推薦，如果管理 PPE 卸除有困難，則不建議採用，所以建議理由與臉部辨識相同。
視網膜辨識	當可於作業後卸除 PPE 時，視網膜辨識則可推薦，如果管理個人防護具卸除有困難，則不建議採用，所以建議理由與臉部或虹膜辨識相同。
體形辨識	由於機械相關作業之防護具形態不同，穿戴後的體形會不同，所以除非準備操作職業安全衛生管理系統中的系統操作或者登錄安全性辨識時已經卸除 PPE，否則不建議採用。
走路姿態（或步態）	走路姿態因為不會觸及人員，且較不易因 PPE 未卸除而無法有效辨識，所以採用走路姿勢是可行的方案。
鍵盤敲擊辨識	在作業現場採用鍵盤敲擊較不適宜，也因為接觸操作，容易汙染設備，不過如果作業現場是不需要穿戴 PPE（如安全手套），則仍可採用鍵盤敲擊辨識。
簽字辨識	簽名辨識也屬接觸操作，也會汙染辨識介面，不過如有適當防護或是卸除 PPE，則仍可採用此等方案。
指靜脈辨識	當可於作業後卸除 PPE 時，指靜脈辨識則可推薦，如果管理個人防護具卸除有困難，則不建議採用，所以建議理由與臉部、虹膜或視網膜辨識相同。

二、半導體製造等高科技類生物辨識技術應用

　　國際經濟合作發展組織（OPED）將航太科技、藥品配製、電腦資訊機械、通訊器材和科學儀器等定義為高科技產業。行政院經濟規劃委員會（CEPD）將高科技產業分為 6 個類別。包括積體電路、光電儀器、生物醫學、遠距通訊、精密機械、和電腦週邊設備。高科技產業在

本文裡則包括微電子學、光電、精密儀器、電子通訊、奈米科技、藥品配製、微生物研究、醫療設備、動物實驗、航太科技等產業（如圖7）。高科技製程危害主要來自物質本身的危害，如毒性、火災、爆炸及反應危害等；此外包括溫度、壓力等操作條件改變所造成潛在危害[16-18]。而前述高科技相關作業，因為產品精細，所以多在具有無塵等級的無塵室中，相對手部、面部與身體較為潔淨，不過無塵服則可能會變成辨識的干擾因子，並且部分維修作業時會穿戴許多個人防護具（Personal Protective Equipment, PPE），這也會導致部分生物辨識系統技術有應用上的困難，在前述圖4職業安全管理資訊系統架構下，此處針對生物辨識系統技術應用建議如表5。

圖7　高科技工廠作業示例

● 表5　半導體製造等高科技類生物辨識技術應用

辨識方案	可行應用
自動語音辨識	在高科技製程中，自動語音辨識是十分合適的應用，因為不需要碰觸並且語音也相對安全性高，在職業安全衛生管理系統中的系統操作或者登錄安全性辨識都是適當的，唯一的干擾因子是配戴口罩。
臉部辨識	在高科技製程的無塵室範圍內口罩是不能卸除的，這樣會阻礙臉部辨識效能，所以臉部辨識不建議採用。
指紋辨識	在高科技製程的無塵室範圍內也必須全程穿戴膠質手套，也不能任意卸除，這樣會阻礙指紋辨識效能，所以指紋辨識不建議採用。
掌紋辨識	這也不建議採用，理由與指紋辨識相同。
虹膜辨識	這也不建議採用，理由與臉部辨識相同。

（接續下表）

辨識方案	可行應用
視網膜辨識	也不建議採用，理由與臉部、虹膜辨識相同。
體形辨識	無塵衣與一般衣物穿戴後的體形相同，所以準備操作職業安全衛生管理系統中的系統操作或者是登錄安全性辨識時適用。
走路姿態（或步態）	走路姿態因爲不會觸及人員，且較不易因 PPE 未卸除而無法有效辨識，所以採用走路姿勢是可行的方案。
鍵盤敲擊辨識	在作業現場雖爲穿戴手套接觸操作，容易汙染設備，不過操作時干擾不大，則適合採用鍵盤敲擊辨識。
簽字辨識	穿戴膠質手套進行簽名也屬接觸操作，也會汙染辨識介面，不過干擾不大時，則仍可採用簽字辨識。
指靜脈辨識	這也不建議採用，理由與臉部、虹膜、視網膜辨識相同。

三、建築營造工程類生物辨識技術應用

從事建築及土木工程之興建、改建、修繕等及其專門營造之行業（如圖 8、圖 9 及圖 10），依據勞動部勞動及職業安全衛生研究所統計（IOSH 106-0033），建築工程發生墜落死亡主要職種以臨時工最高（19%），發生墜落位置以鄰近開口邊緣（23%）、屋頂（23%）與施工架上（19%）最常見，其中墜落原因以勞工作業中不安全動作爲主要原因（62%），其次爲個人防護具使用不當（26%）。統計 2000-2017 年營造業重大職災死亡人數，主要災害類型以墜落／滾落危害最爲高（60%），其次爲物體倒崩塌（12%），感電（8%）。建築營建工

圖 8　建築 RC 結構體澆置作業示意

圖 9　鋼結構廠房吊掛作業與結構組立示意

圖 10　隧道潛盾施工作業示意

程類相關作業，雖不及黑手的機械類產業，但是因為日晒雨淋，作業人員的手部粗糙，臉部及衣物也相對有泥沙髒汙，這些因素可能會變成辨識的干擾因子，並且作業時人員會穿戴許多 PPE，這也會導致部分生物辨識系統技術有應用上的困難，最後在營造土木工地裡，經常環境條件惡劣、高度潮溼與粉塵等飛揚，這些情況都是設計系統必須要考慮的，在前述圖 4 職業安全管理資訊系統架構下，此處針對生物辨識系統技術應用建議如表 6。

⬇ 表 6　建築營造工程類生物辨識技術應用

辨識方案	可行應用
自動語音辨識	建築土木作業十分適合採用自動語音辨識，因爲不需要碰觸，並且語音也相對安全性高，只要工地現場的背景噪音不致產生干擾即可，在職業安全衛生管理系統中的系統操作或者是登錄安全性辨識都是適當的。
臉部辨識	建築土木相關作業會因爲配戴個人防護具（如護目鏡或面罩）而阻礙臉部辨識效能，而作業人員的臉部髒汙也會干擾影響，如果作業後有規劃清洗及脫除個人防護具時，則可以採用臉部辨識，否則並不適宜採用。
指紋辨識	建築土木相關作業除非能充分清潔手部，否則指紋難以清晰易辨識，因此不是很建議採用指紋辨識作爲職業安全衛生管理系統中的系統操作或者登錄安全性辨識。
掌紋辨識	這也不建議採用，理由與指紋辨識相同。
虹膜辨識	虹膜辨識與臉部辨識建議相同。
視網膜辨識	視網膜辨識與臉部、虹膜辨識建議相同。
體形辨識	建築土木相關作業人員在工地現場一般就是工作服加上反光背心，此情況與一般衣物穿戴後的體形相同，所以準備操作職業安全衛生管理系統中的系統操作或者登錄安全性辨識是適當的選擇。
走路姿態（或步態）	走路姿態因爲不會觸及人員，且較不易因 PPE 未卸除而無法有效辨識，所以採用走路姿勢是可行的方案。
鍵盤敲擊辨識	在作業現場採用鍵盤敲擊較不適宜，也因爲接觸操作，容易汙染設備，不過如果作業現場是不需要穿戴 PPE（如安全手套）並且手部已經過適當清潔時，則仍可採用鍵盤敲擊辨識。
簽字辨識	簽名辨識也屬接觸操作，也會汙染辨識介面，不過如有適當防護，手部清潔或是卸除 PPE，則仍可採用此等方案。
指靜脈辨識	這也不建議採用，理由與指紋、掌紋辨識相同。

三、造船或船塢維修作業類生物辨識技術應用

　　造船與船塢維修作業，在船舶建造首先必須擁有設計圖，建造人員憑藉設計圖，在計畫性的施工流程下，逐步進行細部排程、分項設計、物料裝備的採購與測試，再經歷製造、組合、處理與布置安裝等船廠現場施作項目，將所有相關件、裝備製作組成一艘我們需要的船舶，最後經過各項測試驗證過程確認造船目標的達成。在船體方面係以船段製造組合及塗裝等有關作業爲主，船機方面則爲艤裝、室裝、機裝及電裝等系統工程，最後還有傾側實驗、重量調查、船上測試及海試作業，驗證全船裝備及系統功能（如圖 11）。造船與船塢維修作業類相

關作業，其作業現場相當於機械類產業與營造土木行業的綜合體，所以油汙與粉塵為常態，也會有日晒雨淋及侷限空間作業，作業人員的手部粗糙，臉部及衣物也相對有油汙，這些因素可能會變成辨識的干擾因子，並且作業時人員會穿戴許多 PPE，這也會導致部分生物辨識系統技術有應用上的困難，在前述圖 4 職業安全管理資訊系統架構下，此處針對生物辨識系統技術應用建議如表 7。

圖 11　造船與船塢維修作業示意

表 7　造船與船塢維修作業類生物辨識技術應用

辨識方案	可行應用
自動語音辨識	造船與船塢維修作業十分適合採用自動語音辨識，因為不需要碰觸，並且語音也相對安全性高，只要造船廠及船塢現場的背景噪音不致產生干擾即可，在職業安全衛生管理系統中的系統操作或者登錄安全性辨識都是適當的。
臉部辨識	造船與船塢維修相關作業會因為配戴個人防護具（如護目鏡或面罩）而阻礙臉部辨識效能，而作業人員的臉部髒汙也會干擾影響，如果作業後有規劃清洗及脫除個人防護具時，則可以採用臉部辨識，否則並不適宜採用。
指紋辨識	造船與船塢維修相關作業除非能充分清潔手部，否則指紋難以清晰易辨識，因此不是很建議採用指紋辨識作為職業安全衛生管理系統中的系統操作或者登錄安全性辨識。
掌紋辨識	這也不建議採用，理由與指紋辨識相同。
虹膜辨識	虹膜辨識與臉部辨識建議相同。
視網膜辨識	視網膜辨識與臉部、虹膜辨識建議相同。

（接續下表）

辨識方案	可行應用
體形辨識	造船與船塢維修相關作業人員在工地現場一般就是工作服加上反光背心，此情況與一般衣物穿戴後的體形相同，所以準備操作職業安全衛生管理系統中的系統操作或者登錄安全性辨識是適當的選擇。
走路姿態（或步態）	走路姿態因為不會觸及人員，且較不易因 PPE 未卸除而無法有效辨識，所以採用走路姿勢是可行的方案。
鍵盤敲擊辨識	在作業現場採用鍵盤敲擊較不適宜，也因為接觸操作，容易汙染設備，不過如果作業現場是不需要穿戴 PPE（如安全手套）並且手部已經過適當清潔時，則仍可採用鍵盤敲擊辨識。
簽字辨識	簽名辨識也屬接觸操作，也會汙染辨識介面，不過如有適當防護，手部清潔或是卸除 PPE，則仍可採用此等方案。
指靜脈辨識	這也不建議採用，理由與指紋、掌紋辨識相同。

　　其他中華民國行業標準分類，目前主要包含各行業範圍都可以利用前述的原則進行設計與規劃，不過無論是專業的安全衛生管理人員或者是資訊技術人員，在設計任何生物辨識系統技術情況下，系統與實際現場應用整合是非常重要的，良好的設計整合才能讓整體系統運作發揮最大綜效，這是本書重要的建議。

第二節　生物辨識系統未來應用趨勢

　　生物辨識系統對於未來各種新形態的系統應用中有其決定性意義，因為此技術的安全性與可靠性將可讓雲端系統（Cloud System）、大數據資料庫（Big Data）、物聯網系統（IoT System）、智慧工廠（Smart Factory）、智慧城市（Smart City）等重大趨勢持續前進。

　　雖然生物辨識系統只是眾多系統的門戶鎖鑰，這個鎖鑰卻是開啟使用眾多系統的關鍵閘門，如果一不注意遭受駭客侵入，甚至根本未採用任何有效鎖鑰進行系統保全，將會對所有系統擁有者造成無法逆轉的傷害，輕則系統資訊外洩，商業機密無法保護，重責資料竄改或是異常資金流動，所以面對未來生物辨識系統的發展趨勢其實很簡單，就是前述各種以電腦與網路為基礎的應用系統，都必適當考慮生物辨識系統的應用，採取表 3 至表 5 的方案去設計檢討，深信對於生物辨識系統技術的應用將能更有效更佳完整（如圖 12）。

圖 12　眾多生物辨識系統技術等著各種場景應用

參考文獻

[1] 中華民國統計資訊網。https://www.stat.gov.tw/ct.asp?mp=4&xItem=42276&ctNode=1309（20201123 下載）

[2] Lu, C. C., Chang, K. C., & Chen, C. Y. (2016). Study of high-tech process furnace using inherently safer design strategies (III) advanced thin film process and reduction of power consumption. Journal of Loss Prevention in the Process Industries, 43, 280-291.

[3] Lu, C. C., Chang, K. C., & Chen, C. Y. (2016). Study of high-tech process furnace using inherently safer design strategies (IV). Advanced NAND device design and thin film process adjustment. Journal of Loss Prevention in the Process Industries, 40, 378-395.

[4] Chen, C. Y., Chang, K. C., Huang, C. H., & Lu, C. C. (2014). Study of chemical supply system of high-tech process using inherently safer design strategies in Taiwan. Journal of Loss Prevention in the Process Industries, 29, 72-84.

[5] Chen, C. Y., Chang, K. C., Lu, C. C., & Wang, G. B. (2013). Study of high-tech process furnace using inherently safer design strategies (II). Deposited film thickness model. Journal of Loss Prevention in the Process Industries, 26(1), 225-235.

[6] 陳俊瑜、張國基著，高科技產業製程安全技術與管理：本質較安全設計，初版，五南圖書，ISBN978-957-11-9392-2。

[7] 陳俊瑜、王世煌、張國基著，產業製程安全管理與技術實務，初版，五南圖書，ISBN978-957-11-8313-8。

[8] 張國基、張政國、林聿中著，生物辨識系統與深度學習，初版，北京工業大學出版社，ISBN978-7-5639-6656-1。

[9] 張國基、林聿中、潘正祥著，半導體物理與集成電路製程技術，初版，北京，中國原子能出版社，ISBN978-7-5221-0166-8。

[10] 林聿中、張國基、張政國著，物聯網關鍵技術及其數據處理研究，初版，北京工業大學出版社，ISBN978-7-5639-6748-3。

[11] 張政國、林聿中、張國基著，智慧傳感器設計，初版，北京工業大學出版社，ISBN978-7-5639-6623-3。

[12] Chang, K. C., Chu, K. C., Wang, H. C., Lin, Y. C., & Pan, J. S. (2020). Agent-based middleware framework using distributed CPS for improving resource utilization in smart city. Future Generation Computer Systems.

[13] 張國基,「高科技製程、廠務及安全監控系統本質較安全設計策略應用研究」,國立臺北科技大學機電學院機電科技研究所,博士論文,2017.03.17。

[14] 張國基,「高科技廠房本質較安全設計策略應用可行性研究 - 建置本質較安全應用機制」,國立交通大學工學院產業安全與防災研究所,碩士論文,2008.03.29。

[15] Chang, K. C., Chu, K. C., Wang, H. C., Lin, Y. C., Hsu, T. L., & Zhou, Y. W. (2020). Study on IoT and Big Data Analysis of 12" 7 nm Advanced Furnace Process Exhaust Gas Leakage. In Linked Open Data-Applications, Trends and Future Developments. IntechOpen.

[16] Chang, K. C., Chu, K. C., Lin, Y. C., & Pan, J. S. (2020). Overview of Some Intelligent Control Structures and Dedicated Algorithms. In Automation and Control. IntechOpen.

[17] 王遠昌著,張國基副主編,人工智能時代─電子產品設計與製作研究,電子科技大學出版社,ISBN 978-7-5647-5950-6。

[18] 魯少勤著,張國基副主編,智能製造背景下中小企業 ERP 系統應用與實施研究,中國大地出版社,ISBN 978-7-5200-0318-6。

國家圖書館出版品預行編目資料

生物特徵辨識系統設計／張國基，朱鍇箬，王
曉娟，徐翠蓮，林聿中著. －－初版.－－
臺北市：五南圖書出版股份有限公司，
2021.04
面；　公分
ISBN 978-986-522-410-3（平裝）

1.生物感測器　2.電子偵察　3.電腦程式設計

360.13　　　　　　　　　　109021168

5DL6

生物特徵辨識系統設計

作　　　者 ― 張國基、朱鍇箬、王曉娟、徐翠蓮、林聿中

發 行 人 ― 楊榮川

總 經 理 ― 楊士清

總 編 輯 ― 楊秀麗

主　　　編 ― 李貴年

責任編輯 ― 何富珊

封面設計 ― 姚孝慈

出 版 者 ― 五南圖書出版股份有限公司

地　　　址：106台北市大安區和平東路二段339號4樓

電　　　話：(02)2705-5066　　傳　真：(02)2706-6100

網　　　址：https://www.wunan.com.tw

電子郵件：wunan@wunan.com.tw

劃撥帳號：01068953

戶　　　名：五南圖書出版股份有限公司

法律顧問　林勝安律師事務所　林勝安律師

出版日期　2021年4月初版一刷

定　　　價　新臺幣600元

經典永恆・名著常在

五十週年的獻禮 —— 經典名著文庫

　　五南，五十年了，半個世紀，人生旅程的一大半，走過來了。

　　思索著，邁向百年的未來歷程，能為知識界、文化學術界作些什麼？

　　在速食文化的生態下，有什麼值得讓人雋永品味的？

　　歷代經典・當今名著，經過時間的洗禮，千錘百鍊，流傳至今，光芒耀人；

　　不僅使我們能領悟前人的智慧，同時也增深加廣我們思考的深度與視野。

　　我們決心投入巨資，有計畫的系統梳選，成立「經典名著文庫」，

　　希望收入古今中外思想性的、充滿睿智與獨見的經典、名著。

　　這是一項理想性的、永續性的巨大出版工程。

　　不在意讀者的眾寡，只考慮它的學術價值，力求完整展現先哲思想的軌跡；

　　為知識界開啟一片智慧之窗，營造一座百花綻放的世界文明公園，

　　任君遨遊、取菁吸蜜、嘉惠學子！